Reinhard Renneberg
Liebling, Du hast die Katze geklont!

Illustrationen von Manfred Bofinger

Mit einem Essay zur Bioethik von Jens Reich

Erlebnis Wissenschaft bei WILEY-VCH

J. Audretsch (Hrsg.)
Verschränkte Welt
Faszination der Quanten
2002, ISBN 3-527-40318-3

H. Bolz
GenComics
2001, ISBN 3-527-30420-7

U. Deichmann
Flüchten, Mitmachen, Vergessen
Chemiker und Biochemiker in der NS-Zeit
2001, ISBN 3-527-30264-6

J. Emsley
Fritten, Fett und Faltencreme
Noch mehr Chemie im Alltag
2004, ISBN 3-527-31147-5

J. Emsley
Parfum, Portwein, PVC
Chemie im Alltag
2003, ISBN 3-527-30789-3

J. Emsley
Sonne, Sex und Schokolade
Mehr Chemie im Alltag
2003, ISBN 3-527-30790-7

J. Emsley
Phosphor – ein Element
auf Leben und Tod
2001, ISBN 3-527-30421-5

R. Froböse, G. Froböse
Lust und Liebe – alles nur Chemie?
2004, ISBN 3-527-30823-7

H. Genz
Nichts als das Nichts
Die Physik des Vakuums
2004, ISBN 3-527-40319-1

P. Häußler
Donnerwetter – Physik
2001, ISBN 3-527-40327-2

R. Hoffmann
Sein und Schein
Reflexionen über die Chemie
1997, ISBN 3-527-29418-X

G. Kreysa
Fusionsfieber
1998, ISBN 3-527-29627-1

J. Koolman, H. Moeller, K.-H. Röhm (Hrsg.)
Kaffee, Käse, Karies
Biochemie im Alltag
2003, ISBN 3-527-30792-3

O. Morsch
Licht und Materie
Eine physikalische Beziehungsgeschichte
2003, ISBN 3-527-30627-7

M. Pehnt
Energierevolution Brennstoffzelle?
Perspektiven – Fakten – Anwendungen
2001, ISBN 3-527-30511-4

H.-J. Quadbeck-Seeger, A. Fischer (Hrsg.)
Die Babywindel
und 34 andere Chemiegeschichten
2000, ISBN 3-527-30262-X

D. Raabe
Morde, Macht, Moneten
Metalle zwischen Mythos und Hightech
2001, ISBN 3-527-30419-3

M. Reitz
Gene, Gicht und Gallensteine
Wenn Moleküle krank machen
2001, ISBN 3-527-30313-8

M. Reitz
Auf der Fährte der Zeit
Mit naturwissenschaftlichen Methoden
vergangene Rätsel entschlüsseln
2003, ISBN 3-527-30711-7

R. Renneberg, J. Reich, M. Bofinger
Liebling, Du hast die Katze geklont!
Biotechnologie im Alltag
2004, ISBN 3-527-31075-4

M. Schneider
Teflon, Post-it und Viagra
Große Entdeckungen durch kleine Zufälle
2002, ISBN 3-527-29873-8

E. Unger
Auweia Chemie
2004, ISBN 3-527-31238-2

H. Zankl
Fälscher, Schwindler, Scharlatane
Betrug in Forschung und Wissenschaft
2003, ISBN 3-527-30710-9

Reinhard Renneberg
Liebling, Du hast die Katze geklont!

Biotechnologie im Alltag

Illustrationen von Manfred Bofinger

Mit einem Essay zur Bioethik von Jens Reich

WILEY-VCH

WILEY-VCH Verlag GmbH & Co. KGaA

Prof. Dr. Reinhard Renneberg
Department of Chemistry
Hong Kong University of Science
and Technology
Clear Water Bay, Kowloon
SAR Hong Kong
China
chrenneb@ust.hk
www.katzenklonen.de

Manfred Bofinger
Plesser Straße 7
12435 Berlin
Deutschland

Prof. Dr. Jens Reich
Max-Delbrück-Centrum
für Molekulare Medizin
Abteilung Bioinformatik
13092 Berlin-Buch
Deutschland

Bibliografische Information Der Deutschen Bibliothek

Die Deutsche Bibliothek verzeichnet diese Publikation in der Deutschen Nationalbibliografie; detaillierte bibliografische Daten sind im Internet über <http://dnb.ddb.de> abrufbar.

© 2004 WILEY-VCH Verlag GmbH & Co. KGaA, Weinheim

Gedruckt auf säurefreiem Papier.

Umschlaggestaltung Himmelfarb. www.himmelfarb.de, Eppelheim
Satz Manuela Treindl, Laaber
Druck und Bindung Ebner & Spiegel GmbH, Ulm

ISBN 3-527-31075-4

Für Ilka:
meiner Liebe und bestem Freund!

Inhalt

Was Sie schon immer vom Katzenklonen wissen wollten ...

Sie wollen also allen Ernstes Ihre Katze klonen oder haben ein Auge auf die Ihres Nachbarn geworfen? Sonst hätten Sie ja nicht dieses Buch gekauft!

Nun, da Sie es haben, muss ich Ihnen etwas gestehen: Klonen ist doch ziemlich schwierig und nicht von jedermann machbar. Ich bezweifle aus wissenschaftlichen Gründen sogar, dass Sie eine absolute Kopie der Katze bekommen können. Zumindest die Fellfarbe kann sehr verschieden sein und Sie haben eine Menge Grundbegriffe der Biotechnologie zu lernen.

Beschäftigen Sie sich doch erstmal mit Herstellung und Genuss von Bier, Wein, Brot und Käse, stellen Sie Ihre Gesundheit mit Vitaminen, Penicillin und Steroiden wieder her, messen Sie Ihren Glucosespiegel mit Hilfe von Biosensoren und injizieren Sie bei Bedarf Human-Insulin, oder überprüfen Sie Ihre Fitness oder testen Sie, ob Sie vielleicht schwanger sind ...

Lernen Sie, wie man selbstleuchtende Weihnachtsbäume, Antimatsch-Tomaten oder leuchtende Ferkel herstellt und Tausende Rosen klont, wie man winzigste Mengen DNA nachweisen kann und wie Stammzellen neue Organe wachsen lassen ...

Und vor allem: Lesen Sie, was Jens Reich zu bioethischen Fragen schreibt! Dann, denke ich, wissen Sie soviel über moderne Biotechnologie, dass Sie lieber bioabbaubare Plastik herstellen oder über den Geschmack von Rotwein philosophieren und sich das Katzenklonen aus dem Kopf schlagen.

Hoffentlich sind Sie nun nicht enttäuscht!

Vier Kollegen und Freunden bin ich besonders dankbar: Sie haben das ganze Opus im Urzustand gelesen und kommentiert: Dr. Trutz Podschun (ProCom GmbH. München, Autor von »Sie nannten Sie Dolly«), Dr. Oliver Kaiser (FU Berlin) und ein molekularbiologischer Kollege, eine Koryphäe der Phagengenetik, der partout nicht im Vorwort genannt sein wollte. Mein treuer Freund Wolfgang Meyer (Berlin) hat mit Argusaugen aus der Endfassung, wie ich glaube, fast alle Fehler eliminiert.

Viele der witzigsten Anmerkungen von Trutz fielen leider dem Platzmangel und einer ernsthaften Lektorin zum Opfer ... Diese meine Lektorin Andrea Pillmann hat mich liebevoll als Autor gehätschelt und bei stilistischen Höhenflügen und Überschreitung des Textumfangs immer wieder auf den Boden zurückgeholt. Wir hätten ja fast mühelos ein doppelt so dickes Buch machen können und haben das Buch in Rekordzeit geschafft. Retrospektiv danke ich auch meinem ersten Lektor Bernd Scheiba, der mir beim tollen Leipziger Urania-Verlag die Freude am Büchermachen vermittelt hat.

Niemand kann allen Ernstes das gesamte Feld der Biotechnologie beherrschen, Fehler gehen trotzdem ganz und gar auf mein Konto. Das Buch wurde in Teilen gelesen, korrigiert und durch neue Ideen bereichert durch meinen Lehrer und Freund Frieder W. Scheller (Potsdam) und seine Lebensgefährtin Karin Kaestli und durch die Herren Professoren Bertold Hock (München), Rolf D. Schmid (Stuttgart), Stephan Martin (Düsseldorf), Matthias Reuss (Stuttgart), Christian Wandrey (Jülich), Hermann Sahm (Jülich), Eckard Wolff (München). Dem Vorsitzenden der Deutschen Forschungsgemeinschaft, Professor Ernst-Ludwig Winkacker, danke ich für seine freundliche Ermutigung. Von Dr. Karl-Heinz Maurer (Düsseldorf) erhielt ich Einblicke in die Feinheiten der Biowaschmittel. Dr. Andreas Sentker (Hamburg), Wissenschafts-Chef der »ZEIT«, hat besonders die Grüne Gentechnik kommentiert.

Hoffentlich habe ich niemanden vergessen! Ach ja: Eigentlich verdanke ich das ganze Buch der Idee und dem Zuspruch meiner lieben Frau Ilka, die mich nun schon seit 29 Jahren erträgt und mit ihrer Biotech-Firma seit 4 Jahren tapfer versucht, uns alle vor dem Herzinfarkt und Schlaganfall zu retten (www.biognostic.de). »All' mein' Gedanken, die ich hab', die sind bei Dir«, in Berlin, meine Ilka!

Das Allerschönste an diesem Buchprojekt war ohne Zweifel die Zusammenarbeit mit Manfred Bofinger. Ich hätte nie zu träumen gewagt, jemals ein Buch mit diesem einzigartigen Künstler zu machen, der schon Fibel und Mathebuch meiner Kinder illustriert hat. Ich entschuldige mich öffentlich bei ihm, dass ich ihn mit belehrend-didaktischen Cartoon-Ideen von Hongkong aus überschüttet habe. Bis auf den Biotech-Baum auf den Innenseiten wurden sie allesamt ... nun ja: ignoriert – zum Besten dieses Buches!! Tier- und Menschenfreund Bofi war dafür auch Test-Leser und versteht nun eine Menge von Biotech ...

Dank auch an meinen Kollegen aus der Zeit in Berlin-Buch, Professor Jens Reich, der zwischen Washington und Berlin seinem straffen Zeitplan unter'm Weihnachtsbaum doch noch ein Bioethik-Essay abgetrotzt hat.

Schließlich sei unseren beiden Söhnen Tom und Max und ihrem »24-Stunden-Familien-SOS-Computer-Service« gedankt und *last but not least* unseren Katzen Lisa und Moritz für die Titel-Inspiration (und dass sie ab und an die Computertastatur blockiert haben und für eine Pause sorgten, ganz im Sinne meiner unzertrennlichen acht Zwergpapageien, die einfach mal die Tasten des Laptops abgeknabbert haben). Was ist, wenn Sie mehr wissen wollen? Ich habe Ihnen extra eine Homepage eingerichtet *www.katzenklonen.de* Dort finden Sie Zusatzinformationen zu jedem Kapitel. Sie können mich unter chrenneb@ust.hk in Hongkong, Berlin oder wo auch immer erreichen, besonders für Fragen und Vorschläge. Unverzichtbar für Biotech-Lernbegierige und Detailversessene ist Rolf D. Schmids »Biotech-Taschen-Bibel« (Taschenatlas der Biotechnologie und Gentechnik, Wiley-VCH, 2002). Sie sollte man zu Rate ziehen, falls meine Informationen nicht ausreichen. Jens Reich hat ein wunderbares Buch geschrieben: »Es wird ein Mensch gemacht« (Rowohlt, 2003), aus dem ich umfangreich zitieren durfte.

Just zur Buchpremiere feiert meine Mama ihren 76. Geburtstag. Ihr lege ich dieses Büchlein in Liebe und Dankbarkeit und in Erinnerung an meinen Vater auf den Gabentisch!

Reinhard Renneberg
Hongkong, April 2004
(im Jahr des Affen und der – hoffentlich durch
Biotechnologie beherrschbaren – Hühnergrippe)

1
Wohlschmeckende Biotechnologie

Die elenden Biestchen des Antony van Leeuwenhoek

»Er beginnt, den Verstand zu verlieren«, tuschelten die Nachbarn. Es hatte damit begonnen, dass der sehr ehrenwerte Krämer Mynheer Antony van Leeuwenhoek (sprich Löwenhuk, 1631–1723) im holländischen Städtchen Delft einem Brillenmacher auf dem Jahrmarkt die Kunst des Linsenschleifens abgesehen hatte. Mit wahrer Besessenheit schliff er sich nun immer stärkere Glaslinsen. Bis zu 200-fache Vergrößerungen erzielte er mit seiner Art von Mikroskopen. Stundenlang konnte er sich daran ergötzen, dass ein feines Schafshaar unter seinem einlinsigen Mikroskop zum dicken Strick wurde.

»Wir hatten eine sehr starke und schnelle Bewegung vor uns und sie schossen durch die Flüssigkeit, wie es ein Hecht durchs Wasser tut. Diese Wesen waren sehr gering an Zahl, dabei schwirrten sie so schnell durcheinander, dass man sich einbildete, einen großen Schwarm Fliegen oder Mücken vor sich zu haben. Sie waren so zahlreich, dass ich glaubte, einige Tausend zu sehen in der Wassermenge bzw. Speichel (vermengt mit der erwähnten Materie), die nicht mehr war als ein Sandkorn, obwohl ich die Probe zwischen den Schneide- und Backenzähnen herausgeholt hatte.«

Mit dieser mikroskopischen Betrachtung seines Zahnbelags eröffnete ein wissenschaftlicher Autodidakt am 17. September 1683 der Menschheit eine neue Welt. Als erster Mensch hatte er Bakterien gesehen und sie gezeichnet.

Die Wesen waren nach Leeuwenhoeks Schätzung tausendmal kleiner als das Auge einer Laus.

Auf Drängen eines Freundes schrieb Leeuwenhoek einen begeisterten Brief in Holländisch an die damals bedeutendste Vereinigung von Wissenschaftlern auf der Welt, die Londoner Royal Society (Königliche Gesellschaft). Die gelehrten Herren lasen mit Verwunderung die Be-

schreibung der »elenden kleinen Biestchen«, wie Leeuwenhoek die seltsamen Tierchen nannte.

Der englische Forscher Robert Hooke (1635–1703) war zu dieser Zeit als Mitglied der Royal Society dafür verantwortlich, auf jedem Treffen der Gelehrten neue Experimente vorzuführen. Er selbst hatte mit seinem mehrlinsigen Mikroskop Flaschenkork untersucht, dabei ein Muster aus regelmäßig angeordneten kleinen Löchern entdeckt und sie »Zellen« genannt. Hooke baute nach Leeuwenhoeks Angaben die Mikroskope des Holländers nach und konnte dessen Beobachtungen bestätigen. Er ahnte nicht, dass die kleinen »Tierchen« ebenfalls aus Zellen bestehen, allerdings meist nur aus einer einzigen Zelle.

Die Wissenschaftler der Royal Society überzeugten sich nun mit eigenen Augen von der Existenz mikroskopisch kleiner Wesen. Die »elenden Biestchen« riefen ihr lebhaftes Interesse hervor. Leeuwenhoek, der nie eine Universität besucht hatte, wurde 1680 einstimmig zum Mitglied der Königlichen Gesellschaft gewählt. Er hatte durch seine Fingerfertigkeit, seine Neugier und Ausdauer mehr geleistet als viele Wissenschaftler seiner Zeit, die zum Beispiel bei der Frage, wie viele Zähne ein Esel habe, lieber in den Schriften des altgriechischen Gelehrten Aristoteles nachschlugen, als einem Grautier ins Maul zu schauen.

Könige, Fürsten und Wissenschaftler aller Länder interessierten sich für Leeuwenhoeks Entdeckungen. Die Königin von England und

Friedrich der Große besuchten ihn ebenso wie der russische Zar Peter der Große, der sich unter falschem Namen in Holland zum Studium des Schiffbaus aufhielt. Die Winzlinge wurden lange Zeit als Kuriosität bestaunt und gerieten dann wieder in Vergessenheit. Niemand vermutete in den Tierchen sowohl die Urheber der schrecklichen verheerenden Seuchen als auch von knusprigem Brot, gut gebrautem Bier, edlem Wein und schmackhaftem Käse. Der Mensch nutzte sie schon seit Tausenden von Jahren unbewusst für seine Zwecke.

Alkohol – die Muttermilch unserer Zivilisation

Irgendwann in der Jungsteinzeit mag jemand an einem Gefäß mit Honig genascht haben, das länger in der Sonne gestanden hatte: Der Inhalt war vergoren und besaß angenehme, belustigende Wirkung. Aus Honig, Datteln oder Sirup ließ sich sodann »systematisch« berauschender Met gewinnen.

Die Erfindung des Bieres musste warten, bis Getreide in größeren Mengen angebaut wurde.

Schon vor 6000 bis 8000 Jahren beherrschten die Sumerer in Mesopotamien, dem Zweistromland zwischen Euphrat und Tigris (heute Irak), die Kunst des Brauens. Immer wieder geschah es, dass Getreidebrei vergor. Im Laufe der Zeit wurde aus Getreide gezielt ein nahrhaftes und berauschendes Getränk hergestellt. Man feuchtete dazu Gerste oder Emmerweizen (eine alte Kulturform des Weizens) an und brachte sie zum Keimen.

Auf einer sumerischen Tontafel aus dem 3. Jahrtausend vor Christus, dem »*Monument Bleu*«, im Louvre in Paris, ist das Enthülsen von Emmer zur Bierbereitung dargestellt. Aus den gekeimten Getreidekörnern, dem Malz, wurden dann Bierbrote gebacken, zerbröckelt und mit Wasser verrührt. Bis heute verdankt das Bier diesem Prozess die Bezeichnung »flüssiges Brot«. Mit einem Sieb aus Weidengeflecht trennte man die Flüssigkeit von dem festen Rückstand und lagerte sie in verschlossenen Tongefäßen. Sehr bald stiegen in den Gefäßen Gasbläschen auf, die Flüssigkeit begann zu gären, wie wir heute sagen würden. Aus dem süßen Saft entstand ein alkoholhaltiges Getränk, das Bier. Ein Teil des gekeimten Getreides wurde in der Sonne getrocknet – das entspricht der heutigen Darre – und als Dauerware für die Jahreszeiten ohne frisches Getreide aufbewahrt.

Die Sumerer tranken ihr Bier mit Saughalmen aus hohen Tonkrügen. Der nahrhafte Saft stand bei ihnen so hoch im Kurs, dass Bierbrauer vom Wehrdienst befreit waren und bei Schlachten zu Hause bleiben mussten!

Die Nachfolger der Sumerer, die Babylonier, konnten immerhin schon zwischen 20 verschiedenen Biersorten wählen. Das Bierbrauen war auch ihnen eine wichtige Staatsangelegenheit. So ließ zum Beispiel Hammurapi, der bedeutendste König der Babylonier (1728–1686 v. Chr.), in Stein meißeln, dass Bierbrauer, die beim heimlichen Verdünnen des Bieres mit Wasser ertappt wurden, in ihren Fässern ersäuft werden oder sich an ihrem eigenen Gebräu zu Tode trinken sollten.

Das babylonische Bier hatte einen leicht säuerlichen Geschmack, der von einer nebenher ablaufenden Milchsäuregärung herrührte. Durch die Milchsäure wurde die Haltbarkeit des Bieres wesentlich erhöht, weil im sauren Milieu viele Mikroben nicht gedeihen können. Im heißen Klima des Orients war das eine entschieden vorteilhafte Eigenschaft.

Durch den Ackerbau wuchs die Bevölkerung dramatisch. Sauberes Trinkwasser wurde plötzlich zum Problem (übrigens bis ins 19. Jahrhundert hinein). Tierische und menschliche Fäkalien verseuchten das Wasser. Wasser war hochgefährlich!

Bier, Wein und Essig waren dagegen frei von gefährlichen Keimen und dienten daher als Durstlöscher. Sie waren so gesehen die »Muttermilch der Zivilisation«.

Man konnte auch verschmutztes Trinkwasser damit aufbereiten, weil nicht nur der Alkohol, sondern auch organische Säuren vorhandene Erreger abtöteten. Alkohol war übrigens bis vor hundert Jahren das einzige Analgetikum. Also Branntwein zur Narkose.

Die Biersuppe des Alten Fritz

Auch die Ägypter brauten Bier. Ein etwa 4400 Jahre altes Wandbild aus einer ägyptischen Grabstätte zeigt den Herstellungsvorgang. Osiris, der Gott der Erde und der Fruchtbarkeit, wurde von den Ägyptern auch als Gott des Bieres verehrt. Die Ägypter wussten bereits, dass die Gärung schneller begann, wenn der Bodensatz von gelungenem Bier wieder verwendet wurde. Die ägyptischen Biere waren meist dunkel, sie wurden aus gerösteten Bierbroten hergestellt. Einige hatten immerhin einen Alkoholgehalt von 12 bis 15 %. Die Ägypter entdeckten auch das Fla-

schenbier: Beim Pyramidenbau wurde Bier in Tonflaschen zur Baustelle geliefert.

Kelten und Germanen bevorzugten ein säuerliches Bier, das man in Gefäßen von bis zu 500 Litern bei etwa 10 °C im Erdboden aufbewahrte. Es wurde mit Honig versetzt. Zur Kunst entwickelte sich das Bierbrauen aber erst, als sich im 6. Jahrhundert die Klosterbrüder der Sache annahmen. Der Devise »*Liquida non fragunt ieiunium*« (»Flüssiges bricht das Fastengebot nicht«) verdanken wir die besonders kräftigen und alkoholhaltigen Starkbiere. Das deutsche Wort »Bier« soll sich von dem altsächsischen *bere*, d. h. Gerste, ableiten. In Deutschland förderte Friedrich der Große (1712 bis 1786) die Braukunst. Er selbst war in eine Brauerlehre gegangen. Als der devisenzehrende Import des neuen Modegetränks Kaffee immer stärker den Haushalt des finanzschwachen Preußens belastete, verbot der Exbrauer und nunmehrige König kurzerhand die Einfuhr der exotischen Bohnen und schickte seine Kaffee-Schnüffler aus. Der Alte Fritz räsonierte, er wäre »Höchst Selbst in Dero Jugend mit Bier-Suppe erzogen« worden. »Mithin können die Leute dorten so gut mit Bier-Suppe erzogen werden, das ist viel gesünder, wie der Caffee … Ihre Väter kannten nur Bier, und das ist das Getränk, das für unser Klima passt!« Mit Bier ernährte Soldaten hätten viele Schlachten gewonnen, was bei kaffeetrinkenden Militärs fraglich sei.

MARS
mit Bierflasche

MARS
mit Kaffeekanne

Der Alte Fritz hatte Recht! Vergleiche!

Die erfolgreichen Bierbrauer der Vergangenheit konnten natürlich nicht wissen, dass die Gärung durch Lebewesen, die Hefen, verursacht wird. Hefen sind nur etwa 1/100 mm groß. Sie müssten mindestens fünf- bis zehnmal größer sein, um vom menschlichen Auge wenigstens als Pünktchen wahrgenommen zu werden.

Hefen zählen zu den Schlauchpilzen (Ascomyceten). Man bezeichnet sie auch als Sprosspilze, weil sie sich meist ungeschlechtlich durch Sprossung vermehren. Die Hefe besteht nur aus einer einzigen Zelle. Diese Mutterzelle bildet bei der Sprossung mehrere Ausstülpungen, Tochterknospen, die abgeschnürt werden, selbständig lebensfähig sind und ihrerseits neue Zellen bilden können.

Bierbrauen heute

Das stärkehaltige Getreide kann nicht direkt vergoren werden, sondern muss erst durch stärkespaltende Enzyme (Amylasen), die in keimenden Getreidekörnern gebildet und aktiviert werden, zu Malzzucker (Maltose) »verzuckert« werden.
Zur Bierherstellung gehören deshalb die Vorgänge der Malzbereitung, Würzebereitung und des Vergärens.

Zunächst quillt die Gerste in der Mälzerei nach Reinigung und Sortieren etwa 8 Tage im Wasser. Man lässt die eingeweichten Gerstenkörner bei 15 bis 18 °C keimen und unterbricht dann den Keimprozess. Stärkeabbauende Amylasen und eiweißspaltende Enzyme (Proteasen) werden aktiviert. Im so erhaltenen Grünmalz ist der enzymatische Abbau der Stärke zu Maltose nur teilweise erreicht. Es wird getrocknet (gedarrt) und bei allmählich steigender Temperatur (anfangs 45 °C, dann 60–80 °C, für dunklere Biere bis 105 °C) auf Darren und Horden in Darrmalz überführt. Damit ist es lagerstabil.

In der Brauerei wird bei der Würzbereitung das geschrotete Malz gemaischt, das heißt mit Wasser angerührt. Die Enzyme werden nun reaktiviert. Beim Maischen spalten die stärkeabbauenden Enzyme (Amylasen) die restliche Stärke vollständig zu Maltose (Malzzucker). Größere Stärkebruchstücke (Dextrine) werden abgebaut. Die nach dem Absetzen oder einer Filtration klar abgeläuterte Lösung (Würze) kocht man wenige Stunden mit Hopfen in der Sudpfanne, um sie zu konzentrieren, keimfrei zu machen und zu aromatisieren. Der Hopfen mit seinem Gehalt an Bitterstoffen, Harzen und ätherischen Ölen verleiht dem Bier den anregenden bitteren Geschmack und eine bessere Haltbarkeit.

Die gehopfte Würze wird abgelassen und filtriert. Dieses Abläutern inaktiviert die stärkespaltenden Enzyme, so dass bei der nachfolgenden Gärung durch die Hefe nur der Malzzucker, nicht aber die im Bier erwünschten kurzen Stärkebruchstücke (Dextrine) abgebaut werden.

Nach dem Kühlen der Würze und der Aufnahme von Sauerstoff leitet man die Gärung durch die so genannte Anstellhefe ein. Den Sauerstoff braucht die Hefe (*Saccharomyces cerevisiae*) zunächst für Wachstum und Vermehrung.

Die durch langsame Untergärung (in 6–10 Tagen und 5–10 °C) gewonnenen Biere sind haltbare, versandfähige Lagerbiere, während bei der schnellen Obergärung (2–3 Tage, bei höheren Temperaturen) mit zusätzlichen Milchsäurebakterien meist leichtere, weniger haltbare Biere entstehen. Die Hefe wird entfernt.

Abhängig davon, ob spezielle Hefen bei der Fermentation in der Schwebe bleiben oder sich absetzen, spricht man von obergärigen oder untergärigen Bieren. Untergärig sind alle gewöhnlichen Biersorten, Lager, Pilsener. Obergärig sind Weißbier, Altbier, Kölsch, Karamelbier sowie die englischen Biersorten Ale, Porter und Stout.

Zum Schluss überlässt man das Bier in Kühlkellern noch einer langsamen mehrwöchigen Nachgärung bei 0 bis 2 °C in Lagerfässern, aus denen es in kleinere Versandfässer oder nach Filtration in Flaschen abgefüllt wird. Nebenprodukte werden abgebaut, Trübstoffe fallen dabei aus.

Für so genanntes alkoholfreies Bier wird entweder die Gärung eines Leichtbiers bei 0,5 % Alkohol vorzeitig gestoppt oder normalem Vollbier der Alkohol über Vakuumverdampfung oder Membranen entzogen.

Eine globale Erfindung

Fast alle Völker der Erde machten im Altertum ähnliche Entdeckungen wie die Sumerer. Eine alte indische Sage erzählt, dass die Götter Varuna und Sura in der Höhlung eines abgestorbenen Baumes ein berauschendes Getränk vorfanden, das aus Regenwasser und reifen Früchten entstanden war.

Auch die Weinkultur basiert auf Fortschritten der Landwirtschaft, denn die meisten Wildfrüchte enthalten für eine natürliche Gärung nicht genügend Zucker. Der erste gezielte Anbau von Wein fand wohl 6000 Jahre vor Christus im Gebiet am Ararat (im heutigen Armenien und der Türkei) statt. Von dort kam der Wein zu den alten Griechen und Römern. Die Römer waren es dann, die Weinanbau und -herstellung an Rhein und Mosel brachten. Aus Hirse gewannen die Afrikaner das Pombe-Bier, asiatische Steppenvölker vergoren Stutenmilch in Lederbeuteln zu Kumys, die Japaner bereiteten Sake, ein alkoholisches Getränk aus Reis.

Bis heute hat sich auch die Weinerzeugung (siehe Box) nur wenig verändert: Aus roten und farblosen (weißen) Weintrauben wird nach der Lese durch Zerstampfen und Pressen (Keltern) Traubensaft gewonnen. Dieser gefilterte Saft gärt dann in geschlossenen Gefäßen. Früher waren das Holzfässer, heute benutzt man Metalltanks mit Inhalten bis zu 250 000 Litern. Ist der entstandene Wein reif, wird er gefiltert und anschließend abgefüllt.

Rot-, Weiß- und Schaumweine

Nach der witterungsabhängigen Lese werden die Weintrauben in der Traubenmühle zerquetscht. Zur Kelterung befreit man die Beeren mit Kämmen und zerquetscht sie ohne Zerdrücken der Kerne zur Maische. Bei der Weißweinherstellung folgt sofort das Pressen des Safts (Most). Stiele, Schale und Kerne, als Rückstand Treber genannt, sind damit abgetrennt. Zur Gewinnung von Rotwein überlässt man die Maische dagegen direkt der Hauptgärung, da der hauptsächlich aus Anthocyanen bestehende Farbstoff der roten und blauen Weinbeeren in den Schalen lokalisiert ist und erst mit der Alkoholbildung in Lösung geht. Deshalb wird diese Maische nach 6- bis 8-tägigem Stehen gekeltert.

Die Gärung tritt durch die an der Außenseite der Beeren haftenden Hefen oder bei vorheriger Pasteurisierung durch Zusatz von Hefe-Reinkulturen (*Saccharomyces cerevisiae var. ellipsoides*) ein. Sie verläuft unter stürmischem Aufschäumen. Der so gewonnene, durch die Hefezellen getrübte »Sauser« wird in manchen Gegenden gern getrunken. Während der 4 bis 8 Tage dauernden Hauptgärung wird schließlich fast der gesamte Zucker verbraucht. Die Eiweiß- und Pectinstoffe scheiden sich in unlöslicher Form ab und bilden mit der Hefe den Bodensatz, von dem der Wein abgezogen wird.

Im ersten Jahr kann in langsamer Nachgärung in kühlen Kellern noch Restzucker vergären (Treiben). Dabei entsteht ein zweites Geläger. Gleichzeitig bildet sich im Wein das die Aromastoffe enthaltende Bouquet (Bukett, Blume). Der nach Abschluss der Gärung vorliegende Jungwein wird in fest verspundete, vorher ausgeschwefelte Lagerfässer abgefüllt, in denen er (bisweilen unter zeitweiliger Lüftung) seine Reife erlangt. Heute werden dazu meist Stahl- oder Polyesterfässer verwendet.

Während dieser Zeit setzt auch die so genannte Kellerbehandlung ein. Diese dient in erster Linie der Erhöhung der Haltbarkeit (z. B. durch das Schwefeln) und dem Klären.

Die chemische Zusammensetzung der Weine wird durch viele Faktoren (Art der Trauben, Boden, Klima, Behandlung usw.) beeinflusst. Die meisten Weine haben Ethanolgehalte zwischen 10 und 12 Volumenprozenten.

Die Unterscheidung der Weine erfolgt nach der Farbe (meist Weiß- und Rotwein), nach der Herkunft und nach der Rebsorte (z. B. Riesling, Muskat, Silvaner).

Restzuckergehalte lassen sich durch Unterbrechung der Gärung oder Zusatz von Most herstellen: »trocken« (max. 9 g/l), »halbtrocken« (max. 18 g/l), »lieblich« (mehr als 18 g/l).

Schaumweine entstehen aus Weinen, denen Rüben- oder Rohrzucker (Saccharose) und Hefen zugesetzt wurden. In Flaschen und Tanks entwickeln sie Ethanol und CO_2 und produzieren immerhin mindestens 3 bar Überdruck.

Weltweit werden jährlich etwa 260 Millionen Hektoliter Wein produziert. Frankreich und Italien standen 1997 mit 54 bzw. 51 Millionen Hektolitern an der Spitze, Deutschland erzeugte 8,5 Millionen Hektoliter.

Im Altertum wusste man natürlich nicht, dass auch auf den Weinbeeren Hefepilze sitzen, die mit dem gekelterten Saft in die Gefäße gelangen und die Gärung verursachen – heute werden dem Traubensaft speziell gezüchtete Hefen zugesetzt.

Branntwein, Cognac und andere »Desinfektionsmittel«

»Beim Alkohol muss man wissen, wo man seine Grenze hat.« Das gilt nicht nur für uns Konsumenten: Auch die Produzenten bilden Alkohol nur bis zu einer bestimmten Konzentration. Erreicht die Flüssigkeit einen Alkoholgehalt von mehr als 12 %, bekommen Hefen Probleme und beginnen abzusterben. Bier und Wein enthalten deshalb Alkohol nur in verdünnter Form.

Um das Jahr 700 erfanden arabische Alchimisten die Destillation: Ethanol siedet bei tieferer Temperatur als Wasser. Er verdampft deshalb eher (78 °C) und verflüssigt sich beim Abkühlen wieder schneller. Aus dem arabischen *kuhl* (Essenz) wurde in Spanien *al-kuhul* und *alcohol*.

Damals erhitzte (brannte) man Wein in einem geschlossenen Kessel. Der entstandene Alkoholdampf wurde in einer Röhre durch kaltes Wasser geleitet, kühlte sich ab und kondensierte in Tröpfchenform. Der stark konzentrierte Alkohol sammelte sich in einem Gefäß.

Der berühmte Cognac wurde Anfang des 15. Jahrhunderts von den Winzern in der französischen Charente entwickelt, als sie die mindere Qualität ihres Weines gegenüber dem Wein der benachbarten Region Bordeaux eingestehen mussten. Sie verfielen auf die Idee, ihren Wein zu destillieren. Später wurde das Produkt sogar zweimal nacheinander destilliert. Auch heute noch kommt der junge Cognac mit einem Alkoholgehalt von 70 % in Fässer aus Limousineiche, wo er teilweise jahrelang zur vollen Größe reift und den typischen Farbton und Geschmack annimmt. Erst danach wird er auf 40 % verdünnt.

In modernen Brennereien gewinnt man reinen Alkohol (Sprit) aus Getreide- oder Kartoffelstärke. Sie wird zuerst durch stärkeabbauende Enzyme in Zucker umgewandelt. Den Zucker vergärt man mit Hefen zu Alkohol, erhitzt und destilliert den Alkohol danach bis zur Obergrenze von 96 %.

Was auf verdünnten Ethanol zutrifft, ist erst recht wahr für konzentrierten Alkohol: Er tötet mikrobielle Keime ab. Tatsächlich wird 70%iger Alkohol in der Medizin zur (allerdings äußerlichen) Desinfektion von Hautpartien eingesetzt.

Da Alkohol bereits ein mikrobielles Stoffwechsel-Endprodukt ist, wird er auch kaum von anderen Mikroben verwertet. In Alkohol eingelegte Früchte, zum Beispiel beim Rumtopf, sind lange haltbar und demonstrieren deutlich den mikrobenhemmenden Effekt von Alkohol. Bekannte Lebensmittelverderber und -vergifter unter den Mikroorganismen sind meist alkoholempfindlich und werden unterdrückt.

Zur Alkoholproduktion lassen sich nicht nur Hefen, sondern auch Bakterien nutzen. Die Ureinwohner Mexikos verwendeten unbewusst seit Jahrhunderten das Bakterium *Zymomonas mobilis* zur Bereitung von *Pulque* (aus vergorener Agavenpulpe) und bei Palmwein. Das Getränk wird *Tequila* genannt, wenn es aus der namensgebenden Stadt im mexikanischen Jalisco kommt. Wie erst in den letzten Jahren festgestellt wurde, kann das Bakterium auch in Medien mit sehr hoher Zuckerkonzentration wachsen. Es bildet dabei 6- bis 7-mal schneller Alkohol als die besten Hefestämme.

Spirituosen

Zu den Spirituosen (lat. spiritus = Geist) zählen Branntwein, Liköre, Punsche und Mischgetränke (Cocktails).

Entweder werden bereits vergorene Getränke, wie Wein und stärkehaltige Produkte, oder aber Zuckerlösungen, wie Fruchtsäfte und Melasse, nach vorhergehender Gärung zu Branntwein verarbeitet, das heißt destilliert.

Bei den so genannten Edelbranntweinen (Weinbrand, Cognac, Rum, Arrak, Whisky, Enzian, Wacholder und Obstbranntweine) verbleiben die neben dem Ethanol entstehenden Produkte (Ester, höhere Alkohole, Aldehyde, Säuren, Acetate usw.) wegen ihres angenehmen aromatischen Geschmacks ganz oder teilweise im Destillat. Bei den aus Kartoffeln und ähnlichen Rohstoffen erhaltenen Erzeugnissen müssen dagegen die Nebenprodukte, vor allem die so genannten Fuselalkohole, entfernt werden.

Die gewöhnlichen Trinkbranntweine werden meist lediglich auf kaltem Wege durch Mischen von Primasprit mit Wasser und bestimmten, als Würze bezeichneten Geschmacksstoffen (z.B. Anis, Fenchel, Kümmel, Wacholder) hergestellt. Sie müssen mindestens 32 Vol.-% Ethanol enthalten.

Getreidebranntweine (auch Korn oder Kornbrand genannt) dürfen nur aus Roggen, Weizen, Buchweizen, Hafer oder Gerste gewonnen werden. Zu den Kornbranntweinen gehört auch der ursprünglich aus Schottland stammende Whisky (mindestens 43 Vol.-% Ethanol). Bei seiner Herstellung werden die Malzkörner in der Regel dem Rauch von Torf oder Kohle direkt ausgesetzt. Wodka (»Wässerchen«) kann 40 bis 60 Vol.-% Ethanol enthalten. Obstbranntweine (mindestens 38 Vol.-% Ethanol) werden aus der vollen vergorenen Obstfrucht oder aus Beeren und deren Säften ohne Zusatz von Zucker, weiterem Ethanol und Farbstoffen gewonnen. »Geist« entsteht aus unvergorenen Beerenfrüchten, Aprikosen und Pfirsichen, die unter Zusatz von Alkohol destilliert wurden. Weinbrand (mindestens 38 Vol.-% Ethanol) darf nur aus Wein hergestellt worden sein. Die Bezeichnung »Cognac« ist streng genommen Weinbrand vorbehalten, der aus Trauben hergestellt wurde, die in dem im französischen Gesetz genau bestimmten Gebiet der Departements Charente-Maritime, Charente, Dordogne und Deux Sevres geerntet wurden.

Rum ist ein Trinkbranntwein und wird aus dem Saft und Rückständen von Zuckerrohr durch Gärung und Destillation gewonnen (Mindestethanolgehalt 38 Vol.-%). Ausgangsprodukt für Arrak bildet Reis oder der Saft von Blütenkolben der Kokospalme. Wodka entsteht aus Kartoffeln, Pulque bzw. Tequila aus Agavenpulpe. Für Liköre werden Spirituosen mit Zucker und bestimmten aromatischen Stoffen, Pflanzen- und Fruchtauszügen oder -destillaten versetzt. Punsche (auf Hindi panscha = fünf) sind heiße Getränkezubereitungen mit fünf Zutaten: Ethanol, Gewürze, Zitronensaft, Zucker und wenig Tee oder Wasser. Cocktails (engl. Hahnenschwanz), appetitanregende ethanolhaltige Mischgetränke, haben ihren Namen im amerikanischen Unabhängigkeitskrieg bekommen. Damals bemühte man sich, verschiedenartige Flüssigkeiten möglichst unvermischt so übereinander zu schichten, dass das Getränk einem prächtigen Hahnenschwanz ähnelte.

Das Geheimnis der sauren Fässer

Fast 200 Jahre vergingen nach Leeuwenhoeks Entdeckungen, ehe die Mikroben wieder in den Mittelpunkt des Interesses gelangten. In der Mitte des 19. Jahrhunderts waren in Europa im Verlauf der industriellen Entwicklung große Fabriken entstanden. Auch Alkohol wurde jetzt nicht mehr in kleinen Familienunternehmen, sondern in Großbetrieben hergestellt. Immer dringender brauchte man deshalb genaue Kenntnisse über die Vorgänge bei Gärungen, um kostspielige Fehlschläge zu vermeiden.

In der französischen Stadt Lille sprach im Jahre 1856 ein gewisser Monsieur Bigo, Besitzer einer Alkoholfabrik, bei dem Professor für Chemie Louis Pasteur (1822–1895) vor. Bigo berichtete Pasteur, eine seltsame Krankheit habe viele seiner Alkoholfässer befallen. Aus dem Zuckersaft von Zuckerrüben entstand darin nicht wie früher Alkohol, sondern eine sauer riechende, schleimige, graue Flüssigkeit. Pasteur packte sein Mikroskop ein und begab sich zur Fabrik. Hier entnahm er sowohl den »kranken« als auch den »gesunden« Fässern Proben. Der »gesunde« Alkohol enthielt, wie die mikroskopische Untersuchung ergab, gelbe Kügelchen, die Hefen. Sie ballten sich zu Trauben zusammen. Wie beim Keimen eines Samenkorns sprossen aus den Kügelchen Seitentriebe hervor. Die Hefe lebte also. Ihr Leben bewirkte die Verwandlung des Zuckers in Alkohol. Nun untersuchte Pasteur die schleimige Masse. Es waren keine Hefen darin zu entdecken, dafür aber kleine, graue Punkte. Jeder Punkt enthielt ein Gewirr von zitternden Stäbchen – Millionen von Stäbchen in jedem grauen Punkt. Der saure Stoff, den die Stäbchen produzierten, erwies sich in chemischen Analysen als Milchsäure (Lactat).

Pasteur träufelte etwas stäbchenhaltige Flüssigkeit in eine Flasche mit klarer Lösung von Hefe und Zucker. Nach kurzer Zeit waren auch hier die Hefen verschwunden, und die Stäbchen beherrschten das Feld. Es entstand wieder Milchsäure anstelle von Alkohol.

Die entdeckten Stäbchen waren Bakterien. Sie erhielten ihren Namen nach ihrer Körperform: Das griechische Wort für Stäbchen heißt *bakterion*. Die Bakterien produzierten offensichtlich durch Gärung Milchsäure aus dem Zucker, während Hefen den Zucker zu Alkohol und dem Gas Kohlendioxid vergoren.

Bald nach seiner Entdeckung der Milchsäurebakterien in den Alkoholfässern wurde Louis Pasteur zu den Weinbauern nach Arbois geholt. Sie hatten Sorgen mit der alkoholischen Weingärung. Immer wieder entstand selbst aus dem Saft der besten Weintrauben öliger, dicker, bitterer Wein. Auch hier fand Pasteur im missratenen Wein statt der Hefepilze winzige Bakterien, die allerdings Perlschnüre bildeten. Pasteur entdeckte bei seinen gründlichen Untersuchungen die verschiedensten Bakterienarten, die Wein verderben. Schließlich konnte er den verblüfften Weinbauern sogar vorhersagen, wie eine Weinprobe schmecken würde, ohne sie vorher gekostet zu haben! Er sah dazu die Probe lediglich unter dem Mikroskop an und bestimmte die Hefe- oder Bakterienart. Pasteur fand heraus, dass es genügte, den Wein kurz zu erhitzen, um die Bakterien abzutöten. Die gleiche Technik war auch geeignet, Milch vor dem Sauerwerden zu schützen.

Diesen Vorgang, bei dem die überwiegende Anzahl der in einer Substanz enthaltenen Mikroorganismen abgetötet wird, nennt man heute Pasteurisieren, Louis Pasteur zu Ehren. Ein Milliliter ($1\ cm^3$) roher »keimarmer« Milch enthält immerhin 250 000 bis 500 000 Mikroben! Trinkmilch wird deshalb heute meist kurzzeitig bei 71 bis 74 °C pasteurisiert. Dabei werden 98 bis 99,5 % der Mikroorganismen abgetötet. Die vier Wochen ohne Kühlung haltbare so genannte H-Milch wird durch Wasserdampf kurz auf 120 °C erhitzt und in vorher pasteurisierte Behälter gefüllt.

Bakterien

Bakterienzellen sind selten größer als 1/1000 mm, also etwa zehnmal kleiner als Hefezellen. Biologen verwenden statt Millimeter meist die Maßeinheit Mikrometer (µm). Ein Mikrometer ist der tausendste Teil eines Millimeters, also der millionste Teil eines Meters. Um eine Vorstellung von den Körpermaßen der Bakterien zu erhalten, müssen wir uns einen winzigen Würfel mit 1 mm Kantenlänge vorstellen (also mit 1 mm^3 Rauminhalt). In ihm finden nicht weniger als eine Milliarde Bakterien Platz.

Bakterien haben meist die Form von Stäbchen. Wir kennen aber auch kugelförmige Bakterien, die Kokken (grch. *kokkus*, runder Kern), die kommaförmigen, ständig zitternden Vibrionen (lat. *vibrare*, zittern, vibrieren) oder schraubenförmig gewundene Spirillen (lat. *spirillum*, kleine Schraube). Viele Bakterien tragen Geißeln, lange Anhängsel, mit denen sie sich schnell fortbewegen können. Bakterien vermehren sich in der Regel, indem sich ihre Zellen in der Mitte spalten. Die so entstandenen Tochterzellen trennen sich dann meist. Wenn sie nacheinander haften bleiben, entstehen Ketten von Bakterienzellen. Sie werden Streptokokken (grch. *streptos*, Kette) genannt. Sind sie traubenförmig zusammengelagert, heißen sie Staphylokokken (grch. *staphyle*, Traube).

Sauer macht haltbar: Sauermilch, Sauerkraut und Salami

Als der Mensch begann, Schafe, Ziegen und Rinder zu zähmen, und die Milch seiner Haustiere gewann, lernte er auch saure Milch kennen. Sie entstand »wie von selbst«, wenn frische Milch einige Zeit stehenblieb. Gekochte Milch verdarb allerdings nicht so schnell, diese Erfahrung hatte man auch schon gemacht. In frisch gemolkener Milch können sich die Milchsäurebakterien sehr rasch vermehren und Teile des Milchzuckers (Lactose) zu Milchsäure (Lactat) vergären. Die Vermehrung von Fäulnis- und Krankheitserregern, wie Staphylokokken, wird in dem sauren Milieu unterdrückt. Es entsteht ein haltbares wohlschmeckendes und nahrhaftes Produkt.

Sauermilch ist gut bekömmlich, weil das Milcheiweiß Casein durch die Säuerung feinflockig ausfällt; es wird damit leichter verdaulich. Milchsäure reagiert außerdem im Magen mit dem für die Knochenbildung wichtigen Mineral Calcium zu Calciumlactat, das von den Darmwänden leicht wieder aufgenommen werden kann; dadurch geht das Calcium dem Körper nicht verloren.

Sauer macht lustig!

Sauermilchprodukte

Sauermilcherzeugnisse gewinnt man unter Einsatz von Milchsäurebakterien. Sauermilch (Dickmilch) wird aus pasteurisierter Milch nach Beimpfen mit Kulturen von *Streptococcus cremoris*, *Str. lactis* und *Leuconostoc cremoris* als Aromabakterien in etwa 16 Stunden im Säuerungstank hergestellt. Zur Joghurtherstellung verwendet man Ziegen-, Schaf- und Kuhmilch. Die Joghurtkultur besteht aus thermophilen (wärmeliebenden) Milchsäurebakterien (*Streptococcus thermophilus, Lactobacillus bulgaricus*). Beide existieren in Lebensgemeinschaft (Symbiose): Lactobacillus produziert das von *Streptococcus* benötigte Spaltprodukt des Milcheiweißes Casein, *Streptococcus* bildet dagegen Ameisensäure, die das Wachstum des bakteriellen Lebensgefährten fördert. Kefir ist ein dickflüssiges, sämiges, leicht sprudelndes Getränk. Es enthält neben 0,8 bis 1 % Milchsäure auch 0,3 bis 0,8 % Ethanol und Kohlendioxid, die neben geringen Mengen Diacetyl, Acetaldehyd und Aceton wesentlich zu dem erfrischenden Geschmack von Kefir beitragen. Die Kefirknöllchen, von den Mohammedanern auch als »Hirse des Propheten« bezeichnet, sind blumenkohlartig geformte, haselnussgroße Klümpchen, die aus geronnenem Casein und milchzuckervergärenden Hefen, wie *Saccharomyces kefir* und *Torula kefir*, *Lactobacillus*- und *Streptococcus*-Arten, aromabildenden *Leuconostoc*-Arten und auch Essigsäurebakterien bestehen. Kumys gewinnt man aus Stutenmilch, die mit einer Mischung von Milchsäurebakterien und Hefen vergoren wird.

Auch Sauerrahmbutter ist ein Mikrobenprodukt. Nachdem der Rahm gewonnen und unter Hitze behandelt worden ist, wird er abgekühlt und »gereift«. Dabei kristallisiert das Butterfett. Nach Beimpfung mit Säure bildnern (*Streptococcus lactis, Str. cremoris* und *Leuconostoc cremoris*) wird der vorhandene Milchzucker (Lactose) zu Milchsäure und die Zitronensäure zu »Butteraroma« (Diacetyl) und Acetoin umgewandelt. Buttermilch ist ein Nebenprodukt der Butterherstellung.

In verschiedenen Regionen der Erde entwickelten sich abhängig von Klimaeinflüssen und der Milchbeschaffenheit unterschiedliche Bräuche der Milchbehandlung (siehe Box). In Europa entstanden Sauermilch (Dickmilch) und Quark, auf dem Balkan und im Mittleren Osten Joghurt, Kefir im Kaukasus, Kumys in Zentralasien, Dahi in Indien und Leben in Ägypten.

Ein weiteres uraltes Fermentationsverfahren ist das Einsäuern von Kohl und Gurken. Auch Oliven werden so haltbar gemacht.

Um Sauerkraut herzustellen, wird feingeschnittener Weißkohl lagenweise mit Kochsalz (eventuell auch mit Gewürzen) so lange festgestampft, bis Flüssigkeit aus den zerstörten Pflanzenzellen den Kohl bedeckt. An einem kühlen Ort beginnt er sehr bald zu gären. Der frische Weißkohl verwandelt sich unter Luftabschluss allmählich in schmackhaftes Sauerkraut.

Da fäulniserregende Mikroorganismen im stark sauren Milieu der Milchsäureflüssigkeit nicht gedeihen können, ist Sauerkraut lange haltbar. Besonders wertvoll für die Ernährung war Sauerkraut vor der Globalisierung in den vitaminarmen Jahreszeiten wegen seines hohen Gehaltes an Vitamin C (30–70 mg/100 g Kohl). Heute stellt man Sauerkraut in Behältern von bis zu 80 t Fassungsvermögen in 7 bis 9 Tagen her. Oft wird das entstandene Sauerkraut erhitzt (blanchiert); das tötet die Milchsäurebakterien und beendet die Säuerung. Dieses Verfahren ergibt einen milderen Geschmack.

Auch bei der Herstellung von haltbaren Rohwürsten, wie Salami und Zervelatwurst, läuft eine Milchsäuregärung ab. Dem zerkleinerten Rind- und Schweinefleisch werden Bakterien (Staphylokokken, Lactobazillen) und eventuell auch Pinselschimmel (*Penicillium*) als so genannte Starterkulturen zugesetzt. Aus Muskelglykogen (dem tierischen Äquivalent zur Stärke der Pflanzen) wird sodann enzymatisch Milchsäure (Lactat) gebildet. Diese Milchsäure ist nicht nur geschmacksbildend, sondern hemmt auch durch das saure Milieu zusammen mit dem zugesetzten Pökelsalz (Gemisch aus Kochsalz und Natriumnitrit) das Wachstum unerwünschter Mikroben und trägt zur Schnittfestigkeit der künftigen Wurst bei. Die in Wurstdärme abgefüllte Masse wird in Reifekammern gehängt, wo sie zwei Wochen reift, geräuchert wird und nachreift.

Brotbacken – eine echte Kunst

Neben den Hefen waren und sind es die Bakterien, die eine Vielzahl von Lebens- und Futtermitteln sowie Genusswaren produzieren.

Das Brotbacken im heutigen Sinne wurde wahrscheinlich erst nach dem Bierbrauen»erfunden«. Zunächst kannten die Menschen nur das feste Fladenbrot. Erst vor rund 6000 Jahren stellten die ägyptischen Bäcker ein lockeres Brot aus gesäuertem (gegorenem) Mehlbrei her.

Warum müssen das Mehl bzw. der Teig eigentlich sauer sein? Roggenmehl quillt erst im sauren Milieu auf (anders als Weizenmehl im Hefeteig) und schafft so elastische und bekömmliche Krusten für Misch-, Roggen- und Vollkornbrot. Die Milchsäurebakterien säuern dabei den Brotteig an.

Sauerteig wird auch heute von Milchsäurebakterien (*Lactobacillus*-Arten) und säuretoleranten Hefen (d. h. Hefen, die nicht nur in neutralem, sondern auch saurem Milieu leben können) gebildet. Die Nebenprodukte der Teiggärung, wie Alkohol, Essigsäure, Acetoin, Diacetyl und Fuselalkohole, sind für Aroma und Geschmack des Brotes verantwortlich. Erwünschtes Hauptprodukt der Gärung ist hier also nicht Alkohol, sondern Kohlendioxid (CO_2), dessen Gasbläschen den Teig aufblähen: Er »geht« und wird locker. Als Kohlenhydratquelle für die ablaufenden Gärungen dienen im Mehl vorhandene oder zugegebene freie Zucker, wie Glucose (Traubenzucker), Fructose (Fruchtzucker) und Saccharose (Rübenzucker) sowie Glucose und Maltose (Malzzucker), die durch Getreideenzyme (Amylasen) aus der Stärke des Mehles gebildet werden.

Beim Backen hört die Gärung auf, denn die große Hitze im Ofen tötet die Hefen und Bakterien ab. Der bei der Gärung gebildete Alkohol verdunstet, und im gebackenen Teig bleiben nur die wabenartigen Hohlräume der CO_2-Bläschen zurück, wie man sie bei jeder Brotscheibe erkennen kann.

Für Weißbrote und Kuchen teigt man heute nur Hefen mit Mehl und Wasser an, das heißt, es erfolgt keine Milchsäuregärung. Backhefe (*Saccharomyces cerevisiae*) wird auf Rückständen der Zuckerrübenverarbeitung (Melasse) angezogen. Jährlich werden auf der Welt immerhin eineinhalb Millionen Tonnen Preßhefe mit einem Produktwert von einer halben Milliarde Euro hergestellt.

Dass Brotbacken (wie auch Käsebereitung) eine europäische echte Kunst ist, kann übrigens jedermann bei einer Reise in die USA schnell feststellen ...

Genuss durch Fermentation: Kaffee, Tee, Kakao und Tabak

Wenn Wein längere Zeit an der Luft steht oder das Gärungsgefäß nicht fest verschlossen ist, entsteht statt des Weines eine saure Flüssigkeit. Man kann die Verwandlung von Alkohol in Essig zu Hause leicht beobachten, wenn Bier- oder Weinreste einige Tage unverschlossen in einem warmen Raum stehen.

Auch die Essigbereitung kannten die Sumerer bereits. Als Ausgangsmaterial dienten Palmsaft und Dattelsirup, später auch Bier und Wein. Die Griechen und Römer tranken verdünnten Weinessig sogar als

Erfrischungsgetränk. Im Mittelalter wurde in Frankreich Weinessig industriell mit dem Orleans-Verfahren hergestellt. Auf Bier- und Weinmaischen wurden Essigsäurebakterien als Haut kultiviert. Die über die Haut hinwegstreichende Luft genügte zur Sauerstoffversorgung. Gourmets verwenden Balsamico aus Modena, der über einen Zeitraum von mehreren Jahren aus speziellem Wein hergestellt wird.

Heute produziert man Essig in der Industrie im »Schnellverfahren«. Dabei rieselt verdünnter Alkohol über Buchenholzspäne, auf denen Essigsäurebakterien (*Acetobacter suboxydans*) sitzen. Diese oxidieren Alkohol unter Zuhilfenahme von Luftsauerstoff sofort zu Essig. Auch »Tauchkulturen« (Submersfermenter) werden im Großmaßstab eingesetzt. Die Essigsäurefermentation ist – da sie nicht unter Luftabschluss verläuft – definitionsgemäß keine echte Gärung, sondern eine unvollständige Oxidation.

Eine umweltschonende Anwendung von Essigsäure wird übrigens in den USA getestet. Acetat (das Salz der Essigsäure) wird durch Mischen mit Kalkstein aus Essigsäure produziert. Die Essigsäure gewinnt man zuvor aus Biomasse. Calcium-Magnesium-Acetat (CMA) hat einen Schmelzpunkt um $-8\,°C$ und wird als umweltschonendes Streusalz im Winter benutzt. Es erfreut die amerikanische Autofahrer-Nation, weil es zudem ihr Blech vor Korrosion schützt. Unser deutsches Tausalz (reines Natriumchlorid, NaCl) ist dagegen ein Baumkiller: Es verdrängt wichtige Pflanzen-Nährstoffe verdrängt. Der Verkehrsclub Deutschland berichtet, dass im Winter 2000/2001 pro Straßenkilometer der (bislang noch) wunderschönen brandenburgischen Alleen 2,8 Tonnen Tausalz bereitgehalten wurden, also auf jeden Meter 2,8 Kilo Salz!

Genussmittel wie Kaffee, Kakao, Tee, Tabak und Vanille werden seit jeher fermentiert, das heißt durch Mikroorganismen und pflanzeneigene Enzyme verändert.

Bei der Kaffeefermentation wird das Fruchtfleisch durch Bakterien abgebaut. Dabei verarbeiten die pectinspaltende Enzyme (Pectinasen) zunächst die Stützsubstanzen der Früchte (Pectine). Das Fruchtfleisch verwerten danach Hefen und anschließend alkoholverwertende Essigsäurebakterien. Mikroben bestimmen durch ihr Wirken auch das Aroma von Kakaobohnen und Vanille.

Teeblätter werden einen Tag lang gewelkt und anschließend gerollt. Dadurch brechen die Zellen auf, wobei sich der Zellsaft auf den Blattoberflächen verteilt. Durch die Wirkkraft oxidierender Pflanzenenzyme,

Bakterien und Hefen entwickeln sich der charakteristische Geschmack und Geruch des Tees.*

Die Fermentation von Lebensmitteln wurde zwar zufällig entdeckt, ihre vorteilhaften Auswirkungen (reduzierte Keime, längere Lagerbarkeit, bessere Verdaulichkeit, reicheres Aroma – und nicht zuletzt das Rauscherlebnis bei alkoholhaltigen Produkten) waren aber so offenkundig, dass sich in fast allen Kulturstufen sehr frühzeitig Fermentationsprodukte durchsetzten. Die Fermentation war somit eine erste Form der Veredlung von Lebensmitteln – und der Beginn der Biotechnologie.

In der Tat kannten die ersten sesshaften Menschen zur Haltbarmachung von Lebensmitteln nur das Trocknen (z. B. Backpflaumen und Dörrfisch) und Salzen (siehe auch Kapitel 4). Auch die ägyptischen Mumien wurden mit Salz erst dehydriert, dann balsamiert.

Bakterienzellen, die in eine hochkonzentrierte Salzlösung geraten, »schrumpeln ein«, ihnen wird das Wasser (umgekehrte Osmose) und damit der »Lebenssaft« entzogen. Man möge sich allerdings vergegenwärtigen, dass Salz lange Zeit eine Kostbarkeit und das Einsalzen von Lebensmitteln sehr teuer war.

Mit Einführung der Fermentation ließen sich wesentlich schmackhaftere und vielfältigere Produkte erzeugen. Das Risiko von Lebensmittelvergiftungen nahm zudem deutlich ab. Dieser Sicherheits-Aspekt der Gärung war (wie beim Trinkwasser!) oft wichtiger als der Nährwert.

Während heute in den hochindustrialisierten Ländern der Genusswert der fermentierten Lebensmittel im Vordergrund steht, zeigt die Fermentation in den Entwicklungsländern ihren ursprünglichen, kaum abschätzbar praktischen hohen Wert. Gerade dort verdirbt heute noch ein Drittel der Lebensmittel. Die Fermentation ist im Vergleich zur modernen Kühltechnik, chemischen Konservierung, Gefriertrocknung billig, kann einfach ausgeführt werden, erfordert keine teuren Apparate, und ihre Produkte werden traditionell psychologisch akzeptiert.

*) Für Grünen Tee, der nicht fermentiert wird, werden die Blätter kurzzeitig erhitzt, um die oxidierenden Enzyme zu inaktivieren. Im Gegensatz zu Schwarzem Tee unterscheidet sich Grüner Tee also in seiner Zusammensetzung nur geringfügig vom frischen Teeblatt.

Käse: Schimmelpilze kooperieren mit Bakterien

Milch ist reich an Nährstoffen, Vitaminen und Mineralien; daher war es schon für die frühzeitlichen Ackerbauern und Viehzüchter wichtig, diese Inhaltsstoffe zu erhalten. Aus saurer Milch wurde durch Abfiltern der festen Bestandteile Quark gewonnen, und aus dem Quark stellte man eine lagerbare Form her, den Käse. Die Menschen fanden sehr bald heraus, dass die Käsebereitung (siehe Box) besser gelang, wenn sie der Milch eine Verdauungssubstanz aus den Mägen von milchsaugenden Kälbern, das Labenzym, zusetzten. Lab lässt das Milcheiweiß (Casein) gerinnen. Beim Gerinnen verklumpen die festen Bestandteile der Milch sehr schnell und werden auch viel fester, als wenn man die Milch einfach stehen und sauer werden ließe.

Bei der Käsebereitung setzt man der Milch Milchsäurebakterien als Starterkulturen und Lab zu. Meist gerinnt die Milch schon innerhalb von 30 Minuten und wird dick: Casein fällt aus und lagert sich zusammen. Nach dem Abpressen der flüssigen Molke wird der so entstandene Quark mit Salz vermengt und in Stücke geschnitten.

Zur Gewinnung von Weichkäse, wie Camembert oder Brie, sorgt man dafür, dass auf der Oberfläche des »Käseteigs« Schimmelpilze wachsen. Ganz besondere Schimmelpilze werden seit langem in den kleinen fran-

---

Schimmelpilze

Schimmelpilze erkennen wir mit bloßem Auge, sie sind im Gegensatz zu den Hefen mehrzellige Lebewesen. Man sieht allerdings meist nur die Sporenträger der Pilze. Die Hüte der Speisepilze sind ebenfalls deren Sporenträger.

Der eigentliche Körper der Pilze ist bei den Speisepilzen wie bei den Schimmelpilzen unscheinbar. Er besteht aus langen, dünnen Pilzfäden, dem Mycel (grch. *mykes* = Pilz). Aus dem Mycel wachsen die Sporenträger heraus. Sie bilden Tausende von Sporen, die vom Wind verweht oder vom Regenwasser weggespült werden. Die Sporen keimen auf einer nährstoffreichen Unterlage und bilden ein neues Mycel. Nach der Form ihrer Sporenträger werden die »Käsepilze« Pinselschimmel genannt.

Ihr lateinischer Name lautet *Penicillium*, deutsch Pinselchen. Jeder hat sicherlich auch schon den Gießkannenschimmel (*Aspergillus*) gesehen. Einige Arten dieses Pilzes wachsen nämlich auf Brot und Marmelade. Im Gegensatz zu den ungefährlichen Schimmelpilzen des Käses kann zum Beispiel *Aspergillus flavus* Aflatoxine bilden, die dann in der Leber durch Sauerstoffeinbau zu Giftstoffen aktiviert werden und Leberkrebs hervorrufen können. Also: Derart Verschimmeltes immer entsorgen!

Die berühmte »Rache der Pharaonen« wurde übrigens als massiver Schimmelpilzbefall (*Aspergillus flavus*) der Forscher enträtselt, die beim Öffnen der Gräber Millionen Pilzsporen einatmeten. 30 Menschen starben beim Öffnen des Grabes von Tut-ench-Amun.

Käse

Die Käsebereitung beginnt meist mit der Impfung pasteurisierter Milch mit Milchsäurebakterien und Schimmelpilzen (Starterkulturen). Durch Labenzym-Zugabe gerinnt die Milch (etwa eine Stunde lang) und dickt ein. Die Gallerte schneidet man vorsichtig in zentimetergroße Würfel (Bruch). Molke wird abgezogen, der Bruch in Formen abgefüllt.

Nach mehrmaligem Wenden und einem Salzbad wird Emmentaler Käse (Schweizer Käse) abgetrocknet (etwa 2 Wochen lang) und 6 bis 8 Wochen im Heizkeller gelagert. Dabei vergären Propionibakterien die Milchsäure zu CO_2 und Propionsäure, wodurch es zur charakteristischen Loch- und Geschmacksbildung des Schweizer Käses kommt. Danach reift der Käse 6 Monate.

Limburger Käse wird nach dem Abtrocknen mehrmals geschmiert, das heißt, mit einer »Rotschmierekultur« (*Brevibacterium linens*) bestrichen. Camembert (mit Sporen des schnellerwachsenden *Penicillium caseicolum* bzw. des traditionellen *P. camembertii* beimpft) entwickelt im Trockenkeller nach 3 bis 4 Tagen Schimmelbewuchs

und kann nach 9 bis 11 Tagen verpackt und verkauft werden. Camembert reift oft noch beim Kunden: Die Eiweiß-spaltenden Enzyme des Schimmelpilzes lassen die Käsemasse weich werden und setzen Aromastoffe und Ammoniak (scharfer Geruch!) frei.

Roquefort ist ein Hartkäse. Hartkäse werden in so genannten Käsepressen gehärtet und sind haltbarer als Weichkäse. Echter Roquefort wird aus frischer roher Schafsmilch produziert. Der Bruch wird mit *Penicillium roqueforti*-Sporen beimpft. Nach dem Abfüllen in Formen werden die Käse aus ganz Frankreich, von Korsika bis zu den Pyrenäen, nach Roquefort transportiert, dort gesalzen und mit Nadeln durchstochen (pikiert), um Luftgänge für das Pilzwachstum zu schaffen. Im reifen Käse ist dann der Schimmelrasen auch tatsächlich entlang der Stichkanäle zu erkennen. Die Reifung erfolgt ausschließlich in den natürlichen Kellern in einem Berg von Roquefort. Die Käse reifen 20 Tage aerob und dann in Zinnfolien drei Monate unter Luftabschluss (anaerob), wobei eiweiß- und fettspaltende Enzyme der Schimmelpilze weiterwirken.

zösischen Orten Camembert und Roquefort verwendet. Damit entstanden die nach ihren Herkunftsdörfern benannten unterschiedlichen Käsesorten.

Sojasauce, Sake und andere asiatische Köstlichkeiten

In Ostasien (Japan, China, Korea) werden Schimmelpilze seit Jahrhunderten eingesetzt, um die eiweißreiche Sojabohne (Proteingehalt: 35 %) und Reis durch Schimmelpilz-Enzyme (stärkespaltende Amylasen, eiweißspaltende Proteasen) für eine nachfolgende alkoholische und Milchsäuregärung aufzuschließen.

Am bekanntesten ist bei uns in Europa die Sojasauce (*Shoyu*), von der in Japan jährlich rund 10 Liter pro Kopf (!) konsumiert werden. Asiaten scheinen keine Allergien gegen den Bestandteil Glutamat zu entwickeln. Sie entsteht aus einer Soja-Weizen-Mischung (Oberflächenkultur) unter Mitwirkung von *Aspergillus oryzae*. Sojasauce enthält neben 18 % Kochsalz über 1 % des geschmacksverstärkenden Aminosäuresalzes Glutamat (siehe weiter unten) und 2 % Alkohol.

Miso ist eine fermentierte Sojapaste, die in Japan seit alters als Hauptproteinlieferant gedient hat. Der etwas streng riechende *Natto* entsteht aus gedämpften Sojabohnen, die man mit *Koji* (*Aspergillus oryzae*) beimpft und nach mehreren Monaten mit *Streptococcus* und *Pediococcus* erneut fermentiert. *Ang-kak* (roter Reis) entsteht durch den Pilz *Monascus purpureus* und wird in China und auf den Philippinen als Würz- und Färbemittel verwendet.

Für Reiswein (*Sake*) muss zuerst Reisstärke zu fermentierbaren Zuckern abgebaut werden. Das geschieht durch Enzyme (Amylasen), die Schimmelpilze (*Aspergillus*) in die Umgebung abgeben. Anschließend werden die so gebildeten Zucker durch *Saccharomyces*-Stämme zu Alkohol vergoren.

Die Japaner konsumieren jährlich etwa 10 Millionen Hektoliter *Sake*. Das ist keine Kleinigkeit, wenn man bedenkt, dass sich viele asiatische Völker von den Europäern in der Enzymausstattung ihrer Leber geringfügig unterscheiden: Sie besitzen eine molekulare Variante (Isoenzym) der Acetaldehyd-Dehydrogenase, die das Produkt der Alkohol-Dehydrogenase wesentlich langsamer abbaut als das »europäische« Isoenzym. Als Folge davon haben zwar schon kleinere Alkoholmengen die gleiche Rauschwirkung, rote Köpfe und Lustigkeit wie bei Europäern (sehr öko-

nomisch!), die allbekannten Folgeerscheinungen am Morgen nach dem Genuss sind außerdem gravierender (siehe Kapitel 2 zu Kater-Bekämpfungsmaßnahmen). Die lernbegierigen Japaner haben dem deutschen Verfasser erzählt, sie hätten dafür sogar ein deutsches Wort japanisiert: »Ka-zen-jameru«.

»Linksdrehende« Suppenwürze im Überfluss

James Bond verhinderte im Dienste der britischen Krone in Japan (von Sean Connery unvergesslich in einem der ersten Bond-Filme dargestellt) einen Weltkrieg.

Er tarnt sich als Geschäftsmann und ordert, im Film bedeutsam von 007 als »mono-so-dium-glu-tama-te« buchstabiert, eine tolle chemische Substanz. Nur wenige Zuschauer haben damals die feine britische Ironie begriffen, denn die Chemikalie trifft man als Suppenwürze Glutamat auf Schritt und Tritt, und zwar weltweit!

Der japanische Geschmacksforscher Kikunae Ikeda (1864–1936) von der Tokyo Imperial University untersuchte zu Beginn des 20. Jahrhunderts eine besondere Geschmacksqualität. Sie ist weder salzig noch süß, bitter oder sauer, sondern »Umami«. Ikeda fand nach seinem Studienaufenthalt in Deutschland heraus, dass diese würzige Umami-Geschmackskomponente durch Glutamat, das Salz einer Aminosäure, beigesteuert wird. Besonders hohe Glutamatkonzentrationen findet man in reifen Tomaten, Käse, Fleisch (das macht vielleicht biochemisch die Attraktivität der italienischen Küche verständlich!) sowie in der menschlichen Muttermilch.

Die geschmacksverbessernde Substanz in *Konbu*, der pazifischen Meeresalge *Laminaria japonica*, wurde dann ebenfalls von Ikeda als Glutamat identifiziert und patentiert (»Patent-N$^{\underline{o}}$ 14805 im Jahr 41 der Meiji-Era«). Das Salz der Aminosäure L-Glutaminsäure (L-Glutamat) verstärkt den Geschmack von Suppen und Saucen wesentlich.

Seit 1909 gewinnt die japanische Firma *Ajinomoto* (zu deutsch: »Geschmacksessenz«) Glutamat durch Fermentation, und zwar aus sauren Hydrolysaten von Weizengluten und Sojaprotein. Noch heute ist Ajinomoto ein Marktführer.

Der Bedarf an Glutamat stieg nach dem zweiten Weltkrieg mit dem Aufkommen von Fertiggerichten, Saucenpulvern und Gewürzmischungen stark an. 1957 fand der Japaner Kinoshita von der Konkurrenzfirma Kyowa Hakko mit einem Suchtest Bakterien, die in der Lage waren, Glutamat in großen Mengen zu bilden, wenn sie auf Glucose wuchsen. Das Bakterium erhielt den Namen *Corynebacterium glutamicum*.

Die Glutamatproduktion durch Mikroorganismen übersteigt heute vor allem durch die japanische und zunehmend die chinesische Bioindustrie 1 000 000 t je Jahr. Inzwischen produzieren die Bakterien bis zu 150 g pro Liter der Kulturflüssigkeit. Trotz des Spottpreises von etwa 1 Dollar pro Kilogramm ist der Markt weltweit inzwischen auf 1 Milliarde US-Dollar angewachsen!

Allen Mitmenschen, die allergisch auf den Lebensmittelzusatz E 623, nämlich Glutamat, reagieren, sei folgendes gesagt: Meine chinesischen Freunde sind der Meinung, dass nur ein schlechter Koch Glutamat zusätzlich benötigt, um seine Gerichte schmackhaft zu präsentieren.

Schimmelpilze statt Zitronenplantagen!

»Kennst Du das Land, wo die Zitronen blühn?« Aus italienischen Citrusfrüchten stammte bis nach dem Ersten Weltkrieg die verfügbare Citronensäure in deutschen Landen. Die erfolgreiche industrielle Herstellung von Citronensäure vernichtete in den 20er Jahren die Existenz der italienischen Kleinbauern, die von ihren Zitronenplantagen lebten – eine frühe negative soziale Auswirkung der Biotechnologie.

Der letzte deutsche Kaiser ließ begeistert Citronensäure an seine Kriegs-marine austeilen. Sie war dummerweise mit dem lebenswichtigen Vita-min C (Ascorbinsäure) verwechselt worden. Die Citronensäure half natür-lich nicht gegen Scorbut, führte vielmehr zu Durchfällen und rettete Seiner Majestät Seeschlachten nicht.

In unserem Körper spielt Citronensäure eine zentrale Rolle (Citronen-säure-Zyklus). Wir bilden bis zu 1,5 Kilogramm Citronensäure täglich als Zwischenprodukt im Stoffwechsel.

Kein geringerer als Justus von Liebig (siehe Kapitel 1) bestimmte 1838 die Struktur der Citronensäure. Bereits 1893 hatte der deutsche Mikro-biologe C. Wehmer an der Universität Hannover beobachtet, dass auch bei Schimmelpilzen Citronensäure eine zentrale Rolle spielt. Im Gegen-satz zu uns geben sie die Säure aber ins Medium ab[*] – gut für uns Kon-sumenten!

Der Bedarf an Citronensäure stieg nach dem ersten Weltkrieg, und die mikrobielle Citronensäureproduktion war eine Alternative zur auf-wendigen Isolierung aus Citrusfrüchten und zu Importen. Die verstärk-te Suche nach den besten Citronensäurebildnern führte schließlich zu dem Schwarzen Gießkannenschimmel (*Aspergillus niger*).

Weltweit werden jährlich etwa 700 000 t Citronensäure mit einem Marktwert von 700 Millionen Dollar fast ausschließlich mikrobiell er-zeugt. Die mikrobiologisch hergestellte Citronensäure ist dabei chemisch völlig identisch mit dem Naturprodukt aus Citrusfrüchten. Sie wird wegen ihres fruchtigen Geschmacks für Bonbons, Limonaden, Konfitüren und in Lebensmitteln eingesetzt. Citronensäure ist auch ein möglicher Er-satz für die Polyphosphate in Waschmitteln, weil sie Komplexe mit Cal-cium und Magnesium bildet und damit die Wasserhärte verringert. Bei Metallvergiftungen setzt man Citronensäure als »Fänger« der Schwer-metalle ein.

---

[*] Gleich zu Beginn lernte man, dass der Säuregrad (pH-Wert) des Nährmediums einen entscheidenden Einfluss auf die Produktivität des Pilzes hat. In sehr saurem Milieu (unter pH 3,5) scheidet *Aspergillus niger* bevorzugt Citronensäure aus. Man vermutet, dass es durch den geringen Gehalt an Protonen im Medium zu Änderungen in der Membranstruktur der Schimmelpilzzellen kommt und deshalb Citronensäure leicht aus der Zelle »ausfließen« kann.

Aspartam – das süße Nichts

James Schlatter, Chemiker des amerikanischen Pharmaproduzenten G. D. Searle and Co., testete 1965 Peptide, kurze Ketten aus verschiedenen Aminosäuren, als Präparate gegen Magengeschwüre. Versehentlich schüttete er sich im Labor Tropfen eines seiner Präparate über die Hand. Als er später beim Auflesen eines Papierschnipsels gedankenlos eine Fingerspitze mit der Zunge befeuchtete, schmeckt der Finger zuckersüß. Böse Zungen behaupten, er hätte in Wirklichkeit im Labor geraucht, was natürlich streng verboten ist. (Vom Zuckerersatzstoff Acesulfam gibt es übrigens 1967 genau die gleiche Geschichte mit dem Papierschnipsel, merkwürdig!) Die Testsubstanz besaß, wie sich später herausstellte, die 200-fache Süßkraft von Rüben- oder Rohrzucker!

Der neue Superzucker Aspartam ist ein »Mini-Eiweiß«, ein Methylester der beiden Aminosäuren L-Aspartat und L-Phenylalanin. Phenylalanin und Aspartat können preiswert durch Bakterien in Bioreaktoren produziert werden. Man verknüpft sie rein chemisch oder viel besser mit Hilfe der »Umkehrreaktion« von Proteasen[*] in organischen Lösungsmitteln zum Peptid.

Aspartam wird zwar von den Verdauungsenzymen im Darm gespalten; 1 g Aspartam, der Tagesbedarf eines Erwachsenen, liefert aber nur 4 kcal – weit weniger als ein Hundertstel der Energie, die ein Mensch gewöhnlich mit Zucker zu sich nimmt. Der zweite Vorteil von Aspartam: Es ist nicht nur kalorienarm, sondern schmeckt (bis auf den fehlenden »Körper«) auch exakt wie Zucker, hat also nicht den Beigeschmack seiner Konkurrenten Saccharin und Cyclamat (beide seit 1900 bzw. 1950 auf dem Markt).

Aspartam, meist als »Nutra Sweet« im Handel, kam zur rechten Zeit: Ende der 70er Jahre schwappte die Fitnesswelle über die USA. Als die »Mittelschicht«amerikaner joggten, Rohkostpartys gaben und mit der Kalorientabelle in der Hand einkauften, begann der Siegeszug von Aspartam. Weltweit wird Aspartam heute im Wert einer halben Million Dollar verkauft, 200 Millionen Menschen benutzten es schon seit 1985 täglich als Zuckerersatz.

[*]) Normalerweise spalten Proteasen Eiweiße in Peptide bzw. Aminosäuren, hier aber läuft die Umkehrreaktion ab, Aminosäuren werden zu Eiweißbausteinen verbunden – allerdings nicht in Wasser, sondern in unnatürlichem Milieu eines organischen Lösungsmittels.

Softdrinks, wie *Pepsi Cola*, verwenden oft bereits reines Aspartam. In *Coca Cola light* ist es mit anderen Ersatzzuckern beigemischt. Es ist lebensmittelrechtlich zugelassen. Phenylketonurie-Patienten (0,006 % der Bevölkerung) seien aber vor Aspartam gewarnt, da es als Baustein die biotechnologisch erzeugte Aminosäure Phenylalanin enthält. Cola enthält dafür einen Extra-Warnhinweis.

Einen Nachteil besitzt Aspartam jedoch: Es zersetzt sich nach 6 bis 9 Monaten. Für die Verwendung in Softdrinks ist das allerdings unproblematisch: Laut Statistik stehen 95 % der Getränke nicht länger als drei Monate im Regal.

Da sein Nährwert verschwindend gering ist, drohen schlechte Zeiten für Kariesbakterien. Ob das für Fettpolster zutrifft, bezweifeln Ernährungswissenschaftler zunehmend: »light«-Produkte suggerieren dem Körper beim Verzehr, dass viel Energie zugeführt wird, die aber dann nicht kommt ... Heißhunger des »enttäuschten« Körpers ist die Folge. Für Diabetiker wird ohnehin Fruchtzucker (Fructose) (siehe Kapitel 2) empfohlen.

Weltweit werden 10 000 t Aspartam pro Jahr erzeugt. Es ist, wie gesagt, 250-mal süßer als Rübenzucker. Andere Süßstoffe wie Cyclamat sind 40-mal, Acesulfam 200-mal, Saccharin sogar 450-mal süßer als

... and heavy boy

Saccharose, haben aber meist einen »künstlichen« oder metallischen Geschmack. Oft verwendet man in Cola Mischungen aus verschiedenen Süßstoffen, um den »echten« Zuckergeschmack zu imitieren.

Ein noch süßeres Eiweiß wurde in den *Katemfe*-Früchten eines westafrikanischen Strauches (*Thaumatococcus danielli*) entdeckt: Thaumatin (Handelsname Talin). Thaumatin besteht aus 208 Aminosäurebausteinen und ist etwa 2500-mal süßer als Rohrzucker. Da die Kosten zur Gewinnung dieses Süßstoffes aus jenen Pfeilwurzgewächsen sehr hoch sind, versucht man, ihn durch gentechnisch manipulierte Mikroben herstellen zu lassen. Viele Tiere lieben Thaumatin. Es hält sich das hartnäckige Gerücht, dass (die später von uns in Kapitel 8 geklonten) Katzen eine bestimmte Katzenfuttermarke nur deshalb so heftig begehren, weil der Hersteller Thaumatin zusetzt ...

2
Biotechnologie im Haushalt

Pantha rei!

»Wenn Sie etwa einen Hund besitzen, so glauben Sie, dass Sie in fünf Jahren noch den gleichen Hund vor sich haben, der immer noch auf den alten Namen zu Ihnen kommt; aber tatsächlich ist von dem heutigen Hund, was diesen als einen Komplex materieller Bestandteile anlangt, kaum mehr etwas übrig; der Hund enthält in fünf Jahren kaum mehr ein Molekül und sehr wenige Zellen Ihres früheren Lieblings. Die Folgerungen, die sich aus dieser ständigen Erneuerung des Lebendigen für Ihre menschlichen Bekannten und Ihre Frau ergeben, mögen Sie selber ziehen ...«

Solchermaßen drastisch machte der Mitbegründer der theoretischen Biologie Ludwig von Bertalanffy (1901–1973) eine Konsequenz seiner theoretischen Überlegungen zum Gleichgewicht in lebenden Systemen klar.

Eine Zelle ist, wie das gesamte Lebewesen, ein offenes System gegenüber der Umwelt. Sie wird ständig von Stoffen durchflossen, die außerordentlich schnell umgesetzt werden, aber nie ein stationäres Gleichgewicht erreichen. »*Pantha rei*« ... alles fließt ... sagte schon Heraklit 500 Jahre vor Christus. Man kann nicht zweimal unverändert in den gleichen Fluss steigen.

Ein 70 kg schwerer Mensch nimmt am Tag 50 bis 100 g Eiweiß, 300 g Kohlenhydrate und 40 bis 90 g Fett zu sich, daneben Wasser, Vitamine, Mineralstoffe und etwa 500 Liter Sauerstoff. In seinem Körper werden daraus rund 70 kg des »Energiewechselgeldes« Adenosintriphosphat (ATP) und 1,5 kg Citronensäure vorübergehend auf- und abgebaut und schließlich Energie und nichtverwertbare Abfallprodukte freigesetzt. Nur bei ständiger Stoffzufuhr kann das »Fließgleichgewicht« des Systems aufrechterhalten werden. Dafür laufen in einer einzigen Zelle durchschnittlicher Größe, von 1/1000 bis 1/100 mm, Myriaden von Stoffwechselreaktionen nach- oder nebeneinander ab.

Sie sind genau aufeinander abgestimmt. Bei Ruhe oder Aktivität, Hunger, Wachstum und Vermehrung, Hitze oder Kälte muss der hohe Ordnungszustand des Stoffwechsels aufrechterhalten werden und sich flexibel den veränderten Bedingungen anpassen. In allen Lebewesen existiert deshalb ein eng verflochtenes Netz von Regel- und Kontrollmechanismen, die auf verschiedenen Prinzipien beruhen.

Auf der Ebene der Zelle spielen hocheffektive molekulare Maschinen die entscheidende Rolle in diesem Netzwerk: Enzyme.

Atmung ohne Sauerstoff?

Alle bisher beschriebenen Verfahren und Gärungsprozesse (Kapitel 1) wurden und werden von den Menschen seit Tausenden von Jahren angewendet. Die dabei gesammelten Erfahrungen gab man von Generation zu Generation weiter. Völlig unklar war allerdings, was eigentlich Gärung ist und wie sie zustande kommt.

Erst im 19. Jahrhundert brachte Louis Pasteur (1822–1895) Licht in das Dunkel. Er legte den Grundstein für die bewusste Beherrschung technischer Prozesse, in denen Mikroorganismen die »Arbeitstiere« sind, und ist damit einer der Väter der modernen Biotechnologie.

Die Frage nach dem Wesen der Gärung beschäftigte nicht nur Pasteur. Mitte des 19. Jahrhunderts stellte der berühmte deutsche Chemiker Justus von Liebig (1803–1873) eine Theorie auf. Er behauptete, dass es sich bei der Entstehung des Alkohols um einen rein chemischen und nicht um einen biologischen Vorgang handle. Liebig fand es einfach lächerlich, dass die Gärung von mikroskopisch kleinen Wesen verursacht sein könnte. Vielmehr sollten sich »Vibrationen« bei der Zersetzung organischer Materie auf den Zucker übertragen und ihn zu CO_2 und Alkohol verwandeln. Bei allen alkoholischen Gärungen fand man jedoch Hefen, also Lebewesen.

Louis Pasteur, noch am Beginn seiner wissenschaftlichen Laufbahn, begann einen heftigen wissenschaftlichen Streit mit der internationalen Autorität Liebig. »Ohne lebende Hefen gibt es keinen Alkohol!« beharrte Pasteur starrsinnig. Der erbitterte Streit wogte jahrelang hin und her. Endgültig wurde er jedoch erst nach dem Tode der beiden entschieden.

1897 führte Eduard Buchner (1860–1917) das entscheidende Experiment durch, das den Streit zwischen Liebig und Pasteur entschied. Er wollte wissen, ob Gärung auch ohne lebende Zellen möglich ist und verrieb die Hefe mit einem Pistill unter Zusatz von Quarz und Kieselgur in einem großen Mörser. Danach presste er die erhaltene Masse, eingewickelt in ein starkes Segeltuch, in einer hydraulischen Presse aus. Der zellfreie Hefepresssaft sollte nun, da er nicht zersetzlich war, in einer konzentrierten Zuckerlösung über Nacht aufbewahrt werden. Schon nach kurzer Zeit begann in der klaren Lösung jedoch eine lebhafte Gasentwicklung: Kohlendioxid! Erstmals konnte die alkoholische Gärung ohne lebende Hefezellen (in einer zellfreien Lösung) beobachtet werden! Für seine bahnbrechende Entdeckung des Enzyms »Zymase« bekam Eduard Buchner im Jahre 1907 den Nobelpreis für Chemie. Er hatte zwei Jahre nach Pasteurs Tod bewiesen, dass eine Fermentation auch ohne lebende Zellen möglich ist.

Pasteur und Liebig – jeder hatte auf seine Art recht: Gärungen werden von Mikroben verursacht, aber eigentlich bewirken ihre Enzyme im Innern (*in vivo*) diese chemischen Umwandlungen der Stoffe. Das können die Enzyme auch außerhalb (*in vitro*) von lebenden Zellen tun.

Muskelkater und Hefen in Not

Den Unterschied zwischen Zell-Atmung und Gärung haben wir alle schon schmerzhaft am eigenen Leibe erfahren. Bei der Zell-Atmung wird in unseren Muskelzellen Glucose in einer Art »kalter« Verbrennung zu Wasser und Kohlendioxid umgewandelt. Die dabei freigesetzte Energie können wir verwenden, um mit den Muskeln zu arbeiten. Wenn wir jedoch über längere Zeit eine ungewohnte Arbeit verrichten, werden die untrainierten Muskelzellen nicht ausreichend mit Sauerstoff versorgt.[*]

Man ermüdet schnell und bekommt Muskelkater. Ob dafür nur das gebildete Lactat oder auch Mikrorisse (Rupturen) in den Muskeln verantwortlich sind, ist noch nicht sicher geklärt.

Dabei gewinnt der Körper viel weniger Energie als bei der Atmung. Gärung ist also eine unvollständige Atmung.

[*] Die Glucose wird nicht vollständig zu Wasser, Kohlendioxid und Energie veratmet, sondern zu Milchsäure vergoren. Der Abbau der Glucose bleibt auf der Stufe der Milchsäure (Lactat) stehen. Wenn man Lactat mit einem Biosensor misst (Kapitel 7), kann man schnell die Versorgung seiner Muskeln mit Sauerstoff, das heißt seine Fitness ermitteln.

Für das Sauerwerden von Milch und beim Einsäuern von Kohl und Gurken sind Milchsäurebakterien die entscheidenden Gärungsorganismen. Die alkoholische Gärung wird dagegen von Hefen verursacht. Sie bauen Zucker unter Luftabschluss zu Alkohol und Kohlendioxid ab. Hefen können je nach Sauerstoffangebot atmen oder gären. Durch die Gärung gewinnen sie aber viel weniger Energie als durch die Atmung. Sie vermehren sich deshalb ohne Sauerstoff etwa 20-mal langsamer als bei ausreichendem Sauerstoffangebot.

Der Mensch bringt die Hefen bewusst in eine Notsituation, um Alkohol zu gewinnen oder beim Brotbacken durch Kohlendioxidbläschen den Teig aufzulockern.

Damit vergleichbare Energiemengen gewonnen werden, müssen die Hefen ohne Sauerstoff viel mehr »ackern« und mehr Zucker verarbeiten als bei der Atmung. Deshalb sind Gärungen so produktiv!

Wenn man jedoch große Mengen Hefe benötigt, zum Beispiel zu Beginn von Bioprozessen oder um Bäckerhefe zu produzieren, sich die Hefen also vermehren sollen, wird sogar noch zusätzlich Sauerstoff in die Nährlösung gepumpt. Dabei entsteht natürlich nur sehr wenig Alkohol.

Elixiere des Lebens

Die neu entdeckten unsichtbaren Stoffe wurden Enzyme genannt, nach dem griechischen »*en zyme*«, was »in Hefen« bedeutet. Die Hefezellen und auch die Zellen aller anderen Lebewesen enthalten – wie wir heute wissen – Millionen von Enzymmolekülen. Buchner hatte angenommen, dass die Bildung von Alkohol aus Zucker durch ein einziges Enzym, die Zymase, verursacht wird. Inzwischen wissen wir, dass wenigstens zwölf verschiedene Enzyme in einer Hefezelle zusammenarbeiten müssen, um aus Zucker Alkohol und Kohlendioxid zu bilden.

Enzyme verändern, steuern und regeln alle chemischen Reaktionen in den lebenden Zellen. Bisher sind über 2000 verschiedene Enzyme beschrieben worden, man vermutet 8 bis 10 000 Enzyme in der Natur. Von manchen Enzymarten sind nur wenige Moleküle in einer Zelle vorhanden, von anderen dagegen 1000 oder 100 000. Sie alle wirken als »biologische Reaktionsbeschleuniger« (Biokatalysatoren), das heißt, sie wandeln Stoffe oft in Bruchteilen einer Sekunde in andere Produkte um, ohne sich selbst dabei zu verändern. Enzyme beschleunigen das Einstel-

Ein Enzym, verkleidet als kleiner Muck

len des Gleichgewichtes chemischer Reaktionen um einen Faktor von 100 Millionen bis zu einer Billion.

Enzyme machen dadurch die Lebensprozesse überhaupt erst möglich. Sie sind die wahren »Elixiere des Lebens«.

Die Bildung von Alkohol und Kohlendioxid aus Zucker – von Enzymen in wenigen Sekunden vollendet – würde ohne Enzyme schier endlos, einige Tausend Jahre dauern! Enzyme gleichen also dem Kleinen Muck aus Wilhelm Hauffs Märchen, der mit seinen Pantoffeln superschnell alle Rennen gewann.

Von babylonischen Bierbrauern bis zum ersten Enzymkristall

Haben Sie schon einmal Enzymen direkt bei der Arbeit zugeschaut? Die meisten werden den Kopf schütteln. Dabei hat jeder schon beobachtet, wie schnell sich Wunden durch die Blutgerinnung verschließen (durch Gerinnungsenzyme) oder die Schnittflächen von Äpfeln, Kartoffeln und Bananen braun färben (durch Phenoloxidasen).

Genauso unbewusst hat die Menschheit Enzymreaktionen seit frühester Zeit beobachtet und praktisch genutzt. Homer beschreibt das Gerinnenlassen von Milch mit Hilfe von Feigensaft. Zur Käsebereitung wurde das Lab aus Kälbermägen verwendet. Erlegte Wildtiere mussten vor der Zubereitung abhängen, um genießbar zu sein. All diese enzymatischen Prozesse wurden genutzt, ohne die Hintergründe zu kennen.

Die Erforschung der Enzyme begann erst am Ende des 18. Jahrhunderts. Als Fermentation (lat. *fermentum* = Gärung) wurde generell die Zersetzung einer Substanz durch eine andere bezeichnet. Um 1780 gab der Italiener Lazarro Spallanzani (1729–1799) wie schon vor ihm der Franzose René Antoine Ferchault de Réaumur (1683–1757) bekannt, dass Fleisch im Magensaft von Vögeln durch »Fermente« verflüssigt wird.

Seiner Zeit weit voraus war der große schwedische Chemiker Jöns Jakob Berzelius (1779–1848) mit der Feststellung, dass es sich bei den fermentativen Vorgängen um katalytische Prozesse (grch. *katalysis* = Zersetzung) handelt. Katalysatoren definierte er als Körper, durch deren bloße Gegenwart chemische Tätigkeiten hervorgerufen werden, die ohne sie nicht stattfinden. Mit geradezu prophetischem Klarblick schrieb er 1836: »Wir bekommen begründeten Anlass zu vermuten, dass in den lebenden Pflanzen und Tieren Tausende von katalytischen Prozessen zwischen den Geweben und Flüssigkeiten vor sich gehen.«

Durch andere Entdeckungen wurde der Begriff »Ferment« jedoch wieder unklar. 1837 fand nämlich Theodor Schwann (1810–1882), dass Fäulnis, also die Zersetzung einer Substanz und somit eine Fermentation, durch Mikroorganismen bewirkt wird. Ein Jahr zuvor hatte er Pepsin im Magen entdeckt.

Eine eigenartige Situation war entstanden. Man unterschied zwischen zwei Klassen von Fermenten, zwischen »echten organisierten« Fermenten (z. B. Hefen und andere Mikroorganismen) und »nichtorganisierten« löslichen Fermenten. Die nichtorganisierten Fermente sollten dabei von den Lebensvorgängen abtrennbar sein. Nach einem Vorschlag von Wilhelm Friedrich Kühne (1837–1900) wurden diese, »um Missverständnissen vorzubeugen und lästige Umschreibungen zu vermeiden«, 1878 als Enzyme bezeichnet.

Die organisierten Fermente waren eine der letzten Bastionen des Vitalismus, dessen Anhänger eine *vis vitalis* (Lebenskraft) göttlichen Ursprungs annahmen. Zunächst hatte man geglaubt, dass organische Verbindungen nicht im Labor zu erzeugen seien, weil ihnen eine Lebenskraft innewohnt.

Die Harnstoffsynthese aus anorganischen Stoffen durch Friedrich Wöhler (1800–1882) brachte dann 1828 diese Hypothese ins Wanken. Er schrieb seinem Gönner Berzelius nach Stockholm: »Ich kann sozusagen mein chemisches Wasser nicht halten und muss Ihnen sagen, dass ich Harnstoff machen kann, ohne dazu Nieren oder überhaupt ein Tier, sei es Mensch oder Hund, nöthig zu haben.«

Erst Eduard Buchner versetzte, wie wir schon wissen, 1897 dem Vitalismus den endgültigen Todesstoß durch seine Experimente mit Hefepresssaft und dem Nachweis, dass in einer zellfreien Lösung alkoholische Gärung durch Enzyme möglich ist.

1926 konnte der Amerikaner James B. Sumner (1887–1955) dann als erster das Enzym Urease kristallin gewinnen und deutlich Eiweißeigenschaften nachweisen. Sein Landsmann John H. Northrop (1891–1987) kristallisierte 1930 bis 1933 Verdauungsenzyme. Beide erhielten 1946 den Nobelpreis.

Wie funktioniert ein molekulares Heinzelmännchen?

In allen Zellen laufen in jeder Sekunde Tausende von enzymatischen Reaktionen geordnet ab. Das funktioniert nur, wenn jedes der beteiligten molekularen Heinzelmännchen, das jeweilige Enzym, unter Tausenden verschiedenen Substanzen in der Zelle »sein« Substrat, d. h. den Stoff exakt »erkennt«, den es zu »seinem« Produkt umsetzen soll.

Bereits 1894 postulierte der deutsche Chemiker und spätere Nobelpreisträger Emil Fischer (1852–1919), dass Enzyme ihre Substrate durch

Das ist ja
hochinteressant!
Sie als alkalische
Protease sind
ebenfalls ein
Allesfresser?

»Probieren« nach dem Prinzip von Schlüssel und Schloss erkennen. Ein Abschnitt auf der Oberfläche, das aktive Zentrum des Enzyms, soll dabei so geformt sein, dass die Substratmoleküle exakt räumlich hineinpassen wie ein Schlüssel in das dazugehörige Schloss. Schon geringfügig veränderte Moleküle treten nicht mehr mit dem Enzym in Wechselwirkung.

Das Schlüssel-Schloss-Prinzip erklärt fürs erste recht gut das hohe Auswahlvermögen, die Substratspezifität der Enzyme. Es ist einzusehen, dass Enzyme bei den fein abgestimmten Mechanismen in der Zelle eine hohe Substratspezifität besitzen müssen (Sicherheitsschlössern vergleichbar). Bei Verdauungsenzymen dürfte aber eher das Gegenteil der Fall sein. Sie wirken außerhalb der Zelle (extrazellulär) im Magen oder Darm, und es wäre unökonomisch, etwa für jedes Eiweiß, das in den Magen zur Verdauung gelangt, ein spezielles Enzym zu bilden. Ein Enzym wie das Pepsin muss deshalb ein »Allesfresser« sein und alle Eiweiße im Magen in kleinere Bruchstücke spalten können. Pepsin hat somit zwar nur eine geringe Substratspezifität, es besitzt aber eine hohe Wirkungsspezifität. Es »zerhackt« nämlich alle Eiweiße exakt an den Verknüpfungsstellen ganz genau festgelegter Aminosäuren. Ein penibler Allesfresser!

Der Schnupfen des Alexander Fleming und seine Folgen

Trotz einer Erkältung arbeitete Alexander Fleming (1881–1955) im Jahre 1922 in seinem mikrobiologischen Labor in London. Eines Abends schickte er sich an, paar Petrischalen, die mehrere Tage herumgelegen hatten, in den Abfall zu werfen. Als er eine der Kulturen in die Hand nahm, zeigte er sie seinem Assistenten Allison mit typischem britischen Understatement: »... *quite interesting*!« Die gallertartige Masse war von großen gelben Bakterienkolonien bedeckt. Eine Stelle aber war ganz frei von Lebewesen!

Seiner Forschungsneugier folgend hatte Fleming einige Tage zuvor einige Tropfen seines Nasenschleims auf die Mitte dieser jetzt bakterienfreien Stelle gegeben. Irgend etwas in dem Schleim hatte die Bakterien aufgelöst (lysiert).

Da die Substanz offenbar ein Enzym war und Mikroben lysierte, nannte er sie Lysozym. In der Folgezeit entdeckte Fleming das Lysozym in allen Körpersekreten, unter anderem in Tränen. Fleming und seine Assistenten liefen fortan mit geröteten Augen herum: Sie reizten ihre Tränendrüsen mit Zitronen und Zwiebeln. Besonders reich an Lysozym war auch das Eiklar von Hühnereiern. So werden Kücken also durch Lysozym vor Mikroben geschützt!

rein lysozym-mäßig hatte sir Fleming das richtige Näschen

Bei Tränen und Kücken konnte man einen Schutzmechanismus vor Bakterienbefall vermuten. Fortan mussten im übrigen alle Besucher von Flemings Labor einen Obulus in Form von Tränen entrichten.

Das Substrat des Lysozyms ist ein aus sechs Zuckerringen zusammengesetztes Molekül – ein so genanntes Mucopolysaccharid, das als Baumaterial für Bakterienzellwände dient. Wenn Lysozym sein Substrat spaltet, wird die Zelle »undicht«. Das Bakterium nimmt dann Flüssigkeit von außen auf und zerplatzt aufgrund des hohen osmotischen Drucks im Zellinnern.

Zu Flemings großer Enttäuschung war aber das gegen harmlose Mikroben so mächtige Lysozym gegen krankheitserregende Bakterien unwirksam. Jahre vergingen, bis Fleming in einem ebenfalls scheinbar zufälligen Experiment ein äußerst effektives Antibiotikum, das nobelpreiswürdige Penicillin, entdeckte (siehe Kapitel 4).

»Chance favours the prepared mind« (Der glückliche Zufall hilft dem vorbereiteten Geist), nannte Altmeister Louis Pasteur weise einen solchen Vorgang, den er selbst mehrfach erlebt hatte.

Das Lysozym sollte dennoch einen Ehrenplatz in der Geschichte der modernen Biologie einnehmen. Es war das erste Enzym, dessen räumliche Struktur aufgeklärt wurde und dessen Eigenschaften bis ins ato-

mare Detail verstanden wurden. Man konnte erstmalig am Modell aus-
probieren, wie ein Substrat (Schlüssel) in das Enzym (Schloss) passt.

»und bist Du nicht willig ...«

1963 war die Reihenfolge aller Aminosäuren des Hühnerei-Lysozyms
bekannt: Die genaue Lage von 129 Aminosäuren und ihren 1950 Atomen im Molekül war klar. 1965 hatte mit diesen Informationen David
Phillips (1924–1999) von der *Royal Institution* in London nach Röntgen-
kristalluntersuchungen ein riesiges Raummodell des Enzyms und des
Substrats aus Draht und Kugeln gebastelt (so wie Watson und Crick 1953
ihr DNA-Modell bauten, siehe Kapitel 3).

Endlich kam der spannende Augenblick, die Krönung der langjähri-
gen Arbeit: Philipps nahm das Substratmodell und versuchte, es in das
aktive Zentrum des Enzymmodells einzufügen. Die ersten drei Zucker-
ringe passten getreu dem Schlüssel-Schloss-Prinzip exakt in die obere
Hälfte des Spaltes. Problematisch war jedoch der vierte Zuckerring. Er
passte in seiner normalen »Sesselform« nicht gut in den Spalt, verschiedene seiner Atome kamen in Konflikt mit den Seitengruppen der Aminosäuren im aktiven Zentrum.

Nun vollzog Philipps den entscheidenden Schritt: Er verbog mit Gewalt das Drahtmodell des vierten Zuckerringes aus seiner natürlichen
»Sesselform« in eine unnatürliche gespannte, weitgehend ebene »Sofa-
form«. So passte es exakt!

Wie im Modell musste das Lysozym auch in Wirklichkeit funktionieren, indem es den vierten Zuckerring verbog, ihn verformte und dadurch
passend machte. Der fünfte und der sechste Ring ließen sich nach Verformung des vierten Ringes ohne weitere Verbiegungen in den Spalt
einpassen. Ausgerechnet zwischen dem verdrehten angespannten vierten und dem normalen fünften Ring wird aber das Substrat gespalten!
Die Rekonstruktion des chemischen Ablaufs der Reaktion war mit dem
Enzymmodell nun fast ein Kinderspiel. Erstmalig wurde damit der Me-
chanismus einer Enzymreaktion bis in atomare Einzelheiten deutlich.
1994 erhielt Phillips, fortan Baron Phillips of Ellesmere, den Adelstitel.

Man hätte eigentlich nach Emil Fischers Schlüssel-Schloss-Prinzip
erwarten können, dass das Substrat genau in das aktive Zentrum passt.
Tatsächlich passte es aber erst nach der Verformung des Substrats durch
das Enzym. Doch damit nicht genug: Nicht nur das Substrat veränderte

Woher Enzyme nehmen ...?
Tiere und Pflanzen!

Mit der Entdeckung der Verdauungsenzyme wurden im 19. Jahrhundert
auch Methoden zur Enzymgewinnung
aus Schlachttieren entwickelt. Heute
noch werden für diese Zwecke Roh-
präparate, wie Pepsin aus Schweine-
und Rindermagenschleimhaut, Lab aus
Kälbermägen und Enzymgemische aus
Trypsin, Chymotrypsin, Lipasen und
Amylasen aus den Bauchspeicheldrüsen (Pankreas) von Schweinen,
hergestellt.

In der Apotheke und der Drogerie
kann man gegen Verdauungsprobleme
Pepsin-Wein (enthält außerdem Ethanol
für »gute Laune«) kaufen oder aber
Gemische der Verdauungsenzyme in
Pillenform.

Neben Enzymen aus Tieren wurden
auch pflanzliche Enzyme auf ihre
Verwendungsfähigkeit in der Industrie
untersucht. Getreide liefert nach
Quellung und Keimung Malz, das

neben dem Malzzucker (Maltose)
stärkeabbauende Enzyme (Amylasen)
und eiweißspaltende Proteasen enthält
und von alters her in der Bierbrauerei
und Brennerei verwendet wird.

Meerrettich enthält ein Enzym, die
Peroxidase, das uns Tränen ins Gesicht
treibt und in der Nase zwickt, wenn wir
die grüne *Wasabi*-Creme im japanischen
Restaurant mit Sojasauce anrühren.
Die Sojasauce wiederum enthält ein
anderes Biotech-Produkt: die würzige
Aminosäure Glutamat (engl. *mono-
sodium glutamate*, MSG).

Aus dem Saft tropischer Pflanzen
wurden auf einfache Art bereits im
vorigen Jahrhundert mit hohen Ausbeu-
ten Proteasen hergestellt: Papain und
Chymopapain aus dem Melonenbaum
(*Carica papaya*), Ficin aus dem Saft des
Feigenbaums (*Ficus*), Bromelin aus den
Strünken der Ananas (*Ananas comosus*).
Diese exotischen Proteasen benutzt
man noch heute zum Beispiel zum
»Zartmachen« von Fleisch und als
Verdauungshilfen.

sich. Wie Röntgenstrukturanalysen zeigten, verengte und vertiefte sich
auch der Spalt des Lysozyms bei Bindung des Substrats. Schlüssel und
Schloss wären also nicht aus starrem Metall, sondern eher gleich Gum-
mi, hochbeweglich! Und das ist nur einer der vielen Tricks der Enzyme
in der biologischen Katalyse.

Mikroben als Super-Enzymfabriken

Die Enzymgewinnung aus Tieren und Pflanzen ist oft schwierig und
teuer. Die leicht kultivierbaren Mikroorganismen bieten sich deshalb als
neue Enzymquelle an. Bereits 1894 begann die industrielle Nutzung
mikrobieller Enzyme mit einem Patent des Japaners Jokichi Takamine
(1854–1922), der in die USA gekommen war, um dort in Peoria (US-Staat
Illinois) zu arbeiten. Seine Methode war einfach und genial: Auf Weizen-
stroh wurden Nährstoffe und Nährsalze gegossen. Man nennt das auch
(wie bei der Sojasaucen-und *Sake*-Produktion) Oberflächenkultur.

Nach Beimpfung mit Sporen des »Gießkannen«-Schimmelpilzes *Aspergillus oryzae* lagerte man das getränkte Stroh stiegenweise in Bruträumen. Nachdem die Schimmelpilze gewachsen waren, wurde das Stroh in Salzlösung gewaschen, um die gebildeten und von den Zellen ausgeschiedenen Enzyme (Amylasen, Proteasen) zu extrahieren. Bis zum Ende des Zweiten Weltkrieges gab es in den USA Enzymfabriken, die täglich bis zu 10 t »Schimmelpilzstroh« in Oberflächenkultur erzeugten. Erst gegen Ende der 50er Jahre setzten sich Submerskulturen durch, bei denen die Schimmelpilze »untergetaucht« wurden (wie beim Penicillin, siehe Kapitel 4).

Der Franzose Auguste Boidin und der Belgier Jean Effront nutzten 1917 dagegen Bakterien (*Bacillus-Arten*) zur Produktion von Enzymen. Auch sie verwendeten Oberflächen-Kulturen auf Erdnuss- und Sojabohnenrückständen und gewannen die ausgeschiedenen Proteasen und Amylasen.

Die Vorteile der Nutzung von Mikroorganismen als Enzymquellen liegen klar auf der Hand: Sie können schnell, in großen Mengen, relativ billig und unabhängig von Standort und Jahreszeit kultiviert werden.

Nobelpreisträger Christian de Duve (geb. 1917) hat errechnet, dass bei ausreichender Nahrungszufuhr ein einzelnes Bakterium an einem einzigen Tag 280 000 Milliarden Individuen generieren kann. Eine menschliche Zelle teilt sich in dieser Zeit nur ein einziges Mal.

Durch Verwendung geeigneter Mutanten, Induktion und Selektion und seit einigen Jahren der Gentechnik ist es möglich, extrem hohe Enzymausbeuten bei Mikroorganismen zu erreichen.

Neben hohen Enzymausbeuten wird eine hohe Stabilität der Enzyme für die industrielle Anwendung gefordert. In der Natur existieren viele Mikroorganismen unter extremen Bedingungen. Thermophile (wärmeliebende) Mikroorganismen aus heißen Quellen des amerikanischen Yellowstone-Nationalparks oder von Kamtschatka besitzen zwangsläufig auch hitzestabile Enzyme, sonst könnten sie nicht existieren. Solche Enzyme finden sich aber selbst in den Mikroorganismen häuslicher Komposthaufen. Auch in ihnen entstehen hohe Temperaturen. Eines dieser Enzyme, die *Taq*-Polymerase, führte zu einer Revolution in der Biotechnologie (siehe Kapitel 7!).

In Salzseen werden halophile (salzliebende) Bakterien gefunden. Die Enzyme laugentoleranter *Bacillus*-Arten wiederum lassen sich hervorragend zum Abbau von Verschmutzungen in Waschlaugen einsetzen. Die moderne Gentechnik macht es inzwischen möglich, Enzyme für technische Anwendungen »nach Maß« zu fertigen.

Vogelspinne und Mikroben: Außenverdauung zuerst

Der Schwerpunkt der mikrobiellen Enzymproduktion liegt bei den einfachen hydrolytischen Enzymen (Proteasen, Amylasen, Pektinasen), die natürliche langkettige Polymere, wie Eiweiße, Stärke oder Pektinstoffe (in Obst und Gemüse), mit Hilfe von Wassermolekülen »kleinhacken«. Die Enzyme werden dabei von Mikroorganismen ins Medium ausgeschieden, um deren Nahrungsquellen zu erweitern. Diese extrazellulären Enzyme spalten die Riesenmoleküle der Substrate außerhalb der Zelle in kleine Bruchstücke und machen sie dadurch erst für die Mikroorganismen verfügbar.

Wenn man bedenkt, dass eine 10 cm große Vogelspinne eine Mundöffnung von nur einem Quadratmillimeter besitzt, leuchtet ein, dass sie zur Nahrungsaufnahme Enzyme benötigt: Verdauungssaft wird injiziert, das Opfer so von innen verdaut und später ausgesaugt.

Sagenhaft geduldig ist dabei die Zitterspinne *Pholcus*, die von einer erbeuteten Stechmücke die Fußspitze eines der langen Mückenbeine anbeißt und dann über diesen »Strohhalm« den gesamten Mückenkörper leersaugt. Das dauert bis zu 16 Stunden, weil durch das dünne Mückenbeinchen zuerst der Enzym-Verdauungssaft in den Körper und in fünf weitere ebenso lange dünne Beine injiziert werden muss, bevor die Zitterspinne sich danach am »Mücken-Cocktail« auf umgekehrtem Weg laben kann.

Die Enzyme wirken also außerhalb der Zellen, extrazellulär. Vor allem sind es eiweißspaltende »allesfressende« Proteasen, die Aminosäuren und kurzkettige Peptide erzeugen. Mein scharfsinniger Biotech-Kollege Trutz Podschun meint, auch wir Menschen wären eigentlich »Außenverdauer«: Wenn man Mund, Magen und Darm als Schlauch auffasst, als »draußen, umgeben von Mensch«, werden im Schlauch Stärke und Eiweiße durch Amylasen, Pepsin, Trypsin und Chymotrypsin in kleine Bruchstücke abgebaut, die erst danach von den Darmzellen aufgenommen werden können.

Prinzipiell nicht anders machen es Bakterien und Schimmelpilze, die auf Stärke, Eiweißen oder Cellulose wachsen müssen und diese Riesenmoleküle nicht über die Zellwände aufnehmen können.

Säfte, Babybrei und aufgeblasene Brötchen

Obst- und Gemüsesäfte sind der Renner der gesunden Lebensweise. Beim Auspressen von Obst und Gemüse wird aber die Ausbeute an Presssaft durch hochmolekulare Pektine vermindert. Pektine – aus Apfelkernen gewonnen – sind den Hausfrauen und -männern als Gelierungshilfen beim Herstellen von Konfitüren bekannt. Gerade das Gelieren ist beim Entsaften allerdings unerwünscht: Pektine machen den Presssaft von Obst dickflüssig.

Jeder Apfel mit Schimmelpilz-Befall zeigt anschaulich, was mikrobielle Enzyme vermögen. Der Pilz sondert extrazelluläre Pektinasen in das Fruchtfleisch des Apfels ab, weicht ihn erst auf, der Apfel wird matschig und verflüssigt.

Pektinasen aus Schimmelpilzen (*Aspergillus, Rhizopus*) gewinnt man in Oberflächenkultur (etwa 100 t pro Jahr weltweit). Sie werden dem zerkleinerten Obst und Gemüse zugesetzt und bauen die langkettigen Pectine ab. So sinkt die Viskosität (Zähflüssigkeit) des Saftes stark ab, die Filtration wird erleichtert, und die Ausbeute erhöht sich stark.

Babynahrung, besonders Babys berühmter Möhrenbrei, ist ein anderer wichtiger Einsatzort der Pectinasen. Sie erweichen Früchte und Gemüse. Auch Früchtejoghurt und »naturtrübe« Obstsäfte sind meist Biotech-Produkte. Um Möhrensaft statt Karottenpüree herzustellen, setzt man außer Pektinasen noch zellwandabbauende Cellulasen aus Schimmelpilzen zu.

Will man den Energiespender Traubenzucker (Glucose) gewinnen, muss Kartoffel- oder Maisstärke möglichst vollständig abgebaut werden. Früher ließ man dazu bei erhöhter Temperatur Säure auf Stärke einwirken. Seit etwa 20 Jahren werden aber in zunehmendem Maße Amylasen verwendet.

Stärke wird zunächst bei 80 bis 105 °C bis 3 Stunden lang durch α-Amylase zu kurzen Bruchstücken abgebaut und dadurch verflüssigt. Es entsteht ein Dextringemisch, das nachfolgend durch eine andere Amylase, die Glucoamylase, bis auf die Grundbausteine (Glucose) gespalten werden kann. Über Kristallisation entsteht der begehrte Traubenzucker.

Wärmestabile α-Amylase aus *Bacillus* arbeitet 2 bis 3 Stunden lang bei immerhin 95 °C! Glucoamylase wird aus Schimmelpilzen (*Aspergillus*-Stämmen) gewonnen. Der Vorteil der enzymatischen Verzuckerung liegt in der hohen Ausbeute an Traubenzucker, verkürzte Stärkeabbauzeiten und dem Wegfall der früheren umweltbelastenden Säurebehandlung.

Auch in der Brennerei[*] und beim Backen finden Enzymzusätze Verwendung: Amylasen erhöhen durch Stärkeabbau den Zuckergehalt im Teig und beschleunigen dadurch die Gärung, Proteasen sollen dagegen die »Kleber«-Eiweiße (Gluten) im Teig abbauen. Das Gluten bindet einen Teil des Wassers und bildet ein gelartiges Gerüst. Proteasen aus Schimmelpilzen bauen Gluten ab, der Teig wird dehnbar und hält besser die Kohlendioxid-Bläschen zurück, das Volumen wird größer als ohne Enzyme.

Nach der deutschen Vereinigung wunderten sich die neuen Bundesbürger über die urplötzlich auftauchenden riesigen »Westbrötchen« – bis sie reingebissen hatten: Heiße Luft! »Aufgeblasene« Brötchen beziehen ihre Arroganz gegenüber den normalen Brötchen aus ihrer vornehmen Biotech-Herkunft: Amylasen und Proteasen. Bei Lichte besehen werden letztere allerdings aus sehr profanen Bakterien und Schimmelpilzen gewonnen.

»Kuschelweich« durch Enzyme

In der Textilindustrie (z. B. bei der Herstellung von Jeans) werden die Kettfäden aus Baumwolle mit Stärke als Schlichtmittel behandelt. Dadurch verkleben die Fasern miteinander und werden dehnbar und widerstandsfähiger gegenüber mechanischer Beanspruchung beim Weben. Die verwendete Stärke muss zum Schluss jedoch wieder aus dem Gewebe entfernt werden. Zur Entschlichtung wurden anfangs Malz- und Pankreasamylasen, später Bakterienamylasen eingesetzt, die relativ wärmestabil sind, so dass bei höheren Temperaturen gearbeitet werden kann und der Prozess sehr schnell abläuft. Gleichzeitig wird bei diesen Temperaturen rationell im Einbadverfahren gebleicht.

*) Zur industriellen Ethanolproduktion werden Zuckerrohr-Melasse (in Brasilien) und enzymatisch verzuckerte Maisstärke (Gasohol, USA) vergoren. Das *Proalcool*-Programm Brasiliens sollte dabei seit 1975 staatlich gefördert die Abhängigkeit von Erdölimporten mindern. Wasserfreies (Hydrid-) Ethanol setzt man dabei dem Benzin zu. Es wurden 1996/97 immerhin 4,6 Milliarden Liter Ethanol erzeugt, allerdings auch stark kritisiert von Umweltschützern und Globalisierungsgegnern (»Pack den Hunger in den Tank!«) und verfolgt von technischen Problemen (u. a. Korrosion der Motoren) und schleppendem Absatz der »Schnaps-Autos«.

Baumwolle wird oft aus unterschiedlicher Herkunft zusammengeführt. Um einheitliche Garne zu gewinnen, müssen die Fasern gebleicht werden. Das macht man mit Wasserstoffperoxid (ganz ähnlich wie beim Haarefärben). Dadurch wird den natürlichen Farbtönen der Baumwolle der Garaus gemacht. Allerdings muss das aggressive Peroxid nach dem Bleichen wieder von den Fasern entfernt werden, um nachfolgende Veredlungsprozesse nicht zu stören. Mehrere energieaufwendige Spülgänge mit heißem Wasser sind notwendig. Wird dagegen das Enzym Katalase nach nur einem Spülgang bei hoher Temperatur den Textilfasern zugegeben, baut es bei Temperaturen zwischen 30 und 40 °C das restliche Peroxid zu Wasser und Sauerstoff ab. So wird Energie gespart und die Prozesszeit sinkt.

Die äußere Schicht der Baumwolle ist unterschiedlich gefärbt, unter anderem durch Lignin. Lignin ist der Hauptbestandteil des Holzes. Durch Zusatz von Ligninasen wird die natürliche Farbtönung der Baumwolle aus der Baumwolle entfernt.

Extremophile Enzyme aus *Thermoanearobacter*, die aus heißen Quellen stammen, glätten in deutschen Textilfabriken bei 80 °C die Wollfasern, die schuppig sind und dadurch leicht verfilzen. Bisher verwendete man dafür giftiges Chlor.

Wie wunderbar, die molekularen Heinzelmännchen in Fabriken in Aktion zu sehen: umweltschonend und im Ergebnis farbecht, filzfrei und »kuschelweich«!

Proteasen in der Käserei und als Waschfrauen

Wer jemals Babies aufgezogen hat, weiß aus der schönen, anstrengenden Zeit, dass die Beseitigung eiweißhaltiger Flecke (z. B. Milch, Eigelb, Blut oder Kakao) schwierig ist. Eiweißverschmutzungen sind im Wasser nur sehr schwer löslich, bei hohen Temperaturen gerinnt das Eiweiß auf den Gewebefasern und sitzt dadurch nur noch fester.

Wäscheschmutz setzt sich aus Staub, Ruß und organischen Stoffen, wie Fetten, Eiweißen, Kohlenhydraten und Farbstoffen, zusammen. Besonders an Bett- und Leibwäsche haftet Schmutz durch Fette und Eiweiße, die der Mensch ausscheidet. Sie wirken wie ein Klebstoff für den Schmutz. Beim Waschprozess werden die Fettverschmutzungen durch oberflächenaktive Stoffe (Detergenzien) vom Textilgewebe abgelöst und fein verteilt.

Der deutsche Industrielle Otto Röhm (1876–1939) aus Darmstadt, ein Schüler Eduard Buchners (siehe weiter oben im Text), hatte bereits Anfang des 20. Jahrhunderts den Einfall, solchermaßen verschmutzte Wäsche mit verdünnten Enzymextrakten der Bauchspeicheldrüse (Pankreas) zu reinigen. Mit seiner Firma produzierte er 1914 das Einweichmittel »Burnus«, das Pankreasproteasen (aus den Bauchspeicheldrüsen von Schweinen) enthielt. Die Idee war hervorragend, nur brachte sie anfangs nicht den Erfolg, weil die Pankreasenzyme relativ teuer und in der sodahaltigen alkalischen Waschflotte nicht stabil genug waren.

Das änderte sich erst, als 1959 das Subtilisin, eine auch im alkalischen Bereich wirksame Protease, aus der Bakterien-Art *Bacillus licheniformis* isoliert wurde. Heute sind Biowaschmittel weit verbreitet. Die alkalischen Proteasen, von denen etwa 200 bis 500 mg pro kg Waschpulver zugesetzt werden, sind in der Waschlauge optimal wirksam. Das entspricht 15 bis 40 mg Enzyme pro Wäsche. Sie haben eine geringe Substratspezifität und sind deshalb »Allesfresser«, die den »Eiweißklebstoff« zu Aminosäuren und kurzkettigen Peptiden abbauen. Dadurch lösen sie Eiweißverschmutzungen aus dem Gewebe und waschen tatsächlich »porentief rein«.

Biowaschmittel wurden ab Mitte der 60er Jahre in den USA und Westeuropa in größerem Umfang verkauft. Nach einer anfänglichen Euphorie gerieten sie um 1970 jedoch in das Feuer der öffentlichen Kritik, nachdem bei Arbeitern in Waschmittelfabriken Allergien durch den enzymhaltigen Staub der Waschmittel aufgetreten waren. Das Staubproblem konnte jedoch durch die Granulierung der Waschmittel gelöst werden, sie werden jetzt als rieselfähige, nichtstaubende Granulate (oder Prills) in den Handel gebracht, die mit einer Wachsschicht überzogen sind. Flüssigwaschmittel bergen keinerlei Probleme für Allergiker. Tabletten (Tabs) bieten alles absolut gefahrlos in kompakter Form.

Infolge des zunehmenden Energiebewußtseins bekam eine Eigenschaft der Biowaschmittel in den letzten Jahren einen wichtigen Stellenwert: Da die beteiligten Enzyme bei 50 bis 60 °C optimal arbeiten, ist für den maximalen Wascheffekt kein Kochen mehr erforderlich. Dadurch wird wertvolle Energie eingespart. Neben Proteasen werden oft auch Amylasen zugesetzt, um Stärkereste abzubauen, und oft auch Lipasen zum Fettabbau. Im Biotech-Land Japan gibt es übrigens keine einzige Waschmaschine, die Wasser erhitzen kann.

Cellulasen in Voll- und Feinwaschmitteln bauen von den Hauptfasern abstehende Mikrofasern ab und machen Baumwolle so weicher im Griff und farblich frischer.[*] Auch maschinelle Geschirrspülmittel enthalten überwiegend Enzyme, hier ausschließlich Amylasen und Lipasen in teilweise höherer Konzentration.

»Schade um das schöne Hemd; der Bratenfleck geht *niemals* raus! Was sind Männer aber auch verfressen!« Enzym-Fleckensalz rettete den naschhaften Verfasser dieser Zeilen vor gewaltigem Zorn seiner besten Ehefrau von allen.

Enzymatisches Fleckensalz (Zitat der Verpackung) »löst nicht nur die besonders hartnäckigen farbigen Flecken von Rotwein, Gras, Obst, Gemüse, Kaffee, Tee usw., sondern auch die sehr viel häufigeren Mischflecken. So enthalten z. B. Speiseeis, Fruchtquark und Rahmspinat außer farbigen Anteilen auch Eiweiß und Fett. In Flecken von Bratensoße, Ketchup und vielen Fertiggerichten sind sogar alle 4 Flecktypen gemischt: Farbiges, Eiweiß, Fett und Stärke.«

Eine halbe Stunde in lauwarmem Wasser mit Enzym-Fleckensalz eingeweicht, und das neue Hemd war vom riesigen Fleck restlos befreit.

Liebe Amylasen, Proteasen und Lipasen! – Gepriesen seien Eure Aktivitäten ...

Durch *Proteinengineering* sind Proteasen aus *Bacillus* inzwischen dem Waschprozess optimal angepasst worden. Alleine in Europa werden jährlich immerhin 1000 Tonnen Proteasen hergestellt. 30–60 % der Enzyme entstammen gentechnisch veränderten Bakterien. Das sind vor allem Subtilisine, bei denen eine gegen Oxidation empfindliche Aminosäure (Methionin 222) durch eine stabilere ersetzt wurde. Sie sind bei pH 10 bis zu 60 °C ausreichend stabil auch stabil gegen waschaktive Tenside, Komplexbildner zur Wasserenthärtung und Oxidationsmittel. Außerdem sind sie natürlich »Allesfresser«.

[*] Sie besitzen außerdem eine so genannte Sekundärwaschwirkung, d. h., sie sorgen dafür, dass
     Pigmentschmutz abgelöst wird und sich nicht
     anschließend wieder auf dem Textil ablagert.

Zartes Fleisch? Vorsicht vor Übertreibungen!

Bei der Eroberung Mexikos hatten die Spanier beobachtet, dass die Eingeborenen Fleisch vor dem Kochen oder Braten mit Blättern des Melonenbaumes (*Carica papaya*) umwickelten oder es mit einer Scheibe der Papaya-Frucht einrieben. Dieses uralte Verfahren hat folgenden Hintergrund: Die Proteasen Papain und Chymopapain, die in hoher Konzentration im Melonenbaum und in seinen Früchten vorkommen, bauen das Bindegewebe des Fleisches ab und machen es dadurch mürbe. In den USA werden hunderte Tonnen Papain jährlich zum »Zartmachen« (engl. *tenderizing*) von Fleisch benutzt. Andere pflanzliche Proteasen für diesen Zweck sind Ficin aus dem Feigenbaumsaft (*Ficus*) und Bromelin aus Ananas (*Ananas sativa*).

In vielen Ländern werden proteasehaltige pulverförmige Tenderizer verkauft. Vor der Zubereitung bleibt das eingeriebene oder gepuderte Fleisch einige Stunden bei Normaltemperatur liegen. In dieser Zeit bauen die pflanzlichen Proteasen Bindegewebsproteine, wie Collagen und Elastin, ab. Man sollte jedoch der überschwenglichen Reklame misstrauen, die behauptet, dass Tenderizer das zähe Fleisch eines alten Ochsen in Minutenschnelle in ein köstliches Stück Kalbfleisch verwandeln könnten.

Die Tenderizer beschleunigen Prozesse, die bei jeder Fleischreifung natürlich vorkommen. Jedermann weiß, dass Wild erst »abhängen« muss, damit es schmackhaft wird. Bei der Fleischreifung spielen körpereigene Proteasen (Cathepsine) der getöteten Tiere eine entscheidende Rolle.

Den Ureinwohnern von Hawaii ist die Wirkung des Melonenbaumsaftes seit Jahrhunderten bekannt. Es gibt dort sogar ein regelrechtes »Enzymmärchen«: Der offenbar etwas einfältige Held beschließt, die »magische Kraft des Melonenbaumes« für sich zu nutzen, um schnell groß und stark und unwiderstehlich zu werden. Zu diesem Zweck mischt er im Schatten von Melonenbäumen Reis mit großen Mengen von Blättern der Schattenspender und stopft sich damit (»Viel hilft viel!«) bis in die späte Nacht voll.

Als seine Freunde am nächsten Morgen an den Ort dieses Mahles kommen, finden sie zu ihrem Entsetzen nur noch ein Häufchen Knochen vor: den Rest des Helden, der von der »magischen Kraft« des Melonenbaumes auf erschröckliche Weise über Nacht verdaut worden war.

Edles Leder: Enzyme statt Hundekot!

Auch in der Gerberei lassen sich mikrobielle Proteasen hocheffektiv zum Enthaaren und Gerben von Häuten einsetzen. Lederqualität und -ausbeute steigen.

Das älteste deutsche Patent zum Einsatz von Enzymen wurde Otto Röhm 1911 zunächst für die Verwendung von tierischem Pankreasextrakt zur Lederbeize erteilt. Die Enzyme ersetzten dabei den sonst benutzten Hundekot, der den Gerberberuf bis dahin nicht gerade attraktiv gemacht hatte. Man weiß heute übrigens auch, warum Hundekot eiweißspaltend (und dadurch ledergerbend) wirkt: Auf ihm wachsen proteasebildende Bakterien.

Unglaublich: Sogar beim Optiker findet man neuerdings Enzyme! Für die Benutzer von Kontaktlinsen werden Reinigungsmittel angeboten, die wahlweise drei verschiedene Enzyme enthalten: Das pflanzliche Papain (Papaya vom Melonenbaum), das tierische Chymotrypsin (Schweinemagen) und Subtilisin aus Bakterien. Alle reinigen über Nacht die Kontaktlinsen von Eiweiß-Verunreinigungen, die Entzündungen hervorrufen könnten.

Umweltfreundlich sind hydrolytische Enzyme der niederländischen Firma Gist-Brocades. Hühner und Schweine können als Phytat vorhan-

denes Phosphat in Futtergetreide nicht aufschließen und scheiden es wieder unverdaut aus. Die Folge sind stark phosphatbelastete Abwässer. Durch den Zusatz von mikrobiell produzierter Phytase zum Futtergetreide konnten die Phosphatausscheidungen der Tiere um 40 % reduziert werden.

Eine erfolgreiche Anwendung der bisher beschriebenen enzymatischen Verfahren setzt voraus, dass die Enzyme selbst so billig sind, dass man es sich leisten kann, sie in den späteren Produkten aktiv oder inaktiviert zu belassen oder nach Gebrauch wegzuwerfen. Vor allem extrazelluläre Hydrolasen (Proteasen, Amylasen, Lipasen) kommen dafür in Frage, da sie stabil sind und ohne Zusatz von Cofaktoren arbeiten. Aufwendig zu isolierende und deshalb teure intrazelluläre Enzyme wären für diese Zwecke unökonomisch. Für sie sind Verfahren notwendig, die ihre Stabilität erhöhen und gestatten, sie wieder zu verwenden. Bei einer Reihe von Prozessen, z. B. in der pharmazeutischen Industrie, dürfen außerdem keine Enzymbeimengungen im Endprodukt enthalten sein, um Immunreaktionen zu vermeiden. Es müssen Methoden erarbeitet werden, um Enzyme wieder abtrennen zu können. Einen Weg zeigt die Immobilisierung.

Als Biotechnologe auf dem Hongkonger Vogelmarkt

Ein Gang über den Vogelmarkt in Hongkong (es genügt aber auch in post-SARS-Zeiten eine deutsche Zoohandlung!) zeigt dem Biotechnologen anschaulich die beiden wichtigsten Verfahren, um Enzyme unbeweglich zu machen, sie zu immobilisieren.

Chinesische Nachtigallen sind in sehr hübschen, aber winzigen Holzkäfigen eingesperrt bzw. eingeschlossen (engl. *entrapment*). Sie können sich in den Käfigen (naja, leidlich!) bewegen und werden mit Substraten (Nahrung, Sauerstoff und Wasser) versorgt. Dabei singen sie wunderbar (haben also volle Aktivität!) und entlassen ihr »Produkt« kleckerweise, ohne selbst entfliegen zu können. Sie sind »immobilisiert«.

Nebenan sitzen Kakadus und Papageien, die am Fuß mit einer Kette am Wegfliegen gehindert werden. Auch sie sind immobilisiert, allerdings fester über die Kette (kovalent) an einer Sitzstange.

Der Biotechnologe benutzt Einschluss-Verfahren in käfigartige Polymere meist für Enzyme und Mikroben, die kovalente Immobilisierung über chemische »Ketten« für Antikörper.

Immobilisierte Enzyme

Immobilisierte Enzyme sollen mehrmals wiederverwendbar sein. Durch die Bindung an große, mit bloßem Auge sichtbare Trägermaterialien können sie einfach mechanisch von der Reaktionslösung abgetrennt (z. B. abfiltriert) werden. Eine große Zahl von Immobilisierungstechniken ist entwickelt worden.

Enzyme können direkt chemisch (kovalent) an den Träger gebunden oder physikalisch durch Absorption oder elektrostatische Kräfte am Träger gehalten werden. Die Enzymmoleküle lassen sich untereinander durch spezielle Reagenzien verbinden (vernetzen), aber auch mechanisch in Gele oder in Mikrokapseln einschließen.

Um für die industriellen Prozesse optimal einsetzbar zu sein, sollen immobilisierte Enzyme einfach und relativ billig herzustellen sein, eine große Enzymaktivität je Masse des Trägers besitzen und eine hohe Arbeitsstabilität aufweisen. Sie werden in verschiedenen Enzymreaktoren eingesetzt; die Grundtypen sind Säulenreaktoren und Reaktoren mit Rühreinrichtung.

Die technologischen und ökonomischen Vorteile der immobilisierten Enzyme gegenüber löslichen Enzymen sind offensichtlich: Sie sind wiederverwendbar, sie zeigen gewünschte chemische und physikalische Eigenschaften, oft eine verbesserte Stabilität in einem breiteren pH-Bereich (Säuregrad) sowie gegen höhere Temperaturen, und die Endprodukte der Prozesse bleiben frei von Enzymen.

Zucker mit verdoppelter Süßkraft

Um das stolze England an seiner empfindlichen Stelle zu treffen, verhängte Napoleon Bonaparte 1806 von Berlin aus – nach dem Sieg von Jena und Auerstedt – über sämtliche Häfen des Kontinents eine Sperre. Kolonialwaren, darunter Rohrzucker, wurden schnell knapp, der Zucker erzielte plötzlich Spitzenpreise (600 Mark pro Zentner).

Heute ist es kaum vorstellbar, dass Zucker einst wie Salz Luxus war. Da lohnte plötzlich die Produktion des bisher wenig geachteten Zuckers, der von den Deutschen Andreas Sigismund Marggraf (1709–1782) und Franz Karl Achard (1753–1821) aus der deutschen Runkelrübe gepresst wurde. Marggraf hatte 1747 den Nachweis geführt, dass der Zucker in der Rübe dem Rohrzucker chemisch identisch ist. Achard gründete 1801 die erste Rübenzuckerfabrik der Welt in Kunern (im damaligen Schlesien).

Nach der Aufhebung der Kontinentalsperre half Napoleon erneut: Er setzte 1 Million Francs als Preis für die wirklich gelungene Fabrikation des Rübenzuckers aus und ordnete den weitflächigen Anbau von Zuckerrüben an: »Alle französischen Gelehrten müssen sich anstrengen, einen Ersatzzucker zu finden.«

Der Zuckerverbrauch der Welt steigt seitdem immer noch. Zuckerrüben und Zuckerrohr erfordern allerdings entsprechende klimatische Bedingungen und eine gute Bodenqualität für ihren Anbau. Das Rohmaterial muss unmittelbar nach der Ernte weiterverarbeitet werden, um Verluste zu vermeiden. Stärke, das natürliche Speicherprodukt der Pflanzen, kann dagegen aus den verschiedensten Pflanzen (Kartoffeln, Getreide, Maniok, Bataten), zum Teil auch in landwirtschaftlich ungünstigen Gebieten gewonnen werden und ist gut speicherbar. Aus Stärke kann leicht Zucker (Glucose) produziert werden.

In Deutschland werden zunehmend stärkeliefernde Pflanzen als nachwachsender Rohstoff auf immerhin 125 000 ha angebaut. Weltweit wird etwa die Hälfte der jährlich isolierten Stärke (etwa 20 Millionen Tonnen) mit Enzymen verzuckert.

Wie wir beim Bierbrauen gesehen haben, kann Stärke industriell mit Amylasen abgebaut werden. Das Endprodukt Glucose hat jedoch einen großen Mangel: Es besitzt nur drei Viertel der Süßkraft von Saccharose. Um den gleichen Süßungseffekt wie mit Saccharose zu erzielen, braucht man also mehr Glucose.

Fructose (Fruchtzucker) hat dagegen eine um etwa 80 % höhere Süßkraft als Saccharose, ist damit mehr als doppelt so süß wie Glucose. Da Fructose ein Isomer der Glucose ist, also die gleiche Summenformel ($C_6H_{12}O_6$) hat und aus den gleichen Atomen besteht, müsste man Glucose »nur« chemisch zu Fructose umbauen, um so die Süßkraft zu verdoppeln (siehe Box).

Die erfolgreiche technologische Lösung allein genügte jedoch nicht für die Anerkennung des Verfahrens, entscheidend war die Marktsituation. In den 6oer Jahren lag der Preis für Zucker bei etwa 15 bis 20 Cents pro Kilogramm. Fructosesirup konnte auf keinen Fall billiger produziert werden. Zu dieser Zeit überwogen auch noch die Nachteile des enzymatischen Prozesses. Außer der Überwindung von Vorurteilen war ein neues Herangehen in der Industrie nötig: Ein kompliziertes System von Druckfiltern und eine Vorrichtung zur Entfernung des Schwermetalls Kobalt, das als Enzymstabilisator gebraucht wurde, mussten entwickelt werden.

Das Totenglöckchen für die neue Biotechnologie wurde von einigen Skeptikern geläutet. Zu früh!

Die Fructosesirup-Story

Zuerst versuchte man, Glucose chemisch in Fructose umzuwandeln. Der rein chemische Prozess der Isomerisierung mit technischen Katalysatoren bei hohen pH-Werten war aber ein Misserfolg: Dunkel gefärbte und schlecht schmeckende Nebenprodukte entstanden, ihre Abtrennung wäre zu teuer geworden.

1957 wurde das Enzym Xyloseisomerase entdeckt, das außer Xylose zu Xylulose mit einer Nebenaktivität auch Glucose zu Fructose isomerisieren kann. Da die Nebenaktivität die wirtschaftlich interessantere Variante darstellt, wird das Enzym heute meist Glucoseisomerase genannt. Die Glucoseisomerase ist ein intrazelluläres Enzym und wird aus verschiedenen Mikroorganismen, z. B. *Streptomyces*-Arten, gewonnen. Streptomyceten werden auch bei der Antibiotika-Produktion eingesetzt.

Ein entsprechender enzymatischer Prozess wurde 1960 in den USA patentiert. 1966 beschrieben japanische Forscher in Chiba City einen industriellen Prozess, der lösliche Glucoseisomerase nutzt. Im industriellen Isomerisierungsprozess von Glucose erhält man als Produkt ein Gemisch von Glucose und Fructose. Dieses Gemisch kann anstelle der kristallinen Saccharose als Sirup verwendet werden, da seine Süßkraft sehr groß ist.

In den USA begann 1967 die *Clinton Corn Processing Company* mit der Produktion von Glucose-Fructose-Sirup durch lösliche Glucoseisomerase. Dieser Sirup enthielt jedoch anfangs nur 15 % Fructose. Außerdem wurde bald klar, dass der Glucoseisomerase-Prozess nur dann ökonomisch rentabel sein kann, wenn das teure Enzym wiederverwendet wird.

Glücklicherweise ist Glucoseisomerase ein ideales Enzym für die Immobilisierung. Sie ist bei hohen Temperaturen stabil, und da sowohl das Substrat (Glucose) als auch das Produkt (Fructose) sehr kleine Moleküle sind, gibt es nur geringe Diffusionsprobleme, wenn das immobilisierte Enzym in Säulen gepackt wird. Glucose und Fructosemoleküle tragen keine elektrischen Ladungen, deshalb konnte die Glucoseisomerase an geladene Cellulosederivate als Trägermaterial gebunden werden. Im anderen Fall wären Substrat und Produkt am Träger »kleben geblieben«.

1968 führte die *Clinton Corn Processing Company* ein diskontinuierliches Verfahren mit immobilisiertem Enzym ein, das 42 % Fructose lieferte. 1972 gelang es, ein kontinuierlich arbeitendes System mit immobilisierter Glucoseisomerase zu entwickeln.

Fidel Castro rettet immobilisierten Enzym-Prozess

Im November 1974 kletterten die Zuckerpreise von 20 Cents auf 1 Dollar und 25 Cents je Kilogramm. Kuba, die vormalige »Zuckerdose« der westlichen Welt, hatte sich politisch und wirtschaftlich der Sowjetunion angeschlossen. Die US-Amerikaner hatten nach dem Kuba-Debakel in der Schweinebucht zwar die ihnen nahestehenden Philippinen auserkoren, als Alternative zu Kuba massiv Zuckerrohr anzubauen, aber es gab Anlaufprobleme.

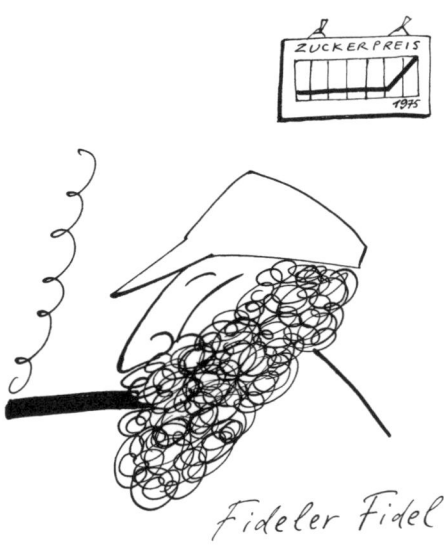

Fideler Fidel

Der Isomeraseprozess wurde förmlich über Nacht sehr attraktiv. Die dänische Firma *Novo Industry A/S* immobilisierte Glucoseisomerase-Präparate, die billiger waren und dem Druck in großen industriellen Reaktoren standhielten, in denen Säulenhöhen von 7 m keine Seltenheit sind.

1976 wurden 750 t immobilisierter Glucoseisomerase allein in den USA produziert und damit 800 000 t 42%igen Fructosesirups erzeugt. Als die Zuckerpreise Ende 1976 wieder auf 15 Cents je Kilogramm fielen, war der neue Prozess bereits erfolgreich etabliert und hatte sich durchgesetzt. Der 42%ige Fructosesirup wurde nun zu niedrigeren Preisen produziert als Saccharose.

Für die Neu-Zuckerproduzenten Philippinen brach nun der sehnlich erhoffte Rohrzucker-Markt weg, eine der zahlreichen Regierungskrisen begann. Wie bei der Citronensäure und den italienischen Zitrusbauern ein weiteres Beispiel für die Wechselwirkung von Biotech und Politik.

1978 gelangte man einen weiteren Schritt vorwärts. Durch neue Trennverfahren wurde nun ein 55%iger Fructosesirup verfügbar. Er war dabei nur um 15 bis 25 % teurer als der 42%ige Sirup. Für saure Getränke wie Cola (pH-Wert von 4,0 … »Mit schönem Gruß an Ihre Zähne!«) war ein Sirup mit mindestens 55 % Fructose erforderlich, um Saccharose zu ersetzen. Damit war der massive Einbruch des Fructosesirups in einen wichtigen Markt gelungen.

Nach 1980 kann man sich doch für jeden ABC-Schützen einen ganzen Zuckerhut leisten!

Gegenwärtig beträgt die jährliche Produktion in der Welt etwa 100 000 t Glucoseisomerase. 9 bis 10 Millionen Tonnen Fructosesirup stellt man her. In den USA wird bevorzugt Fructosesirup in Getränken verwendet.

Glucoseisomerase wird heute vor allem aus *Streptomyces*-Arten gewonnen und immobilisiert. Dabei kommen meist abgetötete, aufgebrochene Mikrobenzellen zum Einsatz, in denen die Glucoseisomerase noch voll intakt ist.

Fructose gegen Kater?

Gegen den miauenden Alkohol-Kater nach einer fröhlichen Party wird immer wieder empfohlen, vor dem Zubettgehen oder am nächsten Morgen Fructose in Gramm-Mengen zu sich zu nehmen. Tatsächlich scheint das zumindest beim Verfasser dieser Zeilen gut zu funktionieren. Noch viel einfacher ist es allerdings, den Leberenzymen weniger »Substrat« (Ethanol) anzubieten.

Gewarnt sei aber vor Fructose-Unverträglichkeiten (Fructoseintoleranz) bei einzelnen Menschen, die sogar zu Todesfällen führen können! Ungefährlich ist dagegen die Aufnahme von Fructose über Honig oder Marmelade, die beide Fructose enthalten, oder aber über frisches Obst. Wie es funktioniert? In der Leber baut Fructokinase den Fruchtzucker zehnmal schneller um als Hexokinase im übrigen Körper die Glucose. Dadurch wird der Cofaktor NAD^+ aufgebaut, der beim Alkoholabbau (durch Alkoholdehydrogenase und Acetaldehyddehydrogenase) dringend benötigt wird. Alkohol und die »Katersubstanz« Acetaldehyd werden so wesentlich schneller »entsorgt«.

Hochinteressant ist Fructose für die Nahrungsmittelproduzenten: Sie wird schneller als andere Zucker aufgenommen, ist also ideal für Sportdrinks. Sie verstärkt den Geschmack von Früchten und auch von Schokolade und maskiert den bitteren Geschmack von Zuckerersatzstoffen. Fructose setzt den Gefrierpunkt bei Speiseeis herab und macht so Gefrorenes weicher, cremiger und angenehm »leckbar«.

Ein Denkmal der Diabetiker ... den Biotechnologen!

Klinischen Tests zufolge können Diabetiker ihren Glucosespiegel weit besser mit fructosehaltigen Nahrungsmitteln als mit der Aufnahme saccharose- oder stärkehaltiger Lebensmittel kontrollieren. Fructose wird überwiegend insulin-unabhängig von der Leber verwertet. Kein Wunder, dass in der Diät-Abteilung der Supermärkte unübersehbar »MIT FRUCHTZUCKER!« auf den Verpackungen prangt. In Verbindung mit Früchten steigert Fructose außerdem das Aroma. Kariesbakterien (wie *Streptococcus mutans*) haben weniger Grund zur Freude: Aufgrund der 20–30 % höheren Süßkraft landen weniger Kalorien im Mund als bei Zucker (Saccharose).

Produziert wird Fruchtzucker mit Hilfe von Enzymen: aus Stärke durch Abbau mit Amylasen und dann mit der Glucoseisomerase (siehe weiter oben), oder aus Saccharose durch Spaltung mit dem Enzym Invertase oder durch klassische Säurebehandlung (dabei entsteht in beiden Fällen Invertzucker: Fructose plus Glucose). Die weniger süße (und für Diabetiker unerwünschte) Glucose wird durch Chromatografie abgetrennt.

Überhaupt sollten die Zuckerkranken allmählich Geld sammeln und den Biotechnologen ein Denkmal errichten. Drei lebenswichtige Wohltaten stammen aus den Labors der Biotechnologen:

Millionen Deutsche benutzen fast täglich immobilisierte Enzyme: Sie messen mit Glucoseoxidase in wenigen Minuten den Gehalt an Glucose in ihrem Blut (siehe Kapitel 7). Sie verwenden gentechnisch erzeugtes Menschen-Insulin (siehe Kapitel 4). Mit dem gentechnisch erzeugten Wachstumsfaktor EGF kann künftig auch der »Diabetische Fuß«, eine sehr schwer heilende Wunde bei schwerer Diabetes, schnell behandelt werden (siehe Kapitel 3).

3
Biotechnologie und Gesundheit

Gentechnik, die Rettung für Diabetiker

Im Juli 1980 erhielten 17 Freiwillige Insulin-Injektionen im Londoner Guy's Hospital. Sie machten Schlagzeilen in den Medien. Was war daran so sensationell? Jeden Tag wurden Millionen von Zuckerkranken (Diabetikern) in aller Welt mit dem Hormon Insulin behandelt, das aus der Bauchspeicheldrüse von Rindern und Schweinen gewonnen wurde. Das Tierinsulin kontrolliert das Zuckerniveau im Blutstrom der Diabetiker und bekämpft so die schwerwiegenden Folgen des Diabetes. 140 Millionen Menschen sind heute als Diabetiker erkannt. Die Dunkelziffer liegt aber weit höher, da längst nicht überall Blutzuckertests verfügbar und erschwinglich sind.

Wenn man sich nun klar macht, dass der Insulingehalt eines Schweine-pancreas den Insulinbedarf eines Diabetikers für nur 3 Tage deckt und der eines Rinderpancreas für 10 Tage, und dass sich Schweine- und Rinderinsulin durch eine bzw. zwei Aminosäuren vom menschlichen Insulin unterscheiden, also oft Nebeneffekte und Abwehrreaktionen auslösen, wird klar: Menschliches Insulin muss her, und zwar nicht gramm-, sondern eigentlich tonnenweise!

Das Sensationelle 1980 also: Die 17 Freiwilligen waren die ersten Menschen in der Geschichte, die mit einem Säugetierhormon behandelt wurden, das nicht aus Säugetierorganen, sondern aus Bakterien stammte! Damit wurde die erste mit Hilfe der Gentechnologie hergestellte Substanz am Menschen getestet. Zwei Jahre später genehmigte man die medizinische Anwendung gentechnisch produzierten Insulins offiziell.

Die Rettung kam also durch die Biotechnologie – mit der »DNA-Revolution«.

Die berühmte Doppelhelix

Dreh- und Angelpunkt der »Genrevolution« ist die Helix des Lebens – der Träger der Erbsubstanz Desoxyribonucleinsäure, international abgekürzt als DNA, nach der englischen Bezeichnung »deoxyribonucleic acid«.

Die lange Suche nach dem Träger der Vererbung kulminierte 1953 in einem Artikel des angesehenen englischen Wissenschaftsjournals »Nature«, der von zwei jungen Forschern stammte, dem Biologen James D. Watson (geb. 1928) und dem Physiker Francis C. Crick (geb. 1916). Watson beschrieb später die abenteuerliche Jagd nach der DNA-Struktur in seinem spannenden autobiographischen Buch »The Double Helix«. Diesem heute noch empfehlenswerten Epos und dem Buch des Molekularbiologen Erhard Geißler »DNS – Schlüssel des Lebens« verdankt der Verfasser maßgeblich, dass er Biotechnologe wurde.

Leider ist hier nicht der Platz für die Entdeckungsgeschichte der DNA-Struktur, der vielleicht größten Errungenschaft der Biologie seit Darwins Begründung der Evolutionstheorie 1869. Das Modell der DNA-Helix besitzt für die moderne Biologie die gleiche Bedeutung, wie es das Atommodell von Niels Bohr für die Physik seinerzeit hatte: Es liefert ein universales Denksystem, das es erlaubt, die unterschiedlichsten Vorgänge im lebenden Organismus auf ein einheitliches Grundprinzip zurückzuführen.

Wie die DNA aufgebaut ist und funktioniert

Die DNA ist einem verdrillten Reißverschluss vergleichbar, einem Reißverschluss allerdings, der vier unterschiedliche Sorten von »Zähnen« besitzt: Die Basen Adenin (A), Cytosin (C), Guanin (G) und Thymin (T). Wie Reißverschlusszähne an einer Stoffleiste sind die vier Basen an einem »Rückgrat« befestigt, das aus sich abwechselnden Desoxyribose- und Phosphateinheiten besteht. Dieses »Rückgrat« hat lediglich tragende Funktionen und soll uns daher nicht weiter interessieren. Wichtig ist allein die Anordnung der »Zähne«, der vier Basen.

Die beiden Zahnleisten eines geschlossenen Reißverschlusses werden mechanisch zusammengehalten. Im Fall der beiden Stränge der DNA dagegen sind es molekulare Wechselwirkungen, die zwischen gegenüberliegenden Basen der beiden Einzelstränge wirken: A-Basen und T-Basen sowie C-Basen und G-Basen passen räumlich exakt zusammen.

Grundlage jeder Vererbung von Merkmalen ist die Vermehrung von Zellen. Zwei gleichartige Nachkommen entstehen aus einer Zelle, wenn jeder das gleiche Erbprogramm trägt. Daher muss die DNA vor der Zellteilung eine exakte Kopie ihrer selbst anfertigen. Zu diesem Zweck öffnet sich die DNA wie ein Reißverschluss. Die beiden Einzelstränge lösen sich voneinander. An jedem der frei werdenden Stränge bildet sich mit Hilfe des Enzyms DNA-Polymerase eine neue Doppelhelix.

Dabei verbindet sich eine frei werdende A-Base mit einem von der Zelle bereitgestellten T-Nucleotid (ein Fertigbauteil, bestehend aus einer Base mit dem zugehörigen »Rückgratelement« von Desoxyribose und Phosphat), eine frei werdende C-Base mit einem G-Fertigbauelement usw. Während die gerade angelagerten Nucleotide auf der Vorderseite durch Basenanziehung in der richtigen Position festgehalten werden, verbinden sich die einzelnen »Rückgratelemente« aus Desoxyribose und Phosphat zu einem festen Gerüst.

Aus einer Doppelhelix entstehen so zwei exakte Kopien, von denen jede ein vollständiges DNA-Molekül darstellt; bei der Teilung der Mutterzellen wandert jeweils eine in eine der beiden Tochterzellen.

Der Code des Lebens

Wie in der Box genauer nachzulesen ist, benutzt die DNA die Abfolge der Basen A, T, G und C, um genetische Bauanweisungen zu verschlüsseln. Wie passiert das?

Ein erstes schwaches Licht in das Dunkel hatten in den 40er Jahren die beiden amerikanischen Genetiker George W. Beadle (1903–1989) und Edward L. Tatum (1909–1975) geworfen. »Ein Gen«, so ihre kühne Behauptung, »steuert die Produktion eines Enzyms.« Enzyme aber sind Proteinmoleküle. Das Gen etwa für gelbe Blütenfarbe von Blumen, so konnte man daher vermuten, steuert die Produktion jenes Enzyms, das die Herstellung von gelbem Blütenfarbstoff dirigiert. Die Schlüsselfrage

war, *wie* die Bauanweisungen auf der DNA den Aufbau der Proteine steuern. Proteine sind Moleküle wechselnder Größe, die aus nur 20 verschiedenen Aminosäuren gebildet werden. Art, Zahl und Reihenfolge (Sequenz) der Aminosäuren im Proteinmolekül bestimmen dessen Eigenart. Die Anordnung der Basen auf der DNA musste die Bauanleitung für den Einbau der Aminosäuren in die Proteine liefern. Die Bauanweisung aber ist in der bekannten A-C-G-T-Basensprache abgefasst. Proteine sind dagegen in einer ganz anderen, in der Aminosäurensprache, geschrieben. Den Schlüssel für die Übersetzung von einer in die andere Sprache nennt man den genetischen Code.

Nach Watsons und Cricks Modell der Doppelhelix begann man in den 50er Jahren, über die Art des genetischen Codes zu spekulieren: Vier verschiedene Basen stehen als Steueranleitung für 20 verschiedene Aminosäuren zur Verfügung. Es war klar, dass nur eine Kombination mehrerer Basen die Anweisung für den Einbau einer Aminosäure in ein Protein liefern kann. Wären es Zweierkombinationen, so stünden $4 \times 4 = 16$ Kombinationsmöglichkeiten zur Verfügung – zu wenig für 20 Aminosäuren. Daher werden mindestens Dreierkombinationen

(Tripletts) benötigt: $4 \times 4 \times 4 = 64$. Da aber nur 20 Aminosäuren zu unterscheiden sind, war zu vermuten, dass mehrere Dreierkombinationen den Einbau ein und derselben Aminosäure steuern.

Man wusste gegen Ende der 50er Jahre auch, dass die Proteine nicht direkt an der DNA hergestellt werden. Die DNA liegt in höheren Lebewesen (Eukaryonten) fest im Zellkern verknäult. Die Proteine dagegen entstehen außerhalb des Kerns im Zellplasma. Die Zelle verfügt dort über eigene Eiweißfabriken, die Ribosomen. Diese Lücke zwischen Kern und Eiweißfabrik muss überbrückt werden.

Wie gelangt die auf der DNA enthaltene Bauanweisung im Zellkern zu den Ribosomen im Zellplasma? Ein Bote wird benötigt. Der Name dieser Genkopie lautet *messenger*-(Boten-)Ribonucleinsäure, kurz mRNA. Die mRNA-Kopie des Gens entspricht chemisch weitgehend dem DNA-Original. Wie DNA besitzt auch sie ein »Rückgrat« aus Zucker- und Phosphateinheiten, die einander abwechseln. An ihm hängen die gleichen organischen Basen wie bei der DNA: A, C, G – allerdings mit der Ausnahme U (Uracil), das auf der RNA überall dort auftritt, wo DNA Thymin (T) enthalten würde.

Der genetische Code

Welche der 64 ($4 \times 4 \times 4$) möglichen Kombinationen dreier Basen (Codon) kontrolliert den Einbau von welcher der insgesamt 20 verschiedenen Aminosäuren in ein Protein?

Der entscheidende Durchbruch gelang 1961 Marshall Nirenberg (geb. 1927) und Heinrich Matthaei (geb. 1940). Sie stellten chemisch ein künstliches mRNA-Molekül aus U-Basen her (-U-U-U-U- usw.) und übertrugen diese künstliche Steueranweisung in ein sorgfältig vorbereitetes Reaktionsgemisch. Das Gemisch enthielt sämtliche chemische Bauelemente, aus denen auch die lebende Zelle Proteine aufbaut, jedoch mit einem entscheidenden Unterschied: Es enthielt keine andere DNA oder RNA als das künstliche mRNA-Molekül aus U-Basen. Dennoch begann das »tote«

Reaktionsgemisch nach Zugabe des künstlichen Steuerprogramms wie eine lebende Zelle Protein zu erzeugen. Das künstliche Proteinmolekül bestand aus einer Kette der sich monoton wiederholenden Aminosäure Phenylalanin: -Phe-Phe-Phe ...

Nirenberg und Matthaei hatten damit die erste von 64 möglichen Dreierkombinationen des genetischen Codes entschlüsselt: Die Kombination U-U-U der RNA steuert also den Einbau der Aminosäure Phenylalanin in ein Eiweißmolekül.

Bald danach wurde AAA als Code für Lysin herausgefunden, CCC für Prolin. Erst 1966 wurde die Suche nach dem genetischen Code durch den in den USA lebenden Inder Har Gobind Khorana (geb. 1922) abgeschlossen. Er entzifferte auch die letzten der 64 möglichen Dreierkombinationen.

Benötigt die Zelle ein bestimmtes Protein, so fertigt sie zuerst von der DNA eine mRNA-Kopie des entsprechenden Gens an. Bei höheren Lebewesen (Eukaryonten) wandert diese Kopie aus dem Zellkern in das Zellplasma hin zur Eiweißfabrik, zu den Ribosomen. Hier steuert die mRNA dann den Aufbau des Proteins.

Der genetische Code war bis zum Ende der 60er Jahre entschlüsselt. Er ist weitgehend universell. (Ausnahmen bilden die Mitonchondrien in Eukaryonten und Wimpertierchen.) Durch diese Einheitlichkeit wird eine Übertragung von Gen-Information auf einen anderen Organismus möglich.

Einen natürlichen Gentransfer hat übrigens wohl jeder schon erlebt – eine simple Grippe: Das Virus besetzt dabei die Kommandozentrale unserer Zelle und produziert seine Virus-Bausteine.

Von der DNA zum Eiweiß

Bei Bakterien, die als Prokaryonten keinen Zellkern besitzen, bildet die DNA einen geschlossenen Ring von mindestens 1 mm Umfang.

Das Ganze passt überhaupt nur als extrem eng gefaltetes Paket in das Innere einer Bakterienzelle, die selbst vielleicht nur einen tausendstel Millimeter dick ist. Auf diesem 1-mm-DNA-Ring reihen sich mehrere Milliarden Basenpaare aneinander. Sie tragen die gesamte Information des Bakteriums: mehrere 1000 so genannter Strukturgene, ein jedes etwa 1000 Basenpaare lang und für die Struktur eines einzigen Proteins, meist eines Enzyms, zuständig. Das Strukturgen dirigiert die Maschinerie der Zelle so, dass einige 100 Aminosäuren in einer bestimmten Reihenfolge und damit zu einem bestimmten Protein verkettet werden.

Nicht alle Bereiche der DNA codieren Proteine. Besondere Abschnitte, die den Strukturgenen benachbart sind, steuern deren Expression, das heißt, sie sorgen dafür, dass ein solches Gen in eine mRNA abgeschrieben (transkribiert) und in ein Protein übersetzt (translatiert) wird. Der erste Vorgang, die Transkription, wird von zwei DNA-Abschnitten gesteuert. Einer davon, der Promotor (Anschaltergen), besteht aus einer kurzen DNA-Sequenz, die es dem Enzym RNA-Polymerase ermöglicht, sich an die DNA zu binden und dort entlangzuwandern. Das Enzym beginnt dann an einer dem Strukturgen vorgelagerten Stelle mit dem Umschreiben der DNA in mRNA. Der andere Abschnitt sitzt hinter dem Strukturgen und gibt das Signal, die Transkription zu beenden. Promotoren sind also Andockstellen für Polymerasen. Wir werden sie später (Kapitel 7) noch für die Polymerase-Kettenreaktion brauchen.

Zwar besitzen alle Lebewesen im Prinzip den gleichen genetischen Code und im Wesentlichen auch die gleiche biochemische Maschinerie, um ihn zu entschlüsseln, aber Eukaryonten (alle höheren Organismen von Hefen, Algen bis zum Menschen) verwenden andere Steuersignale als Prokaryonten (die Bakterien).

Das ist nicht der einzige Unterschied: In eukaryontischen Zellen gibt es keine »nackte« DNA: Sie ist in Proteine (Histone) verpackt und auf einzelne Chromosomen verteilt, die allesamt im Innern eines Zellkerns liegen. Die Zelle eines Pilzes enthält bereits zehnmal mehr DNA als ein Bakterium. Höhere Pflanzen und Tiere besitzen sogar mehrere 1000 mal soviel, obgleich sich ihr genetisches Repertoire keineswegs in diesem Maß erweitert hat.

Ein Grund dafür sind die vielen so genannten Mosaikgene, »gestückelte« Strukturgene, in denen codierende Abschnitte (Exons) und nichtcodierende (Introns) einander abwechseln.

Was immer die Funktion der Introns für die Zelle sein mag – sie tragen offenbar keine echte Information, um Proteinketten aufbauen zu können. In Eukaryonten werden die Introns zwar mit auf die mRNA umkopiert, dann aber herausgeschnitten und nur noch die Exons zusammengefügt. Die so gekürzte mRNA wird *mature* (reife) mRNA genannt.

Man kann die Eukaryontengene mit einem bizarren Manuskript vergleichen: Einigen Seiten exquisiter Prosa (Exons) folgen sinnlose Buchstaben und Wörter (Introns)[*], bevor erneut die nächste »ordentliche« Passage (Exons) beginnt. Der Lektor muss in seinem Abschriftexemplar (mRNA) die sinnlosen Stellen herausschneiden und die Passagen mit nützlicher Information zusammenkleben. Das fertige Manuskript (reife oder *mature*-m-RNA) kann dann zum Buchdrucker (Ribosom). Es wird ein sinnvolles Buch (Eiweiß) daraus.

[*]   Zur Ehrenrettung der Introns sei gesagt, dass sie
      zwar oft noch als »sinnlos« bezeichnet werden, aber
      für die Biotechnologen hoch interessant sind.
      Introns werden in der Gerichtsmedizin (siehe
      Kapitel 7) genutzt und man ist in der Gentherapie
      interessiert, sein Gen in einen Intronbereich
      einzubauen, um nicht Krebsgene (Onkogene) zu
      aktivieren.

Plasmide als »Kuckuck«

»Die Freuden der Ehe sind den Bakterien unbekannt«, schrieb der Schweizer Horace-Bénédict de Saussure (1740–1799),»da sich Bakterien nicht durch Kopulation, sondern durch Zweiteilung fortpflanzen.«

1955 isolierten japanische Mikrobiologen während einer Ruhrepidemie einen *Shigella*-Bakterienstamm, gegen den gleich drei verschiedene Antibiotika wirkungslos blieben – die Bakterien waren widerstandsfähig (resistent). In den folgenden Jahren mehrten sich die Anzeichen, dass mit steigendem Antibiotikaverbrauch auch die Zahl der antibiotikaresistenten Bakterienstämme zunahm. Die resistenten Bakterien konnten dem Angriff der Antibiotika widerstehen und – mehr noch – ihre Widerstandskraft an andere Bakterien weitergeben!

1960 fand der Japaner Watanabe des Rätsels Lösung: Plasmide, kleine, ringförmige DNA-Elemente (mit 3000 bis über 100 000 Basenpaaren). Plasmide halten sich unabhängig von der sehr viel größeren Haupt-DNA frei in der Bakterienzelle auf.

Es gibt etwa 50–100 kleine und 1–2 größere Plasmide pro Zelle. Die meisten Plasmide können sich selbständig in der Zelle vermehren. Der 21-jährige Yale-Doktorand Joshua Lederberg (späterer Nobelpreisträger) hatte die Konjugation 1946 mit Edward Tatum entdeckt. Berühren sich zwei Bakterienzellen, können sie über eine Brücke (*Sexpilus*) die großen Plasmide austauschen (Konjugation). Die kleinen Plasmide sind dagegen nicht transferabel.

Man sage also nicht, die »armen« Bakterien hätten keinen Sex.[*]

Die Plasmid-DNA selbst macht die Bakterien nicht resistent gegen Antibiotika, sie steuert vielmehr die Produktion antibiotikaspaltender Enzyme (z. B. von Penicillinasen). Diese bauen das für Bakterien tödliche Antibiotikum dann ab.

Stanley N. Cohen (geb. 1935), ein Plasmidspezialist der kalifornischen Stanford Universität, erkannte als erster, wie die Plasmid-DNA zu nutzen ist. Sie wäre ein ideales Transportmittel für Erbmaterial, ein Vektor, wenn man ihr fremde DNA mitgeben würde.

---

[*] Der Plasmidaustausch kann übrigens unter Umständen länger dauern als die durchschnittliche Lebensspanne der Bakterien (20 Minuten).»*Happy bacteria!*« kommentierte das einer der neidischen Plasmidforscher.

Die Plasmide wären sozusagen der Kuckuck, der das Ei (fremde DNA) ins Nest (Bakterienzelle) befördert. Man müsste ein Verfahren entwickeln, damit die DNA-Ringe aufgeschnitten und die Fremd-DNA »eingeklebt« werden können.

Das ist gar nicht einfach: Zwar misst die Haupt-DNA der Bakterien ausgestreckt etwa 1 mm, tatsächlich aber existiert sie fest verknäuelt in einer Zelle von einem tausendstel Millimeter Durchmesser. Plasmide sind noch 100-mal kleiner. Ein Gen, das in ein Plasmid eingeklebt werden soll, ist etwa ein zehntausendstel Millimeter groß. Dabei hat die DNA-Helix nur eine Dicke von zwei Millionstel Millimetern. Mit mechanischen Scheren und Skalpellen ist hier nicht weiterzukommen. Zudem müssten sie selbst die Schnittstellen finden: Superintelligente molekulare DNA-Scheren also.

In den 60er Jahren hatten Werner Arber (geb. 1929) in Genf und die Amerikaner Smith und Wilson einen Schutzmechanismus der Bakterien gegen die tödliche Bedrohung durch Bakterienviren (Bakteriophagen) entdeckt, die ihre DNA in die Bakterienzellen einspritzen: Die Bakterien zerteilen die fremde Virus-DNA mit Enzymen, so genannten Restrictionsendonucleasen (kurz: Restrictasen), und machen sie so unschädlich. Hier waren die Scheren, aber waren sie intelligent?

DNA-Scheren und DNA-Klebstoff

1970 fand man heraus, dass Restrictasen DNA nicht beliebig, sondern nur an ganz bestimmten Basenpaaren exakt zerschneiden. Herbert W. Boyer (geb. 1936) untersuchte an der Universität von Kalifornien in San Francisco die Restrictase *Eco* RI.

Sie zerschneidet DNA nur dort, wo die Basenkombination ...GAATTC... auftritt, und zwar zwischen den Basen G und A. An dem gegenüberliegenden komplementären »Schwester«-DNA-Strang ...CTTAAG... spaltet EcoRI ebenfalls zwischen den Basen A und G:

...G/A A T T C...
...C T T A A/G...

So entsteht kein »glatter Schnitt«, sondern es bilden sich zwei Bruchstücke mit überstehenden Enden. Die zerschnittene DNA zerfällt bei niedriger Temperatur nicht in zwei Teile, ihre überstehenden Enden kleben lose aneinander: Die A- und T- sowie die C- und G-Basen, diese *»sticky ends«* (klebrigen Enden), ziehen sich elektrostatisch an. Man kann sie sogar wieder durch ein Enzym, durch die DNA-Ligase, zusammenfügen.

Voneinander unabhängig suchende Forscher hatten »Scheren« und »Klebstoff« für die DNA gefunden, nun mussten die Ergebnisse ihrer Anstrengungen vereint werden.

Kochvorschrift für quakende Bakterien

Anfang 1973, knapp ein Jahr, nachdem die »Werkzeuge« verfügbar waren, führten Stanley N. Cohen und seine Mitarbeiterin Annie C. Y. Chang von der Universität Stanford mit ihren Kollegen der benachbarten Universität von San Francisco Herbert W. Boyer und Robert H. Helling das »historisch erste Experiment« der neuen Gentechnologie aus.

Die Idee dazu hatten Cohen und Boyer übrigens bei einem gemeinsamen Austernessen entwickelt. Der Mangel an Austern könnte von nun an eine gute Entschuldigung für mangelnde Ideen bei Biotechnologen sein! Ganz wissbegierige Leser finden das Experiment in der Box auf Seite 73 genauer beschrieben.

Für das Verständnis reicht die allgemeine Idee der Kochvorschrift:

- Man nehme die Körperzellen von Fröschen und isoliere daraus Frosch-DNA.
- Man gebe Restrictasen als Scheren zu, um die Frosch-DNA in kleine Stücke zu schneiden (mit »klebrigen« Enden)
- Plasmide (DNA-Ringe), aus Bakterien isoliert, werden mit den gleichen Scheren aufgeschnitten. Damit entsteht aus der Ring-DNA eine fadenförmige Bakterien-DNA mit klebrigen Enden.
- Durch sorgfältiges Mischen von Frosch-DNA und Bakterien-DNA sowie Zugabe von DNA-Klebstoff (Ligase) bilden sich Bakterien-DNA-Ringe (Plasmide), die teilweise Frosch-DNA-Stücke tragen.
- Einschleusen der Plasmide in Bakterien.
- Vermehrung der einzelnen Bakterien zu Kolonien, dabei Mit-Vermehrung der Plasmide
- Mikroskopische Suche nach quakenden Bakterien mit Hilfe eines »Mikrophons«!

Der letzte Punkt ist natürlich nicht ernst gemeint. Man muss biochemisch die Bakterienkolonien herausfinden, die Frosch-DNA tragen, und diese bei Teilungen auch mit vermehren.

Ich wusste immer, dass wir zu Höherem geboren sind!

Am 27. Juli 1973 stand fest: Frosch-DNA wird von Bakterien »akzeptiert«! Das neue Plasmid vermehrte sich 1000-fach bei den Zellteilungen mit. Von ihm wurden somit identische Kopien hergestellt. Eine neue Bakterienart war das noch nicht, denn nur weniger als ein Tausendstel der Bakterien-DNA stammte vom Frosch. Diese Methode wird als Klonen bezeichnet.

Das erste Gentechnik-Experiment

Die Forscher wählten das (nach den Initialen von Stanley Cohen benannte) kleine nichttransferable Plasmid pSC 101, das aus *Escherichia coli* stammte und in hoher Zahl in der Zelle vorliegt. Es trägt ein Gen, das *E. coli* resistent gegen das Antibiotikum Tetracyclin macht. pSC 101 wurde ausgewählt, weil es nur eine einzige Basenanordnung enthält, die von der Restrictase *Eco*RI gespalten wird.

Durch *Eco*RI wird die ringförmige Plasmid-DNA also in fadenförmige lineare DNA verwandelt.

Cohen und Boyer zerschnitten mit *Eco*RI auch ein anderes Plasmid aus *E. coli* (pSC 102), das ein Gen für die Resistenz gegen ein anderes Antibiotikum, Kanamycin, enthält.

Die zwei zerschnittenen Plasmide hatten die gleichen klebrigen Enden, da sie an der gleichen Stelle getrennt worden waren. Durch die elektrostatischen Anziehungskräfte zwischen den Bruchstellen lagerten sich die zwei unterschiedlichen DNA-Bruchstücke lose zusammen. Die Wissenschaftler fügten nun den Klebstoff, die DNA-Ligase, dem Gemisch hinzu und verbanden damit die zwei Klebestellen. Es entstand ein neues, größeres Plasmid.

Im letzten Schritt wurde diese rekombinierte DNA in Bakterien überführt (Transformation). Der Lösung mit den zu manipulierenden *E. coli*-Bakterien wurde deshalb Calciumchlorid zugesetzt. Das Salz macht die Zellwände für DNA durchlässig.

Mit diesem künstlichen Vorgang, der in der Natur so nicht vorkommt, konnten die neuen Plasmide in die Bakterien eingeschleust werden.

Am Schluss folgte der entscheidende Test: Die Bakterienlösung wurde auf Nährplatten ausgestrichen, die sowohl Tetracyclin als auch Kanamycin enthielten. Die meisten Bakterien gingen (wie erwartet) ein. Nur wenige überlebten. Sie mussten das künstlich geschaffene Plasmid mit der Doppelresistenz besitzen! Die Überlebenden vermehrten sich und wuchsen zu Zellkolonien heran: etwa 100 Millionen identisch gebauter Nachkommen, die alle die neue rekombinante DNA trugen. Ein Klon war entstanden, eine Gruppe genetisch identischer Lebewesen.

Ermutigt durch diese Erfolge, sollten nun höhere Schranken überwunden werden: die evolutionäre Barriere zwischen Bakterien und Fröschen. DNA wurde aus Krallenfroschzellen isoliert und mit Restrictasen des Typs *Eco*RI zerschnitten, gleichzeitig wurde das Bakterienplasmid pSC 101 ebenfalls mit *Eco*RI aufgeschnitten.

Zusammengelagerte Frosch-DNA und Bakterien-DNA wurden mit Ligasen verklebt, in *E. coli*-Zellen eingeschleust und vermehrt. Die Zellen, die das neue rekombinante Frosch-Bakterien-Plasmid enthielten, wurden aufgrund der Tetracyclinresistenz und – da die Frosch-DNA keine Resistenzgene gegen Antibiotika enthält – durch chemische Analyse der Nucleinsäuren herausgefunden.

Enttäuschenderweise quakten die manipulierten Bakterien nicht nach Froschart, wie die Forscher beim Austernessen und großen Mengen kalifornischen Weines erträumt hatten. Etwas viel Wichtigeres war von den ersten Gentechnikern geleistet worden: Sie hatten eine universelle Methode entwickelt, mit der erstmals das bis dahin völlig unzulänglich verfügbare Erbmaterial höherer Lebewesen in großer Menge hergestellt (geklont/kloniert) und untersucht werden konnte.

Gen-Basteleien

Leider war das Experiment mit der zerhackten Frosch-DNA nicht einfach für die Produktion von Proteinen höherer Lebewesen zu verwenden. Der Grund: die in die DNA-Kette eingefügten Introns mit ihrer »Nonsens«information!

Es hätte nicht viel Sinn, die DNA höherer eukaryontischer Lebewesen durch Restrictasen zu spalten und unverändert in Plasmid-DNA einzubauen. Zwar können Tausende von Fremd-DNA-Stücken kloniert werden, aber ein funktionierendes Fremdeiweiß würde kaum produziert. Im besten Fall wäre das Endprodukt ein Eiweiß, das zwar alle seine Aminosäuren aus den Exons, dazwischen aber völlig irrelevante Extra-Aminosäuren aus den Introns enthielte.

Der Ausweg für die Gentechniker lag darin, nicht die intronbelastete DNA höherer Lebewesen zu spalten, sondern dafür die reife (*mature*) mRNA, auf der die Baupläne der Proteine ballastfrei verschlüsselt sind, zu gewinnen.

Nun kann man aber die einsträngige mRNA nicht mit der doppelsträngigen Plasmid-DNA zusammenbauen. Glücklicherweise wurde ein Enzym in so genannten Retroviren gefunden, die reverse (Umkehr-) Transcriptase (meist als Revertase abgekürzt) verwenden.[*]

Die Gentechniker nutzen nun Revertase, um am mRNA-Einzelstrang einen DNA-Strang zu synthetisieren. Es entsteht ein RNA-DNA-Hybrid-

[*] Revertase kann die einsträngige RNA in doppelsträngiges DNA zurückübersetzen. Die Erbsubstanz der Retroviren besteht nämlich nicht aus DNA, sondern aus einem einsträngigen RNA-Molekül. Befallen diese Viren eine (DNA-enthaltende) Zelle, übersetzen sie mit der mitgebrachten Virus-Revertase ihre einsträngige RNA in doppelsträngige DNA und integrieren diese DNA in die Erbsubstanz der Wirtszellen. Das AIDS- und das SARS-Virus sind solche Retroviren.

molekül. Gleichzeitig wird die am Ende überflüssige RNA abgebaut und der DNA-Einzelstrang durch DNA-Polymerase zum Doppelstrang vervollständigt. Diese DNA, die durch Kopieren einer RNA entstanden ist, wird als *copy*DNA (cDNA) bezeichnet.

Ist dagegen die Reihenfolge der Aminosäuren (Sequenz) eines Proteins vollständig bekannt und lässt sich die entsprechende mRNA nicht einfach aus Zellen isolieren, kann das zugehörige Gen rein chemisch synthetisiert werden. So kann auch DNA hergestellt werden, die in der Natur eigentlich nicht vorkommt. Heute gibt es dafür DNA-Syntheseautomaten, die äußerst schnell Sequenzen einzelsträngiger DNA synthetisieren können. Das Ganze erledigen selbstverständlich Mikroprozessoren. Im Falle des Insulins ist man auf diese zuletzt beschriebene Weise vorgegangen.

Menscheninsulin aus Bakterien

Insulin ist ein kleines Hormon, das aus zwei Proteinketten besteht, von denen die eine 21 (A-Kette) und die andere 30 Aminosäuren (B-Kette) lang ist. Beide Ketten werden im Körper zunächst als Bestandteile einer längeren Kette von 109 Aminosäuren gebildet, die man als Präproinsulin bezeichnet.

Präproinsulin entsteht in den so genannten beta-Zellen (oder Inselzellen) der Bauchspeicheldrüse (Pancreas). Seine ersten 24 Aminosäuren dienen als Signal für die Zellmembran, das Molekül passieren zu lassen. Das Präproinsulin kann sich also aus den Inselzellen »herausschlängeln«. Beim Durchgang durch die Membran wird diese Signalsequenz durch Enzyme (Peptidasen) abgetrennt und bleibt in der Zelle zurück. Die restlichen 86 Aminosäuren bezeichnet man als Proinsulin. Es lagert sich aus der »Schlangenform« in eine kompaktere Form durch Schwefel-Brückenbindungen im Molekül um. Das Proinsulin ist die inaktive Speicherform im Körper.[*]

[*] Der Körper hat ein ausgeklügeltes System, um das Insulin zwar zu bilden, aber noch nicht in der aktiven Form. Es wird ja auch nicht ständig gebraucht! Aktives Insulin wäre andererseits nicht schnell genug vorhanden, wenn es jedes Mal synthetisiert werden müsste. Besser ist es, eine »schlafende« Speicherform (Proinsulin) bereit zu halten, die man schnell »scharf« machen kann.

Künstliche Gene für die Menschen-Insulin-Produktion

1977 wurden von Arthur Riggs und Roberta Crea in mühseliger dreimonatiger Kleinarbeit am City of Hope National Medical Center die den beiden Insulin-Ketten entsprechenden synthetischen Gene hergestellt und in Bakterien eingeschleust. Die A-Kette des Insulins besteht aus 21 Aminosäuren, die B-Kette aus 30. Die Reihenfolge (Sequenz) war bekannt. Sie musste aus 21 × 3 = 63 und 30 × 3 = 90 Basenpaaren bestehen. Diese Gene wurden mit Gensyntheseautomaten »gebastelt«.

Jedes künstliche Gen A und B wurde zusammen mit einem »Schlepper-Gen« in Plasmide eingesetzt. Dieses sollte dafür sorgen, dass das Gen wirklich abgelesen wird. Nach der Übertragung in E. coli, der erfolgreichen Produktion und der Abspaltung des Schlepper-Eiweißes trennte man A- und B-Ketten sauber ab und verknüpfte sie chemisch zum aktiven Insulinmolekül.

Wenn nun das Signal kommt: »*Glucose im Blut steigt!*«, wird Proinsulin in »scharfes« Insulin verwandelt. Der zentrale Teil des Proinsulins wird durch ein Enzym herausgeschnitten. Er hatte dazu gedient, A- und B-Kette räumlich zueinander auszurichten. Das Insulin hat nun 51 Aminosäuren, ist aktiv im Körper und senkt sofort den Zuckerspiegel.

»Uff!«, wenn nun schon hochintelligente Leser dieser Zeilen verwirrt sind, was soll dann erst die doch geistig recht schlichte Bakterienzelle »sagen«, der ein Präproinsulin-Gen eingeschleust wurde mit der Aufforderung: »*Produziere damit Insulin!*« Sie besitzt einfach keine Mechanismen zum intelligenten Schneiden von DNA und der Insulin-Vorstufen! Daher muss sie mit »übersichtlicher«, künstlich synthetisierter DNA »programmiert« werden (für Details siehe obige Box).

Mit einer Ausbeute von 100 000 Molekülen je Zelle war die bakterielle Insulinproduktion sehr erfolgreich. Der erste durchschlagende Beweis für die Machbarkeit und den Nutzen der Gentechnik!

Das auf diese Weise mikrobiell erzeugte menschliche Produkt führte zu einer tiefgreifenden Umwälzung auf dem Insulinmarkt. Ab 1985 war es erstmals verfügbar. Optimierte E. coli-Stämme sind heute proppevoll mit Insulin gepackt. Man stellt das Insulin heute allerdings nicht mehr getrennt als A- und B-Ketten her, sondern als inaktives Proinsulin. Von ihm wird dann ein Teil entfernt. Proinsulin macht 40 % der Zellmasse der manipulierten Bakterien aus.

Bioreaktoren mit 40 Kubikmetern Fassungsvermögen liefern bis zu 100 Gramm Menscheninsulin. Heute werden etwa 8 Tonnen Humaninsulin jährlich weltweit hergestellt. Ihr Wert liegt bei einer Milliarde US-Dollar.

Genmanipulierte Säugerzellen

Nach der ersten Euphorie wegen des Menscheninsulins aus Bakterien erwartete die Gentechniker eine herbe, aber vorhersehbare Enttäuschung. Es hatte sich schon beim Insulin angedeutet: Nicht jedes Eiweiß ließ sich durch manipulierte Mikroben erzeugen!

Kompliziert gebaute tierische und menschliche Eiweiße, die außer ihrem Eiweißanteil noch Zuckerreste, Phosphat- oder Nucleotidgruppen für ihre Wirksamkeit benötigen, konnten von den »primitiven« prokaryontischen Bakterien nicht hergestellt werden, oder aber sie waren letztlich inaktiv.

Einen Ausweg boten zunächst die eukaryontischen Hefen, deren Zellen in ihrer Struktur und ihrem Stoffwechsel höher organisiert sind. Doch auch Hefen waren oft nicht erfolgreicher als Bakterien. Ihnen fehlen bestimmte Enzyme und Faktoren für Eiweißmodifikationen.

Der einzige Ausweg bestand darin, Säugerzellen *selbst* gentechnisch zu manipulieren und in Bioreaktoren in großen Mengen zu züchten, also außerhalb des Warmtierkörpers.

Was zunächst fast aussichtslos erschien, wird heute schon technisch gut beherrscht. Genetische Manipulationen an Säugerzellen verlangen allerdings einen weit höheren Aufwand im Vergleich zu denen mit Bakterien. Bei Säugerzellen ist die DNA komplexer organisiert, sie ist in Chromosomen verpackt und in einem Zellkern eingeschlossen. Das fremde Gen muss nicht nur in den Zellkern eingeschleust (Transfektion), sondern auch in ein Eiweiß umgesetzt, zur Expression gebracht werden.

Zunächst isoliert man das gewünschte Säugergen und klont (vervielfältigt) es in Bakterien, um genügend große Mengen zur Verfügung zu haben.

Für die Übertragung in die Säugerzelle (Transfektion) wird ein Transportmittel gebraucht, ein Vektor. Am gebräuchlichsten sind wieder bakterielle Plasmide, die zweckmäßigerweise ein Resistenzgen (verantwortlich für die Produktion von Enzymen, die Antibiotika unwirksam machen) tragen sollten, um damit »markiert« zu sein.

Mit den schon bekannten DNA-Enzymscheren und -Klebstoffen wird das Gen in Plasmide eingebaut. Wichtig für die spätere Expression ist der gleichzeitige Einbau eines tierischen Promotors (Anschalt-Gens) direkt vor das Gen. Das so gewonnene Hybridplasmid wird mit Bakterien vermischt. Alle Zellen, die es aufgenommen haben, lassen sich leicht durch ihre Resistenz gegen ein bestimmtes Antibiotikum erkennen. Nur

Genmanipulierte Säugerzellen in Massenkultur

Das Fremdgen wird zunächst isoliert, in Bakterienzellen geklont (also mengenmäßig vermehrt) und dann mit Restrictasen und Ligasen in ein Plasmid eingebracht. Damit das Fremdgen in den Säugerzellen abgelesen (exprimiert) werden kann, muss gleichzeitig ein tierischer Promotor (Anschalt-Gen) direkt vor das Fremdgen eingebaut werden.

Das rekombinante Plasmid wird in Bakterien eingeschleust, die Zellen mit dem erfolgreich eingeschleusten Plasmid sind gegen bestimmte Antibiotika resistent und können so selektiert werden. Das Fremdgen wird in den Bakterien kloniert und steht danach in großen Mengen zur Verfügung.

Die Einschleusung in die Säugerzelle (Transfektion) erfolgt durch Mikroinjektion direkt in den Zellkern oder z. B. durch Granulierung der Plasmide (Klümpchenbildung mit Calciumphosphat) und direkter Aufnahme durch die Zelle. Ein kleiner Teil der so eingeschleusten DNA wird stabil in das Erbgut der Säugerzelle integriert und in Fremdprotein umgesetzt. Es werden Säugerzelltypen kultiviert, die gut wachsen und möglichst das Fremdprotein leicht ins Medium abgeben, zum Beispiel Fibroblasten aus dem Ovar des Chinesischen Hamsters (CHO-Zellen) oder Baby hamster kidney (BHK)-(Nieren)-Zellen.

Eine Reihe von Eiweißen lässt sich nur aus Kulturen ihrer natürlichen Produzenten gewinnen: den Zellen von Menschen und anderen Säugern. Da viele Proteine in den Säugerzellen nach ihrer Synthese noch modifiziert werden müssen, um wirksam zu werden (zum Beispiel durch Anhängen von Zuckerresten, Phosphat- oder Nucleotidgruppen nach einem bestimmten Muster), können sie auch meist nur von genmanipulierten höheren Zellen in Zellkultur (oder transgenen Organismen) (siehe Kapitel 5 und 8) hergestellt werden.

Wenn es gelingt, die manipulierten Zellen anschließend in Massenkultur zu züchten, kann auch das gewünschte modifizierte Eiweiß in größeren Mengen gewonnen werden.

Säugerzellen sind größer als die meisten Mikroben, komplexer und zerbrechlicher, denn ihren zarten Plasmamembranen fehlt eine feste, außen aufgelagerte Zellwand. Sie wachsen viel langsamer als Mikroben, verdoppeln sich in etwa zwölf Stunden (einige Bakterienarten in 20 Minuten). Eine Bakterienkultur produziert etwa 50-mal mehr Biomasse je Zeiteinheit als eine tierische Zellkultur, kann in riesigen Tanks in Suspension gehalten und mit mechanischen Rührwerken kräftig durchgemischt werden. Säugerzellen »sträuben« sich oft dagegen, losgelöst aus ihrem Zellverband in einem künstlichen Medium zu leben und sich darin zu vermehren. Sie verlangen zumindest eine Oberfläche, an der sie sich anheften können.

In den letzten Jahren wurden die größten Probleme bei der Massenkultur von Säugerzellen gelöst. Als Ausgangsmaterial dient ein Stück Säuger-Gewebe. Es wird mechanisch und enzymatisch in ein Gemisch einzelner Zellen zerlegt. Die abzentrifugierten Zellen überführt man in ein Nährmedium, wo sie sich so lange teilen, bis sie den Boden der flachen Kulturflaschen bedecken. Das Medium enthält in der Regel Glucose, Salze, bestimmte Aminosäuren, Antibiotika (gegen eingeschleppte Mikroben), und außerdem in den Zeiten vor BSE meist einen 5 bis 20%igen Anteil an Blutserum (meist aus fötalem Kälberblut gewonnen). Heute setzt man aus Sicherheitsgründen serumfreie Medien für die Produktion von therapeutischen Proteinen wie Wachstumshormon, EPO und bestimmten Interferonen ein.

sie wachsen zu Kolonien gleichartiger Zellen, zu Klonen, heran. Jede Zelle dieser Kolonien enthält dann eine Kopie des gleichen Plasmids. Das Plasmid wird damit vervielfältigt, geklont. Die Plasmide lassen sich danach aus den Bakterienzellen leicht extrahieren. So erhält man fürs erste ausreichend DNA.

Für die Einschleusung der DNA in Säugerzellen gibt es dann verschiedene Methoden. Hier sei nur die Mikroinjektion erwähnt: Sie erfolgt unter dem Mikroskop mit Mikropipetten, deren Spitze bis in den Zellkern getrieben wird. Das Plasmid integriert sich dann eventuell in die Chromosomen-DNA der Säugerzelle (siehe auch Kapitel 8).

Nach der Transfektion züchtet man die behandelten Säugerzellen auf einem geeigneten Selektionsmedium. Wie schon bei dem Gen-Klonen (Vervielfältigen von gleichen Genen) in *Escherichia coli* überleben nur die manipulierten Zellen, die gegen ein sonst für tierische Zellen giftiges Antibiotikum resistent sind.

Interferon – das erste Mittel gegen Viren

Warum infizieren sich virusbefallene Menschen (z. B. bei Grippe) und Tiere fast nie gleichzeitig mit einer zweiten Viruskrankheit? Bei Bakterienerkrankungen bahnt doch oft eine Bakterienart der nächsten den Weg, weil die Abwehrkräfte des Körpers geschwächt sind. Warum also sollte es bei Viruserkrankungen anders sein?

Diese Frage stellten sich der Engländer Alick Isaacs (1921–1967) und der Schweizer Jean Lindenmann (geb. 1924) 1956 bei ihrer Arbeit am *National Institute for Medical Research* in London.

1957 fanden sie einen dafür verantwortlichen Wirkstoff. Das Protein wird von virusbefallenen Zellen ausgeschüttet und macht damit andere Zellen gegenüber Infektionen dieses Virus, aber auch anderer Virusarten widerstandsfähig. Isaacs und Lindenmann nannten diesen Wirkstoff Interferon, weil er die Virusfortpflanzung offenbar behinderte oder störend beeinflusste (engl. *interfere* = stören, beeinflussen).

Dass Interferon als antivirales Mittel viel versprach, war bereits vom Zeitpunkt seiner Entdeckung an klar, denn es richtet sich nicht nur gegen irgendein Virus, vielmehr schützt es die Zellen vor einer ganzen Reihe von Viren. Interferon kann aber noch mehr: Es beeinflusst verschiedene Zellaktivitäten in einer Art und Weise, die auf weitere therapeutische Möglichkeiten schließen lässt. Interferon ist zudem eine hochwirksame

Substanz: eine winzige Menge davon reicht für einen langen Schutz. Nicht zuletzt würde Interferon, die richtige Dosierung vorausgesetzt, als natürliches Zellprodukt wahrscheinlich auch sicherer sein als die meisten neuen chemischen Stoffe, die als Medikamente erprobt werden.

Interferon wird jedoch von den herstellenden Zellen nur in so geringer Menge ausgeschieden, dass viele Forscher sogar an der Existenz dieser Substanz zweifelten. Die Situation begann sich zu ändern, als Kari Cantell (geb. 1932) vom finnischen Roten Kreuz in den 70er Jahren eine Produktionstechnik entwickelte, mit der aus menschlichem Blut Interferon hergestellt werden konnte. Er sammelte von den Blutspendern der finnischen Blutbanken genügend Blut, um damit Interferon für klinische Tests zu gewinnen. Dieser Prozess war aber kompliziert und kostspielig:

Weiße Blutkörperchen (Leukocyten) von Blutspendern wurden mit einem Virus infiziert und das dann freigesetzte Interferon gesammelt und gereinigt. Mittels dieser Technik ließ sich insgesamt nur ein halbes

Gramm teilweise gereinigtes Interferon gewinnen, und das aus mehr als 50 000 Litern Blutplasma!

Obwohl die Medizin großes Interesse am Interferon zeigte, konnte die Forschung wegen der äußerst geringen verfügbaren Mengen nur auf Sparflamme betrieben werden. Das Blut von 100 000 Spendern hätte nur 1 g Interferon geliefert, das im besten Fall 1 % des reinen Wirkstoffes enthalten hätte. Jemand berechnete für dieses eine Gramm reinen Interferons (das aber in solcher Menge nie gewonnen wurde) den stolzen Preis von einer Milliarde Dollar!

Trotz der Schwierigkeiten begannen sich die Hinweise zu mehren, dass Interferon zur Bekämpfung von Viruserkrankungen und vielleicht einigen Krebsformen erfolgreich sein könnte. Im Januar 1980 lösten dann Nachrichten aus der Schweiz den »Interferonboom« aus, der für die weitere Entwicklung der Biotechnologie einen entscheidenden Durchbruch brachte.

Interferon am Heiligabend

Weihnachten 1979 war für den Züricher Molekularbiologen Prof. Charles Weissmann (geb. 1931) bereits ein gelungenes Fest geworden: Genau an Heiligabend begann der Laborstamm *HiF-2h* von Coli-Bakterien ein Protein zu produzieren, das in seinen biologischen Eigenschaften ganz dem Interferon aus menschlichen Leukocyten glich: Die erste bakterielle Synthese des menschlichen antiviralen Wirkstoffes Interferon war somit geglückt!

Weissmann und seine Arbeitsgruppe in Zürich hatten »die genetische Nadel im Heuhaufen« entdeckt. Zwar war das Verfahren, menschliche Gene in Bakterien zu klonieren und schließlich zur Expression zu bringen, nicht mehr neu, doch arbeitete Weissmann sozusagen im Dunkeln:

Anders als in Versuchen zur bakteriellen Synthese von Insulin hatte er es bei menschlichem Leukocyten-Interferon mit einer Substanz zu tun, deren genaue Struktur noch nicht im einzelnen bekannt war. So kam die Nachricht von den Interferon produzierenden Bakterien in Zürich, obwohl als Möglichkeit schon länger erkannt, unerwartet früh.

Erst nach der erfolgreichen Synthese dieses Proteins in *E. coli* wurden auch seine Eigenschaften bekannt. In nur wenigen Monaten wurde mehr Wissen über die Biochemie der Interferone zusammengetragen als in den vorhergehenden 23 Jahren zusammen.

Statt 50 000 Liter Blut reichten nun 10 Liter Bakterienlösung, um ein halbes Gramm unreinen Interferons zu gewinnen. Es wurde aber auch deutlich, dass sich hinter »Interferon« eine ganze Familie von Substanzen verbarg. Schon in den drei Jahren nach 1980 pumpten die US-Industrie und die amerikanische Regierung etwa eine halbe Milliarde Dollar in die Interferonforschung.

Heute kennen die Wissenschaftler die genaue chemische Struktur der verschiedenen Interferone. Durch Züchtung von Bakterien in Bioreaktoren und in tierischer Zellkultur und anschließende aufwendige Reinigung des Proteins lassen sich große Mengen kostengünstig herstellen.

Weltweit sind derzeit alle wichtigen Pharmaunternehmen mit der Interferonforschung beschäftigt. Gegenwärtig beträgt die weltweite Marktgröße für α-Interferon 500 Millionen US-Dollar. Die drei weltweit agierenden β-Interferon-Hersteller Serono, Schering und Biogen setzten 2001 allein mit diesem Interferon 2 Milliarden US-Dollar um. γ-Interferon umfasst einen Markt von 200 Millionen Dollar.

Interferone dienten als Modelle für die Entwicklung und Produktion einer Reihe von Körperhormonen, wie von Interleukin-2, das die Immunzellen des Körpers wachsen lässt und bei der Immunschwäche AIDS hilfreich ist. Vielversprechend sind aber auch die Erfahrungen mit Interferonen bei einer Reihe von Virusinfektionen und anderen Erkrankungen. Erwiesen wurde bisher die Wirksamkeit gegen Hepatitis B und C sowie gegen verschiedene Herpesformen (Viruserkrankungen der Haut). Das Haupteinsatzgebiet sind heute Indikationen, bei denen noch nicht eindeutig geklärt ist, warum Interferone bei ihnen überhaupt wirksam sind und die nicht viel mit Virus-Infektionen zu tun haben: Krebserkrankungen wie Blasenkrebs, Myelome, Melanome und Lymphome. Gegen die relativ seltene Haarzell-Leukämie (einen Blutkrebs) ist Interferon momentan sogar das einzig verfügbare Heilmittel. Zur Behandlung eines Patienten genügen hier 3 mg Interferon. Auch Patienten mit Multipler Sklerose, Rheumatoider Arthritis und chronischer Granulocytomatose schöpfen neue Hoffnung durch Interferone.

Interessant ist die Anwendung von Interferon als Vorbeugungsmaßnahme gegen Viruserkrankungen bei älteren oder geschwächten Menschen in Risikosituationen. So gibt es in den USA bereits Interferon-Nasenspray, allerdings nicht gegen Grippe, denn da tropft die Nase meist (doch selten so wissenschaftlich ergiebig wie bei Alexander Fleming!).

Was sind Interferone?

Interferone sind körpereigene Proteine, die einen schnellen und nicht spezifischen Abwehrmechanismus gegen Viren einleiten können. Schon während das Virus in der Zelle wächst, induziert offenbar ein Nebenprodukt der Virusmultiplikation die Interferonproduktion der Zelle. Das Interferon wird freigesetzt und wandert zu anderen Zellen im Körper. Es bindet sich an der Zelloberfläche an spezifische Interferon-Rezeptoren und sendet ein besonderes Signal aus. Dieses Signal veranlasst die Zelle, mehrere neue Proteine herzustellen. Im Normalfall stören diese Proteine den Zellmechanismus nicht. Sie sind nur so lange passiv, bis eine Zelle von einem Virus infiziert wird. Dann werden die Proteine aktiviert und hemmen jedes weitere Viruswachstum.

Es wurde eine Vielzahl von Interferonklassen gefunden, die drei wichtigsten sind α-, β- und γ-Interferon.

- α-(Leukocyten-)Interferon wird hauptsächlich von den weißen Blutkörperchen (Leukocyten) nach einem Virusangriff produziert. α-Interferon bewegt sich im Serum (Blut) im ganzen Körper frei von Zelle zu Zelle. Bisher sind mindestens 16 Untertypen von α-Inter-feron bekannt. Sie unterscheiden sich nur durch geringfügige Änderungen in ihrer chemischen Struktur (in der Aminosäuresequenz). α-Interferon wirkt als einziges Mittel gegen einen seltenen Blutkrebs, die Haarzell-Leukämie. Weitere Einsatzfelder sind Melanome, Myelome[*], Hepatitis B und C.

- β-(Fibroblasten-)Interferon wird von einer Reihe von Zellarten einschließlich den Fibroblasten (Bindegewebszellen) gebildet, die für den Aufbau des Bindegewebes verantwortlich sind. β-Interferon setzt man vor allem gegen Multiple Sklerose (MS)[**] ein.

- γ-(Immun-)Interferon bilden die weißen Blutkörperchen in der Milz (und im Kreislaufsystem) während einer Immunreaktion (Antwort des Organismus auf Fremdkörper). Dabei werden gleichzeitig Antikörper oder spezifische Zellen zur Abstoßung von abartigen Zellen oder Fremdgewebe erzeugt. γ-Interferon ist durch seine antiviralen Eigenschaften bekannt. Es ist im Vergleich zu den anderen beiden Interferontypen ein stärkerer Modulator des Immunsystems und bereits für die Behandlung von Granulomatose[***] zugelassen. Außerdem soll es gegen Arthritis (Gelenkentzündung) und Asthma wirken.

---

[*] Melanom: von Pigmentzellen der Haut ausgehender Krebs; Myelom: vom Knochenmark ausgehender Krebs

[**] Multiple Sklerose, MS: entzündliche Erkrankung des Zentralnervensystems

[***] Granulomatose: angeborener Defekt des oxidativen Stoffwechsels der Granulocyten (gehören zu den weißen Blutzellen). Diese bilden dann keine aggressiven Sauerstoffradikale und können dadurch Keime nicht abtöten. Patienten müssen mit Antibiotika dauerbehandelt werden.

Was kommt nach dem Interferon?

Interferon gehört zur Familie der Lymphokine, die von kleinen weißen Blutzellen (Lymphocyten) produziert werden und an allen Aspekten der Immunantwort des Körpers beteiligt sind. Insgesamt rechnet man mit mindestens 30 Lymphokinen, möglicherweise gibt es aber über 100.

Das wichtigste Lymphokin ist bisher Interleukin-2 (IL-2), das erstmals 1976 am amerikanischen *National Institute of Health* (NIH) gefunden wurde.

»Wir wussten, dass es bedeutend war«, resümierte der AIDS-Mit-Entdecker und spätere Nobelpreisträger Robert Gallo (geb. 1937), »nur nicht, wie bedeutend.«

IL-2 fördert die Aktivität und das Wachstum von T-Zellen und anderer Immunzellen. Da diese lebenswichtigen Zellen des Immunsystems vom AIDS-Virus zerstört werden, ist Interleukin-2 höchst interessant für die AIDS-Therapie. Es wirkt als ein zweites »*messenger*«-(Boten-)Molekül, das die weißen Blutzellen benutzen, um Teile der Immunantwort zu regulieren, stärkt also das Immunsystem.

IL-2 ist das erste von mehr als 20 Interleukinen, den »Hormonen des Immunsystems«, das zur Therapie von Nierenzellkrebs zugelassen ist. Asthma, HIV, Lungenkrebs und Entzündungen sind künftige klinische Anwendungen von Interleukinen.

Wachstumshormon und Zahnspangen-Sportler

»Manager müssen halt starkes Sitzfleisch haben«, meinte der Chef der Entwicklungsabteilung der US-Firma Genentech und verordnete seinen gesunden Angestellten Injektionen des menschlichen Wachstumshormons (engl. *human growth hormone*, hGH, auch Somatotropin genannt), um die Sicherheit und Reinheit des neuen Gentechnikproduktes zu testen.

Leider reagierten die Hinterteile der Angestellten auf die Hormongabe mit anhaltenden Schmerzen und Rötungen. Nach einer Aufreinigung des hGH-Präparates traten bei weiteren Testpersonen keine negativen Symptome mehr auf. Erst dann wurde das Hormon wachstumsgestörten Kindern verabreicht.

Mangel an Wachstumshormon, das in der erbsengroßen Hirnanhangdrüse produziert wird, führt im Extremfall zu Zwergwuchs oder zu Unfruchtbarkeit. Bis zum Ende der 50er Jahre war der Zwergwuchs nicht durch medizinische Behandlung zu beheben. Erst ab 1958 erhielten immer mehr Kinder hGH. Im Gegensatz zum Insulin (Schweine- und Rinderinsulin) wirkt hier leider nur das echte, das menschliche Hormon. Es musste bislang den Gehirnen menschlicher Leichen entnommen werden. Für die zweijährige Behandlung eines Kindes war die Aufbereitung von 50 bis 100 Hirnanhangsdrüsen (Hypophysen) erforderlich. Heute geht man davon aus, dass eine erfolgreiche Behandlung mit Wachstumshormon über das 18. Lebensjahr hinaus weitergeführt werden muss.

Anfang 1985 wurden nach einigen Todesfällen bei Patienten der Verkauf und die Anwendung von natürlichem hGH untersagt: Bei der Isolierung des Hormons sollen Viren (Creutzfeldt-Jacob-Krankheit, wie heute bei BSE) aus den Leichen in das Medikament gelangt sein.

Glücklicherweise gibt es jetzt das neue, gentechnisch produzierte hGH. Die schwedische Firma Kabi Vitrum, bislang weltweit der größte Hersteller von »natürlichen« menschlichen Wachstumshormonen, produziert beispielsweise in einem 450-Liter-Bioreaktor mit Bakterien dieselbe Menge gentechnisch, die zuvor aus 60 000 (!) Hirnanhangdrüsen gewonnen wurde.

Vorher stand so wenig Hormon zur Verfügung, dass nur Kinder mit sehr stark ausgeprägtem Zwergwuchs behandelt werden konnten.

Gute Frage: Wäre der, nun ja, zierliche Napoleon Bonaparte auch als körperlicher Riese so schrecklich berühmt geworden? Humanes Wachstumshormon war aber wie das Interferon wichtig für den Erfolg der Biotechnologie insgesamt. Die große Pharma-Industrie war misstrauisch gegenüber den neuen Produkten. Stelios Papadopoules von der US-Beraterfirma PainWebbers analysiert rückblickend: Zuerst hat *Big Pharma* argumentiert, dass die Wissenschaft nicht funktioniert. Doch dann wurde Insulin 1982 zugelassen ... Dann sagten sie, man könne diese Protein-Arzneimittel (*protein drugs*) unmöglich kommerziell produzieren; die Biotech-Firmen lösten jedoch das Problem. Als nächstes behaupteten sie während der gesamten 80er Jahre, die gentechnischen Versionen natürlicher Eiweiße wären nicht patentierbar – doch das *U.S.-Patent Office* kam damit durch. *Big Pharma* sagte, injizierbare Mittel könnten niemals die Basis für große Geschäfte sein ... aber Amgens riesige Kapitalerhöhung ruht auf zwei injizierbaren Stoffen, Epogen und Neogen. Das letzte Argument war, dass Biotech-Firmen niemals die *drugs* so gut vermarkten könnten wie große Pharmafirmen. Was passierte? Ab Oktober 1985 verkaufte Genentech das hGH. Dafür hatte man 75 Verkaufsmanager aus großen Pharmafirmen eingestellt. HGH wurde am Freitag, dem 19. Oktober, offiziell zugelassen, und am Montag darauf zeigten sich diese *guys* auf der Arbeit. Sie waren die ersten Verkaufsrepräsentanten mit schicken Laptop-Computern.

Neue Befunde lassen den noch kleinen Markt für Wachstumshormon deutlich anwachsen. Wachstumshormon fördert bei Kühen die Milchleistung, das ist natürlich nur ökonomisch interessant für uns. Bei der Rinder-Mast zeigt es aber »anabole Wirkung«! Dieses Stichwort elektrisiert wiederum Bodybuilder und Sportler: Es vermehrt Protein (Muskel) und verringert Fettbildung!

Der deutsche »Doping-Papst« Professor Werner W. Franke konstatierte kopfschüttelnd bei den Leichtathletik-Weltmeisterschaften in Paris 2003: »Diese WM war ein Festival der Zahnspangenträger. Auch Marion Jones, jetzt wieder aktiv, trug einst Zahnspangen. Die sind ein sicheres Anzeichen dafür, dass menschliches Wachstumshormon genommen wird: Es wächst die Kinnlade, es wachsen die Kiefer, und das führt zu einem Zahnüberstand, wie er als Fehlbildung bei Kindern vorkommt. Zahnspangen weisen eindeutig auf Hormonmissbrauch hin.«

Wachstumshormon scheint auch bei der Wundheilung und gegen den Knochenschwund im Alter günstig zu wirken. Ist hier ein biotechnologischer Jungbrunnen in Sicht?

Falten weg mit Biotech!

Weltweit werden Unsummen ausgegeben, um Falten und Fältchen aus dem Gesicht verschwinden zu lassen. Die Damenwelt lässt sogar Injektionen von Botulismus-Toxin (*Botox*) über sich ergehen. Dabei handelt es sich im Prinzip um eine B-Waffe! Das Toxin wird von Bakterien (*Clostridium botulinum*) gebildet, die für Lebensmittelvergiftungen in Konserven berüchtigt sind. Die Injektion unter die Haut lähmt die Muskulatur für eine Weile. Falten verschwinden für die Dauer der Muskellähmung.

Anders wirkt Epidermaler Wachstumsfaktor (EGF), ein Peptid, das die Hautzellen zur Neubildung anregt. Professor Wan Keung Wong von der Hong Kong University of Science and Technology (HKUST) hat menschliches EGF gentechnisch durch Coli-Bakterien produzieren lassen. Entsprechend teure EGF-Creme (ein Döschen kostet 450 HK-Dollar, 50 Euro) wird täglich aufgetragen, und nach 4 bis 6 Wochen sind die Fältchen durch neu gebildete Hautzellen aufgefüllt.

Der Verfasser hat es als eitles Versuchskaninchen freiwillig probiert: Tatsächlich verschwinden die Fältchen. Lange genug angewandt – und man hat ein »*Baby face*« wie mein chinesischer Biotech-Kollege, der es schon jahrelang appliziert. Die edlen Falten meiner Denkerstirn und Lachfalten verschwanden natürlich nicht. Die tollen Fotos vom Fortschritt der väterlichen Antifalten-Therapie überzeugten meinen Sohn Tom überhaupt nicht: »Was? Sechs Wochen so'n teures Zeug, um die paar Falten wegzukriegen? Das mache ich Dir in sechs Minuten auf'm Computer ... mit PHOTOSHOP!«

Einen dramatischen medizinischen Durchbruch gab es auch schon mit EGF: Patienten mit schwerem Diabetes leiden oft an *Diabetic feet ulcer* (Diabetischen-Fuß-Geschwüren), offenen Wunden, die nicht mehr verheilen. In den USA sollen das 600 000 Patienten sein. In einer Hongkonger Wirksamkeitsstudie mit EGF war nach acht Wochen bei fast hoffnungslosen Diabetikern eine deutliche Heilung zu sehen. Beachtlich: Sie hatten als Alternative nur die Amputation des Fußes gehabt!

Auch bei Verbrennungen hilft EGF der Haut, schneller neue Zellen zu bilden. Die beste Ehefrau von allen hatte sich mit kochendem Wasser die Hand verbrüht. Nach drei Tagen war davon, dank EGF-Creme, nichts mehr zu sehen! EGF hilft auch bei Augenverletzungen und sogar, innerlich angewandt, bei dem Abheilen von Magengeschwüren.

4
Lebensrettende Biotechnologie

Der Wunderpilz des Alexander Fleming

Todesurteil! Viele von uns haben die Zeit nicht mehr erlebt, als die Ärzte schweren bakteriellen Infektionen weitgehend hilflos gegenüberstanden und eine bakterielle Herzinnenhautentzündung fast zwangsläufig zum Tode führte. Als die von Meningokokken verursachte Gehirnhautentzündung jene wenigen, die sie überlebten, zu geistigen Krüppeln machte, und die durch Pneumokokken hervorgerufene Lungenentzündung unter dem Namen »Freund des alten Mannes« bekannt war, weil sie alten Menschen einen »gnädigen Tod« gewährte.

Die ersten Produkte der Gentechnologie waren Pharmaprodukte, hergestellt von manipulierten Zellen. Schon einmal – um 1940 – war mit Pharmaprodukten durch die Produktion des Penicillins ein Meilenstein in der Biotechnologie gesetzt worden.

Vor dem Hintergrund unheilbarer Infektionen musste das Penicillin mit seiner hohen Wirksamkeit gegen zahlreiche pathogene Bakterien und seiner fast zu vernachlässigenden Giftigkeit wie eine Wunderdroge erscheinen. Seine Entdeckung läutete den Beginn einer neuen Ära im Kampf gegen viele Infektionskrankheiten ein.

An einem Herbsttag des Jahres 1928 untersuchte der uns vom Lysozym schon bekannte Mikrobiologe Alexander Fleming (1881–1955) in seinem kleinen Laboratorium des St. Mary's Hospitals in London verschiedene Kulturen eitererregender Bakterien (Staphylokokken). Das Labor war vollgestopft mit Petrischalen, in denen die Bakterien auf Nährböden aus Agar-Agar wuchsen. Fleming hatte einige Schalen bereits vor seinen Sommerferien mit Bakterien beimpft. Sie alle waren nun von deutlich sichtbaren Bakterienkolonien bedeckt. In einigen Petrischalen fanden sich aber auch Schimmelpilze. Es war ein kühler Sommer gewesen, und die Bakterien waren nicht schnell genug gewachsen.

In einer Petrischale gedieh eine besonders prächtige Schimmelpilzkolonie. Merkwürdig war, dass sich rund um den Schimmel eine bakterienfreie Zone befand. Hatten sich hier keine Bakterien angesiedelt, oder waren sie zugrunde gegangen? Offenbar verhinderten die Schimmelpilze die Ausbreitung der Bakterien.

Vorsichtig entnahm Fleming Proben des Pilzes und züchtete ihn auf Nährböden, die er vorher durch Hitze mikrobenfrei gemacht hatte. Sodann verpflanzte er rings um den Schimmel verschiedene gram-positive Bakterienarten[*]: kettenbildende Streptokokken, traubenförmige Staphylokokken und Pneumokokken. Tatsächlich – sie alle breiteten sich in der unmittelbaren Nähe des Pilzes nicht aus. Gram-negative Bakterien, wie *Escherichia coli* und *Salmonella-Arten*, wuchsen dagegen weiter. Das war eine hochinteressante Entdeckung! Fleming bestimmte »seinen« Schimmelpilz als Vertreter der Pinselschimmel, der Gattung *Penicillium*, genauer: als *Penicillium notatum*.

Er züchtete nun den Pilz in einem größeren Gefäß mit flüssiger Nährlösung. Ein grünliches Pilzgeflecht bedeckte bald wie ein Rasen die Oberfläche der Nährlösung, die sich nach einigen Tagen goldgelb färbte. In neuen Versuchen mit Bakterien zeigte sich, dass nur diese gefärbte Nährlösung allein die Vermehrung der Bakterien ebenfalls hemmte. Der Pinselschimmel musste also irgendeinen bakterienfeindlichen Stoff in seine Umwelt absondern. Fleming nannte ihn nach seiner Herkunft Penicillin.

Er ahnte noch nicht, dass er mit dem Penicillin eine sehr wichtige Entdeckung gemacht hatte, die Millionen Menschen das Leben retten sollte. Obwohl weitere Versuche bewiesen, dass das Penicillin nur Bakterien, nicht aber lebenden Kaninchen schadet, versuchte Fleming nicht, es in reiner Form zu gewinnen und mit ihm krankheitserregende Bakterien im Körper von Labortieren zu bekämpfen. Dabei hatten außer anderen Forschern schon 58 Jahre vor ihm die russischen Ärzte Manassejin und Polotebnow mit Schalen von Apfelsinen, auf denen Pinselschimmel wuchsen, durch Bakterien verursachte Hautkrankheiten geheilt. Diese Befunde aber waren seinerzeit kaum beachtet worden.

Noch 1940 schrieb Fleming, es sei wohl nicht der Mühe wert, Penicillin herzustellen. Sein Hauptinteresse an Penicillin galt anscheinend der selektiven Wirkung auf verschiedene Bakterienarten. Man konnte mit Hilfe des Penicillins die Arten besser klassifizieren. Zu dieser Zeit waren

---

[*] Gram-positive und gram-negative Bakterien haben
unterschiedlich gebaute Zellwände. Man unterscheidet
sie danach, ob sie sich durch ein 1884 von dem dänischen Bakteriologen Hans Christian Joachim Gram
entwickeltes Verfahren anfärben lassen oder nicht.

jedoch schon andere Forscher auf den bakterienhemmenden Stoff aufmerksam geworden.

Da brach der Zweiten Weltkrieg aus. Plötzlich entstand ein riesiger Bedarf an Heilmitteln, um die Bakterieninfektionen der Verwundeten zu bekämpfen.

In der englischen Universitätsstadt Oxford begann man unter der Leitung des Engländers Howard Florey (1898–1998) und des ukrainischen Juden Ernst Boris Chain (1906–1979) mit einer fieberhaften Arbeit. Man gewann Penicillin, reinigte es von Begleitstoffen der Nährlösung und erprobte das gelbe Pulver an Mäusen, die vorher mit krankheitserregenden Bakterien infiziert worden waren. Der eigentliche Held der Geschichte ist aber Norman Heatley, ein junger, sehr praktischer Mann, der am Morgen des 25. März 1940 acht Mäusen jeweils 110 Millionen Streptokokken eingespritzt hatte. Am nächsten morgen waren vier »mausetot«, die anderen vier dagegen quietschvergnügt: Sie hatten eine Stunde nach der Bakterien-Spritze eine Penicillin-Injektion bekommen. Das war sensationell![*]

Die Regierungen Großbritanniens und der USA unterstützten nun die Bemühungen, Penicillin in ausreichenden Mengen zu gewinnen. Wegen der militärischen Bedeutung wurde das Projekt streng geheimgehalten.

Im Sommer 1941, als man fest mit einem bevorstehenden Überfall Deutschlands auf Großbritannien rechnete, beschlossen Florey und seine Kollegen, das Labor völlig zu zerstören, falls der Feind landen sollte. Die einzige Ausnahme war der Wunderpilz: Ihn und seine Sporen schmierten sich die Forscher an ihre Kleidung. Nach einer Flucht könnte der Schimmelpilz leicht rekultiviert werden.

1941 wurde Penicillin erstmalig an einem Patienten erprobt, der an einer gefährlichen Staphylokokkeninfektion erkrankt war. Obwohl zunächst eine kurze Besserung eintrat, starb der Patient. Die verfügbare Penicillinmenge von nur 3 g war zu gering, obwohl es sogar aus dem Urin des Kranken zurückgewonnen wurde, den Floreys Frau jeden Tag ins Labor brachte. Florey und Chain mussten erst größere Mengen Penicillin herstellen, ehe sie die ersten Kranken erfolgreich kurieren konnten.

---

[*] John Emsley erzählt die komplette Geschichte in seinem Bestseller »Sonne, Sex und Schokolade. Mehr Chemie im Alltag« (Wiley-VCH), besonders auch, wie wichtig die richtigen Kulturgefäße für die Penicillinproduktion waren und wie es den ersten Patienten erging.

Die nun folgenden Heilungen von Bakterieninfektionen grenzten an Wunder. Aber noch war die Herstellung des Penicillins zu umständlich und zu teuer. Um nur einen einzigen Patienten zu behandeln, mussten etwa 1000 Liter »Pilzbrühe« hergestellt und verarbeitet werden! Drei Probleme waren zu lösen: eine Pinselschimmelart mit der höchsten Penicillinproduktion finden, den Pilz in riesigen Mengen züchten, und schließlich brauchte man Verfahren, um das Penicillin in reiner Form von der Nährlösung abzutrennen.

Biotechnologen auf Pilzjagd

In der ganzen Welt wurde nun angestrengt nach Schimmelpilzen gesucht, die mehr Penicillin produzierten als Flemings Pilz. Man züchtete die gefundenen Pilze auf Nährböden und testete ihre Fähigkeit, Penicillin zu bilden.

Für die gezielte Suche wurden Screeningprogramme entwickelt (siehe Box). Das englische Wort »screening« bedeutet dabei soviel wie »aussieben«.

Die Suche nach den besten Produzenten kam (wie so oft in der Geschichte) erst voran, nachdem sich die US-Regierung mit sehr viel Geld am Penicillinprojekt beteiligte.[*]

In dem amerikanischen Forschungslabor von Peoria (US-Staat Illinois) fand Florey tatkräftige Unterstützung. Bis 1943 hatte man jedoch keinen besseren Penicillinproduzenten finden können als Flemings Pilz.

Im Laboratorium war eine junge Frau damit beauftragt, regelmäßig auf den Gemüsemarkt zu gehen und dort alles zu kaufen, was sie an Verschimmeltem finden konnte. Sie wurde deshalb schließlich *Mouldy Mary* (Schimmelmarie) genannt.

---

[*] Bis heute grämen sich die Briten übrigens, dass Florey sich damals beschwatzen ließ, aus ethischen Gründen kein Patent auf das Penicillin anzumelden. Niemals erhielt die Unversität Oxford einen Anteil an dem märchenhaften Gewinn, der in den folgenden 20 Jahren damit gemacht wurde. Alles floss in die USA. Schlimmer noch: Das Königreich musste sogar 25 Jahre lang Lizenzgebühren an US-Firmen zahlen!

Screening, Mutation und Selektion

Zunächst entnimmt man einem viel versprechenden Boden Proben. Da sich in 1 cm³ Erdboden Millionen von Mikroben befinden, muss die Probe mit Wasser verdünnt werden. Verschieden stark verdünnte Proben werden auf so genannte Fangplatten ausgegossen und verteilt. Das sind Petrischalen, die einen Nährboden enthalten. Dann werden die Petrischalen bei 25 °C oder 37 °C in Brutschränken sechs Tage lang bebrütet, bis aus den einzelnen Mikroorganismen kleine, gut sichtbare Ansammlungen (so genannte Kolonien) entstanden sind. Wenn sich darunter Kolonien befinden, die Antibiotika bilden, sondern sie Hemmstoffe in die Umgebung ab. Werden nun die Fangplatten mit Testbakterien, zum Beispiel Eitererregern, besprüht, bilden diese Bakterien auf allen Platten einen dichten Rasen. Nur um die antibiotikaproduzierenden Kolonien entsteht eine tote Zone. Diesen Kolonien entnimmt man mit einem dünnen, keimfreien Platindraht eine Probe und zieht damit einen Strich auf eine frische Nährplatte. Nach einer kurzen Bebrütung werden senkrecht zum ersten Strich neue Striche mit verschiedenen Testmikroben gezogen, zum Beispiel mit Staphylokokken, Streptokokken, *Escherichia coli* oder Hefen der Gattung *Candida*.

Die Teststämme, die gegen das neue Antibiotikum empfindlich sind, wachsen in der Nähe des ersten Impfstriches nicht, während unempfindliche Stämme gedeihen können.

Durch Mutation und nachfolgende Selektion der Antibiotika produzierenden Mikroorganismen kann die Ausbeute verbessert werden. Die jeweils besten Tochterkolonien werden ausgewählt, erneut einem Mutagen ausgesetzt und anschließend auf ihre Produktivität geprüft. Nach etlichen Mutations- und Selektionsrunden kann man die besten Mutanten miteinander kreuzen. Durch Neukombination (Rekombination) der Gene werden Tausende genetisch verschiedene Nachkommen hervorgebracht, von denen viele zu einer höheren Antibiotikaproduktion fähig sind. Nun wird der so gefundene »Sieger« kultiviert. Wenn er gut gewachsen ist, versucht man, das Antibiotikum in reiner Form zu gewinnen.

Eines Tages kam die Schimmelmarie mit einem Schimmelpilz der Art *Penicillium chrysogenum* ins Labor zurück. Er befand sich auf einer verfaulten Melone und erwies sich im Labor als ungeheuer produktiv. Dieser Schimmelpilz wurde nun gezüchtet. Noch heute stammt die Mehrzahl der für die Penicillinherstellung benutzten Pinselschimmel aus der verfaulten Melone von Peoria. Ähnlich wie in der Tier- und Pflanzenzucht wurden immer die Schimmelpilze mit der größten Leistung weitervermehrt, und man erhielt so über Generationen hinweg die heutigen Hochleistungspilze.

Schon in den 20er Jahren des letzten Jahrhunderts wurde festgestellt, dass man Erbanlagen künstlich verändern kann. Röntgenstrahlen und bestimmte Chemikalien rufen verstärkt Mutationen bei Zellen hervor. Beim Pinselschimmel koppelten die Forscher Röntgenbestrahlung, ultra-

Die Schimmel-Marie
(Frei nach Th. Storm)

violette Strahlung und Behandlung mit Chemikalien (Senfgas) und suchten danach jeweils die besten Penicillinbildner aus. Insgesamt durchliefen diese Schimmelpilze solche Prozeduren über 20-mal. Die besten Pilzmutanten lieferten 7 g Penicillin je Liter.

Der heutige Hochleistungspilz unterscheidet sich sehr von seinem Vorfahren Anfang der 50er Jahre. Er bildet im Durchschnitt 50 g Penicillin in 1 Liter Nährlösung, das ist 1000-mal mehr, als der Pilz auf der Melone herstellen konnte, und 10 000-mal mehr, als Flemings Pilz produzierte.

Die Speisekarte der Mikroben

Was braucht eine Mikrobe für ihr Wohlbefinden? Zunächst Nahrung. Am liebsten fressen Mikroben die leichtverdaulichen organischen Grundbausteine, wie Glucose, Fettsäuren und Aminosäuren. Zusammengesetzte Stoffe, wie Stärke, Cellulose und Proteine, können nicht direkt verwertet werden. Sie müssen außerhalb der Zellen »mundgerecht« zubereitet werden. Dazu gibt es für die Mikroben nur einen

Weg: Um Stärke zu Glucose abzubauen, müssen die Zellen Amylasen in ihre Umgebung (das Medium) abgeben. Man könnte das als eine Art Außenverdauung ansehen (wir erinnern uns an die Zitterspinne, die eine Mücke leersaugt, Kapitel 2). Im Medium spalten die Amylasen die Stärke so lange, bis die Mikroben von Glucosebausteinen umgeben sind; diese können sie leicht aufnehmen. Wenn Eiweiße verwertet werden sollen, sondern Zellen die eiweißspaltenden Proteasen und zum Celluloseabbau entsprechende Cellulasen ins Medium ab.

Als man während des zweiten Weltkrieges begann, Schimmelpilze zu züchten, wurden zunächst glucosehaltige Nährlösungen verwendet, die auch Mineralsalze enthalten. Die Pilze verbrauchten den Zucker und wuchsen schnell. Sie bildeten aber nur wenig Penicillin. Eher zufällig fand man jedoch im Labor von Peoria eine ideale Nährlösung, die billig ist und sich gut für die Penicillinproduktion eignet: Maisquellwasser. Sonst wäre heute noch Penicillin sehr teuer.

Ironie der Geschichte: Das Laboratorium in Peoria war unter anderem gegründet worden, um Wege zur Beseitigung dieser Flüssigkeit zu finden. Bei der Produktion von Stärke aus Maiskörnern fällt sie als lästiges Nebenprodukt in riesigen Mengen an. Das Maisquellwasser ist ein Gemisch von Stärke, Zuckern und Mineralstoffen. Auf Anhieb lieferten die Schimmelpilze mit Maisquellwasser 25-mal mehr Penicillin als mit Glucose! Später stellte sich heraus, dass die neue Nährlösung außer den Zuckern noch einen Stoff enthält, der eine chemische Vorstufe zum Penicillin ist. Das erleichtert dem Schimmelpilz natürlich seine Arbeit.

So wie für die Pinselschimmel muss für jede Mikrobenart die geeignete Nährstoffmischung gefunden werden; sie sollte außerdem möglichst preiswert sein.[*]

... was künstlich ist, verlangt geschlossnen Raum

»Natürlichem genügt das Weltall kaum, was künstlich ist, verlangt geschlossnen Raum«, sagt Goethe im »Faust. Der Tragödie zweiter Teil« in der Laboratoriumsszene mit dem Homunculus. Es scheint, der Meister habe Bioreaktoren vorausgeahnt.

[*)] Es lassen sich eigentlich alle zuckerhaltigen Abbauprodukte, zum Beispiel Abfälle der Landwirtschaft oder Abwässer von Cellulosefabriken, verfüttern.

Vergeblich halten wir beim Besuch einer modernen Biofabrik für Penicillin nach qualmenden Schornsteinen Ausschau. Auch unsere Nasen registrieren keinen Chemiegestank. Wir betreten helle, gefliese Hallen. Sie beherbergen kesselwagengroße, aufrechtstehende Behälter aus nichtrostendem Stahl, die von einem Gewirr von Rohrleitungen, Ventilen und Anzeigengeräten umgeben sind. Draußen unter freiem Himmel stehen weitere Stahlkolosse, groß wie Hochöfen. Diese Stahlbehälter sind die Wohnungen, Kinderstuben und Arbeitsstätten der Mikroben. Sie werden Bioreaktoren oder Fermenter genannt.

Moderne Bioreaktoren sind wahre Wunderwerke der Technik und das Ergebnis jahrzehntelanger Forschungsarbeit. Für ihre Entwicklung war die Jagd nach dem Penicillin ein entscheidender Anstoß. Als Florey und Chain nach Zuchtgefäßen für den Pinselschimmel suchten, begannen sie mit kleinen, flachen Porzellanschalen aus einer berühmten Porzellan-

manufaktur in Stoke-on-Trent (von dort stammt auch das Wedgewood-Porzellan). Auf der Oberfläche der Kultur schwammen die Pilze. Damit konnte man jedoch niemals so viel Penicillin produzieren, um den Bedarf zur Heilung kranker Menschen zu decken. Die flachen Schalen brauchten eine Menge Platz. Der Pilz müsste nicht nur an der Oberfläche wachsen, sondern in der gesamten Nährlösung gedeihen, dann wäre seine Zucht einfach und platzsparend, sagten sich die Wissenschaftler. Flemings Wildstamm von *Penicillium notatum* konnte sich jedoch nur an der Oberfläche vermehren. Glücklicherweise war aber der neue Stamm der Art *Penicillium chrysogenum* gleichzeitig ein guter »Taucher«!

Bioreaktoren:
Raum zum Leben und Schaffen

Der Bioreaktor, das Kernstück jeder biotechnologischen Produktionsanlage, ist im Prinzip eine Weiterentwicklung des alten Gärbottichs. Im Gegensatz zu diesem ist er aber mit einer aufwendigen technischen Peripherie versehen.

Die Bioreaktorentwicklung begann mit einfachen Gruben für Abfälle, später wurden abgedeckte Behälter, Gefäße aus Leder, Holz und Keramik, zur Alkohol- und Essigsäureproduktion benutzt. Echte Fortschritte gab es dann erst mit den Arbeiten Pasteurs und dem Konzept von Reinkulturen, Sterilität und reinen Produkten. Für die Produktion von Bäckerhefe, von organischen Chemikalien (Aceton, Butanol) und schließlich Penicillin waren dann im 20. Jahrhundert Bioreaktoren nötig, die eine exakte Prozesskontrolle und -führung ermöglichten.

Man unterscheidet heute zwei große Gruppen von Verfahren in Bioreaktoren. Die erste Gruppe umfasst die diskontinuierlichen Verfahren (Batch- oder Chargenverfahren), bei denen der Kessel zu Beginn mit dem gesamten Ausgangsmaterial und natürlich auch den Mikroorganismen gefüllt wird. Danach beginnt die biochemische Umsetzung, die einige Stunden oder auch mehrere Tage dauern kann.

Schließlich wird der Tank geleert und das Produkt von Fremdstoffen gereinigt. Danach kann ein neuer Produktionszyklus starten.

Zur zweiten Gruppe gehören die kontinuierlichen Verfahren. Dabei werden dem Reaktor ständig Ausgangsstoffe zugeführt und entsprechende Mengen des fertigen Produkts entnommen. Zufuhr und Entnahme müssen so aufeinander abgestimmt sein, dass sich ein Fließgleichgewicht einstellt.

Kontinuierliche Produktionsprozesse ähneln den Abläufen in einer Erdölraffinerie. Den Chargenbetrieb könnte man dagegen mit den Produktionsmethoden in einem Stahlwerk vergleichen. Es gibt auch eine Kombination von beiden: Bei der semi-kontinuierlichen Produktion bleiben die Mikroben bis zu 90 Tagen im Bioreaktor, das Medium wird aber täglich gewechselt.

Bei der Wahl des Verfahrens sind letztlich wirtschaftliche Gesichtspunkte ausschlaggebend. Die kontinuierlichen Verfahren eignen sich im Prinzip besser für große Produktionsvolumen (z. B. in Abwasseranlagen) als die diskontinuierlichen. Trotzdem wird heute noch vielfach der Chargenbetrieb bevorzugt, weil oft nur kleine Produktmengen benötigt werden: Der Bioreaktor ist schnell auf die Herstellung anderer Produkte umstellbar und kann leichter steril gehalten werden.

Er wächst auch unter Wasser in einer Tauchkultur (Submerskultur), wenn man ihn nur ausreichend mit Sauerstoff versorgt, also mit einer Pumpe Luft einbläst wie für die Fische im Aquarium.

Für die Penicillinproduktion nutzt man meist Bioreaktoren mit 100 000 bis 200 000 Litern Inhalt. Im Labor reichen dagegen Minireaktoren mit einigen Litern Nährlösung aus, um neue Erkenntnisse über die Mikroben zu gewinnen. Danach hängt es aber von der Zusammenarbeit der Wissenschaftler, Ingenieure und Konstrukteure ab, ob ein biotechnologischer Prozess, der im Laboratorium gute Ergebnisse bringt, auch in den 10 000-mal größeren Industriebioreaktoren funktioniert. Die Maßstabsvergrößerung (engl. *scaling up*) ist oft ein kompliziertes Problem.

Wichtig für das Wohlbefinden der Mikroben ist natürlich auch die Temperatur ihrer Nährlösung. Die »Behaglichkeitstemperatur« der meisten Mikroorganismen liegt im Bereich von 20 bis 50 °C. Sie produzieren also am besten bei normalen bis tropischen Temperaturen. Deshalb entdecken wir kaum Schornsteine in der Biofabrik. Dagegen werden für die Stoffproduktion in der Chemieindustrie wahre Höllentemperaturen von mehreren 100 °C benötigt.

Biotechnische Verfahren benötigen häufiger sogar eine Kühlung. Kühlung ist allerdings oft teurer als Beheizung! So, wie viele Menschen in einem kleinen Raum, produzieren auch Schimmelpilze und andere Zellen im Bioreaktor durch ihren Stoffwechsel einen Überschuss an Wärme. Die Bioreaktorwände kühlt man deshalb mit Wasser, damit eine tödliche Überhitzung vermieden wird.

Hitze, Kälte, Trockenheit: Wie man sich Mikroben vom Hals hält

Louis Pasteur war so besessen von den allgegenwärtigen Mikroben, dass er vor dem Essen jeden Teller mit einer starken Lupe absuchte. Er soll deshalb als Redner zwar hochbegehrt, als Gast jedoch weniger gefragt gewesen sein ...

Während der gesamten Laufzeit eines Bioreaktors bereiten die unsichtbaren Störenfriede den Biotechnologen große Sorgen. Was nützt der beste Penicillinstamm, wenn im Bioreaktor unerwünschte Mikroben die Nährstoffe wegfressen, das Pilzwachstum hemmen oder sogar giftige Stoffe in die Nährlösung abgeben? Alle Nährstoffe und auch die eingepumpte Luft müssen deshalb kurzzeitig erhitzt und dadurch mikrobenfrei (steril) gemacht werden. Die Bioreaktoren selbst sterilisiert man vor Beginn der Mikrobenzucht mit Dampf.

Es gibt eine zweite Strategie, um die Infektionsgefahr zu vermindern: Wenn im Tank ein geringer Überdruck besteht, haben es Keime schwer, hineinzugelangen. Besonders groß ist die Infektionsgefahr an den Aus- und Einlassöffnungen. Um hier für keimfreie Bedingungen zu sorgen, bläst man heißen Wasserdampf durch die Rohröffnungen.

Hitze wird auch im Haushalt und in der Lebensmittelindustrie angewendet, um Keime, also schädliche Mikroben, abzutöten: Denken wir nur an das einfache Abkochen oder Pasteurisieren von Milch, das Einwecken von Obst oder Herstellen von Konserven – überall werden Bakterien und ein großer Teil der Pilzsporen durch Hitze abgetötet. Da die Gefäße luftdicht verschlossen sind, können Mikroben und auch Sauerstoff, den die meisten Mikroorganismen zum Wachstum benötigen, nicht eindringen. Sobald jedoch Luft einströmt, verdirbt der Inhalt. Wir alle kennen Einweckgläser, die nicht fest genug verschlossen waren und deren Inhalt verschimmelt ist.

»Erfunden« wurde das Einkochen – übrigens ohne Kenntnis des Mikrobenlebens – schon 50 Jahre vor Pasteurs Entdeckung durch den französischen Koch François Appert (1749–1841). 1795 hatte Napoleon einen Preis dafür ausgesetzt, ein brauchbares Verfahren zu finden, mit dem Lebensmittel für die Feldzüge seiner Armee lange Zeit haltbar gemacht werden konnten. 15 Jahre lang arbeitete Appert daran. Er erhitzte die Lebensmittel und verschloss die Behälter luftdicht mit Korken. Die Konserven waren nun über Monate haltbar. 1810 erhielt Appert den Preis und 12 000 Francs, veröffentlichte seine Methode und wurde damit zum Begründer der modernen Konservenindustrie. 175 Millionen Konserven werden heute weltweit hergestellt.

Außer übergroßer Hitze kann aber auch Kälte dazu genutzt werden, die unerwünschte Vermehrung von Mikroorganismen zu stoppen. Da die meisten Mikroben Wärme zum Wachstum benötigen, bewahrt man Lebensmittel im Kühlschrank auf oder friert sie in der Tiefkühltruhe ein. Dabei hemmt man das Wachstum der Mikroben nur zeitweilig, tötet sie aber nicht. Viele Mikroorganismen überstehen sogar Temperaturen von flüssigem Stickstoff bei minus 196 °C schadlos. Aufgetaute Lebensmittel müssen sofort verbraucht werden, um nicht ein idealer Nährboden für die aus dem Kälteschlaf erwachten Mikroben zu sein.

Da Mikroben zum Leben immer Wasser brauchen, kann man ihr Wachstum auch durch Trocknen (Backpflaumen, Brezeln oder Dörrfisch)

Mein einziger Trost: Lebensmittel, die keine Luft kriegen, halten sich länger!

verhindern. Man denke nur an Mumien! Beim 5300 Jahre alten »Oetzi« waren es wohl Trocknung plus Gefrieren, die ihn so frisch hielten.

Beim Einlegen in Salzlösungen (Salzheringe) oder in starken Zucker-lösungen (Sirup) wird den Mikrobenzellen ebenfalls Wasser entzogen (umgekehrte Osmose). Sie schrumpeln ein, trocknen aus und wachsen dadurch nicht mehr. Gefriertrocknung ist eine der häufigsten moder-nen Konservierungsmethoden. Schließlich hat der Mensch auch eine Reihe von mikrobenhemmenden Desinfektionsmitteln entwickelt.

Hat man die Keime unter Kontrolle und war der Bioreaktor-Prozess erfolgreich, kann der Bioreaktor »geerntet« werden. Man lässt dazu das dicke Gemisch von Schimmelpilzen, restlichen Nährstoffen und Peni-cillin ablaufen. Da Penicillin von den Pilzen in die Umgebung abgeson-dert wird, ist seine Gewinnung sehr einfach. Man filtert die Mikroben-zellen ab. Aus der klaren Nährlösung lassen sich dann das aufgelöste Penicillin ausfällen und seine Kristalle leicht abtrennen.

Die meisten Produkte (z. B. viele Eiweiße) werden allerdings von den Mikroben nicht in die Nährlösung abgegeben. Man muss dann die Mikrobenzellen gewaltsam aufbrechen und die gewünschten Produkte mühsam von dem übrigen Inhalt der Zellen abtrennen. Dadurch wird die Gewinnung dieser Substanzen natürlich viel teurer.

Molekulare Neidhammel

Die Entwicklung des Penicillins war für die Entstehung einer modernen Bioindustrie eine ganz wichtige Etappe. Die Hauptbeteiligten Fleming, Florey und Chain erhielten 1945 für ihre Arbeit den Nobelpreis.

Bis zur Landung in der Normandie am 6. Juni 1941 besaßen die Alliierten bereits genügend Penicillin, um alle ihre militärischen Bedürftigen zu versorgen. 1943 waren es 5 Milliarden Penicillin-Einheiten, bis Ende 1944 300 Milliarden Einheiten. Das reichte aus, um monatlich 500 000 Menschen zu behandeln. 1945 produzierte man bereits eine halbe Tonne Penicillinpräparate.

Warum das Penicillin eigentlich auf bestimmte Mikroben tödlich wirkt, blieb allerdings unklar.

Heute wissen wir, dass Penicillin zusammen mit Nährstoffen von wachsenden Bakterien aufgenommen wird. Die Bakterien müssen während ihrer Querteilung neue Zellwände durch Aminosäure-Seitenketten mit Hilfe ihrer speziellen Wandbau-Enzyme vernetzen. Penicillin hemmt jedoch diese Enzyme bei ihrer Arbeit. Es ist ein »molekularer Neidhammel«, d. h. es sieht ihrem Substrat täuschend ähnlich, bindet sich und verhindert so die Umwandlung des »echten« Substrates in einen Wandbaustein.[*]

Das Ergebnis der Störaktion des Penicillins ist katastrophal für die Bakterien: Es entstehen undichte Stellen in den Zellwänden, die Wände halten dem osmotischen Druck der Zellen nicht mehr stand, sie zerplatzen. Das Penicillin hemmt also die Vermehrung, es tötet ausgewachsene Bakterien nicht. Deshalb genügt es nicht, Penicillin nur so lange

---

*) Man nennt das auch Enzymhemmung (Inhibition). Das Penicillin ist ein Konkurrenz-Inhibitor. Es blockiert das aktive Zentrum wie ein falscher Schlüssel, der mit Gewalt in ein Schloss gepresst wurde. Übrigens ist Viagra auch ein Enzymhemmer. Schwermetalle hemmen Enzyme dagegen nicht-konkurrent: Sie destabilisieren die Eiweiß-Struktur des Enzyms durch Reaktion mit Schwefelgruppen. Eine schleichende Bleivergiftung wird von manchen Historikern für den Untergang Roms mitverantwortlich gemacht: Die reiche römische Oberschicht trank ihren Wein (also Biotechnologie!) aus Bleigefäßen. Die Säure des Weins löste das Blei heraus. Blei verursacht bleibende Gehirnschäden, beim Kaiser angefangen ...

einzunehmen, wie man sich krank fühlt. Erst wenn sich ein Bakterium teilt, ist es vom Penicillin zu treffen. Daher wird Penicillin über mehrere Tage hinweg verabreicht. Sehr gefährlich ist es also, entgegen der Vorschrift des Arztes die Penicillinbehandlung eigenmächtig abzubrechen, sobald es einem etwas besser geht! Überlebende Mikroben erholen sich dann schnell, sie vermehren sich, und der Patient kann einen Rückschlag erleiden. Die überlebenden Mikroben sind sogar teilweise resistent geworden und beschleunigen den Wettlauf Mensch – Mikrobe.

Penicillin ist gegen ein breites Spektrum gram-positiver Bakterien hochwirksam. Nach der Einführung des Penicillins in die klinische Praxis zeigte sich, dass es viele weitverbreitete bakterielle Infektionen, wie die von Streptokokken verursachte Halsentzündung (Pharyngitis), die durch Pneumokokken hervorgerufene Lungenentzündung und die meisten Staphylokokkeninfektionen. Heilung brachte es auch bei der oft tödlichen, von Meningokokken hervorgerufenen Hirnhautentzündung und bei einigen Formen der tödlichen bakteriellen Herzinnenhautentzündung. Diese spektakulären klinischen Erfolge lösten eine intensive Suche nach weiteren natürlichen Antibiotika aus.

Zwei Beweggründe standen hinter diesen Bemühungen. Zum einen vermag Penicillin gram-negativen Bakterien leider kaum etwas anzuhaben, und zum anderen stellte sich heraus, dass auch bestimmte gram-positive Bakterien gegen Penicillin resistent sind oder werden können.

Streptomycin und Cephalosporine

Mit Hilfe einer neu entwickelten Technik wurden erdbewohnende Mikroorganismen[*] routinemäßig auf die antibiotische Wirksamkeit ihrer Stoffwechselprodukte untersucht. So gelang es 1947 Selman A. Waksman (1888–1973) und seinen Mitarbeitern an der amerikanischen Rutgers-Universität, ein neues Antibiotikum aus Actinomyceten der Gattung *Streptomyces* zu isolieren. Streptomycin wirkt, anders als Penicillin, auch gegen einige gram-negative Bakterien.

[*] Der Geruch frischer Erde ist übrigens auf Streptomyceten zurückzuführen. Wenn man in eine Streptomyceten-Kultur hineinschnuppert, meint man, auf einem frisch gepflügten Acker zu stehen.

Bereits 1945 beschäftigte sich Professor Giuseppe Brotzu (1895–1976) vom Hygieneinstitut im italienischen Cagliari mit einem Problem, das heute gigantische Ausmaße angenommen hat – mit der Verschmutzung des Mittelmeeres. Auf Sardinien in der Nähe des Einflusses einer Kanalisationsanlage in das Mittelmeer entnahm er Wasserproben. Brotzu spekulierte: Wenn im Abwasser Bakterien auftreten, die Infektionskrankheiten des Verdauungstraktes hervorrufen, sollten dann nicht auch in diesem Milieu ihre natürlichen Feinde anwesend sein? Der Schimmelpilz *Cephalosporium acremonium* (heute in *Acremonium chrysogenum* umbenannt) produziert Hemmstoffe gegen eine ganze Reihe von Bakterien.

Brotzus Veröffentlichung in einer kaum beachteten italienischen Universitätszeitschrift gelangte durch einen glücklichen Zufall nach Oxford in die Gruppe der »Antibiotikajäger«. Es stellte sich 1948 heraus, dass der Pilz mehrere verwandte Antibiotika erzeugt. Eines davon, das Cephalosporin C, erwies sich als besonders wirksam gegen Penicillin-resistente gram-positive Krankheitskeime.

Die Penicilline, Cephalosporine und das Streptomycin waren zwar die wichtigsten Entdeckungen in der Frühzeit der Antibiotikaforschung, doch bei weitem nicht die einzigen. Die Zahl der jährlich neu gefundenen Antibiotika wuchs zwischen den späten 40er und frühen 70er Jahren nahezu linear um etwa 200. Gegen Ende des letzten Jahrhunderts erreichte sie schließlich die Rekordmarke von 300 Substanzen je Jahr.

Heute sind 8000 Antibiotika aus Mikroorganismen und 4000 aus höheren Organismen isoliert worden. 30 000 Tonnen Penicilline und Cephalosporine werden jährlich weltweit produziert. Cephalosporine setzt man nur beim Menschen ein, Penicilline allerdings (leider) auch bei Nutztieren. Kurz nach ersten Erfolgen der Menschen-gegen-Mikrobe-Strategie »Viel hilft viel« begannen die Mikroben mit dem massiven Gegenschlag.

Der Wettlauf mit den Mikroben

»Die Bakterien werden das letzte Wort haben, *Messieurs*!« schrieb Louis Pasteur weise in einem seiner Bücher.

Das Penicillin war einige Jahre – zum Teil sehr massiv – erfolgreich angewendet worden, so erfolgreich, dass Anfang der 60er Jahre William Stewart, der Chef der US-Gesundheitsbehörde, stolz erklärte: »Die Zeit ist gekommen, das Buch der Infektionskrankheiten zu schließen. Wir haben die Infektionen in den Vereinigten Staaten grundsätzlich ausgerottet.« Als er das siegessicher sagte, waren 90 % der Bakterienstämme dabei, den Widerstand zu organisieren. 1972 kam es zu einer Ruhrepidemie in Mexiko, 1975 zu einer seuchenartigen Ausbreitung der Gonorrhoe auf den Philippinen, gefördert durch zunehmende Prostitution. Es stellte sich heraus, dass die Prostituierten über längere Zeit prophylaktisch in großen Mengen Penicillin einnahmen, um sich zu schützen. So gerieten die Bakterien in eine Situation, die zur Auslese widerstandsfähiger Zellen führte. Bald traten Penicillin-resistente Bakterienstämme auf. Wegen der Resistenz der Bakterien muss die effektive Dosis von Penicillin heute bei Krankheiten wie der Gonorrhoe etwa 25-mal höher sein als vor 40 Jahren.

Die »Unempfindlichkeit« der Bakterien beruht auf der Produktion von Enzymen, die Penicillin unwirksam machen – von Penicillinasen.

Die Penicillinasen sprengen den so genannten β-Lactam-Ring des Penicillins und der Cephalosporine durch enzymatische Hydrolyse auf und wandeln sie zu unwirksamen Säuren um. Vor allem in Krankenhäusern infizieren sich Patienten fatalerweise häufig mit antibiotikaresistenten Bakterienstämmen, gegen die »kein Kraut gewachsen« scheint.

Man versucht jedoch, die Mikroben zu überlisten. Von den *Penicillium*-Arten wird in der pharmazeutischen Industrie hauptsächlich das so genannte Penicillin G produziert, das eine Benzylseitenkette (einen Benzolring) trägt. Man spaltet diese Seitenkette mit speziellen immobilisierten Enzymen ab (Penicillin-Amidasen) (siehe Kapitel 2), koppelt neue Gruppen an und gewinnt somit neuartige halbsynthetische Antibiotika, gegen die Mikroben noch nicht resistent sind.

Es ist ein irrer Wettlauf mit den »Superbakterien«, und die massiven Antibiotikagaben an Nutztiere zur Wachstumsverbesserung und Prophylaxe verschärfen ihn noch. Wir haben ja schon gelernt, dass Bakterien Plasmide austauschen, die Gene für Antibiotika-Resistenz tragen. Im Grunde sehen wir bei den Bakterien und den Antibiotika, wie auch heute noch Evolution funktioniert: Mutation, Selektion, Überleben der Fittesten und am besten Angepassten. Mikroben werden wohl tatsächlich das letzte Wort behalten, Monsieur Pasteur!

Die Fliege und das Vitamin C

Eine chemische Sensation wurde 1933 aus den Kellerlabors des Polytechnikums in Zürich gemeldet: die Synthese von Vitamin C, der L-Ascorbinsäure.

Bei dem Prozess baute der Pole Tadeus Reichstein (1897–1996) Glucose über mehr als zehn Zwischenstufen chemisch zu L-Xylose ab und verwandelte letztere mit Blausäure zu Vitamin C. Leider war die Methode für eine Großproduktion viel zu kompliziert und lieferte schlechte Ausbeuten. Gerade Vitamin C kann aber der Mensch nicht selber synthetisieren und muß es daher mit der Nahrung aufnehmen. Er benötigt es, verglichen mit anderen Vitaminen, in großen Mengen: etwa 100 mg täglich. Reichstein und sein junger Kollege Grüssner gingen deshalb einen zweiten Weg.

Die Zürcher wollten zunächst Sorbose als Zwischenstufe herstellen. Dazu reduzierten sie Glucose mit Wasserstoff und einem Katalysator mit 100%iger Ausbeute zu Sorbit. Die chemische Oxidation von Sorbit zur Vitamin-C-Vorstufe Sorbose war jedoch sehr kompliziert. Der französische Chemiker Gabriel Bertrand (1867–1962) hatte aber schon 1896 den nächsten Schritt beschrieben: Das Essigsäurebakterium *Acetobacter suboxydans* wandelt nämlich Sorbit in Sorbose um.

Reichstein versuchte nun etwas für einen Chemiker seiner Zeit sehr Ungewöhnliches. Er dachte »biotechnologisch«, wie wir heute sagen würden, und kaufte sich reine *Acetobacter-Kulturen* von Mikrobiologen. Doch die Bakterien wollten Reichstein, einem Laien auf mikrobiologischem Gebiet, nicht dienen. Bertrand hatte aber glücklicherweise auch eine Methode beschrieben, um »wilde« Sorbosebakterien »einzufangen«.

Nach 50 Jahren erinnerte sich Reichstein an die damaligen Ereignisse: »Die genaue Vorschrift kenne ich nicht mehr. Aber es ging etwa so: Man nimmt Wein, tut etwas Zucker und Essig rein und lässt das alles in einem Glas stehen. Durch dieses flüssige Gemisch angelockt, schwärmen kleine Fliegen herbei, *Drosophila* mit Namen. *Drosophila,* auch Fruchtfliege genannt, hat solche Bakterien in sich, im Darm, und wenn die Fliege nun an diesem Saft zu saugen beginnt, gehen da gleich ein paar von diesen Bakterien weg und fangen an, Sorbose zu machen.

Als ich das damals probieren wollte, war es schon ziemlich spät im Jahr, das Wetter aber schön mild, habe ich keine einzige *Drosophila* mehr gesehen. Aber ich konnte nicht noch ein Jahr warten und habe es eben dennoch versucht.

In den Wein habe ich anstatt Zucker gleich Sorbit reingetan, etwas Essig wie vorgeschrieben, aber auch Hefebouillon. Denn ein Bakteriologe hat mir gesagt, in Hefebouillon ist alles drin, was ein Bakterium so braucht. Nicht wahr, die sollten es ja gut haben.

Fünf Becher von dieser Lösung habe ich vor das Fenster meines Kellerlabors gestellt, von dem aus man die Sonne gerade noch sehen konnte. Das war an einem Samstag. Und ich habe gedacht, wenn die Fliegen kommen, ist es gut, wenn nicht, ist auch nichts verloren.

Am Montag bin ich zurückgekommen, alles war eingetrocknet. Aber zwei Becher waren voller Kristalle. Wir haben diese Kristalle angeschaut – es war reine Sorbose!

In einem Glas ist noch eine *Drosophila* drin gewesen, die ist ersoffen. Und von dieser *Drosophila* gingen strahlenförmig die Sorbosekristalle aus. Diese wilden Bakterien haben also Sorbose in zwei Tagen gemacht, was die gekauften in sechs Wochen nicht konnten, also mussten meine gut sein. Wir haben sie dann überimpft, und in der Tat, auch beim zweiten Versuch mit diesen sich schnell vermehrenden Bakterien hat sich alles in Sorbose verwandelt, und zwar wiederum in 24 bis 48 Stunden. Auf diesem Weg haben wir in wenigen Tagen etwa 50 Gramm Sorbose machen können. Es war natürlich ein wildes Gemisch von Bakterien in dieser Lösung. Aber das schadet nichts. Sie haben bei pH 5, also einer sauren Reaktion, das Optimum ihrer Wirksamkeit erreicht. Und bei einer so stark sauren Reaktion wachsen die anderen Bakterien oder Pilze kaum mehr. Aus der Sorbose konnte man dann tatsächlich auf sehr einfache Weise Vitamin C bekommen, sofort grammweise, und man konnte auch bereits sagen, dass es möglich sein würde, es tonnenweise zu produzieren.

Ich glaube, wir haben aus 100 Gramm Glucose 30 bis 40 Gramm Vitamin C bekommen. Aber wir haben ja an der Synthese noch nicht geschliffen, man konnte sie also sicher noch optimieren und noch bessere Resultate erzielen.«

Die Firma Roche in Zürich übernahm die Lizenz von Reichstein. Der Firmenchef der damals noch ganz kleinen Firma meinte allerdings, diese mikrobiologische Reaktion mit Bakterien passe ihm nicht, sie sei bei den Chemikern sehr unbeliebt. Reichstein antwortete ihm: »... ob beliebt oder nicht, ich kann's nicht ändern, dieses Bakterium ist der einzige Laborant, der aus Sorbit Sorbose mit 90 % Ausbeute machen kann. Das macht ihm kein Mensch nach. Und das leistet das Bakterium in zwei Tagen, mit gar nichts, nur mit Luft. Man muss ihm bloß ein bisschen Hefe zu fressen geben.«

Heute ist Roche der größte Produzent von Vitamin C in der Welt. Mit der »unbeliebten« Reaktion stellt er weltweit jährlich 17 000 t Vitamin C aus Glucose mit einem Marktwert von 400 Millionen Dollar her. Insgesamt werden in der Welt 80 000 Tonnen Vitamin C hergestellt. Tadeus Reichstein erhielt im übrigen 1950 den Nobelpreis für Medizin, allerdings für seine Arbeiten zum Cortison, einem Hormon der Nebennieren (s. unten).

Die Firma Roche verkaufte 1936 370 kg Vitamin C zu einem Kilopreis von 1140 Schweizer Franken. 1938 sank der Preis je Kilogramm auf 550 Franken, 1940 auf 390 Franken, 1950 auf 102 Franken. Anfang der 60er Jahre kostete 1 kg Vitamin C 80 Franken, und der Preis liegt heute bei etwa 20 Franken je Kilogramm.

Außer zur Gesundheitsprophylaxe dient der größte Teil des Vitamins C als harmloses »natürliches« Antioxidanz, das Erfrischungsgetränken beigemischt wird, um sie haltbar zu machen. Chemie- und Friedens-Nobelpreisträger Linus Pauling (1901–1994) schwörte besonders in hohem Alter auf Vitamin C als Fänger freier Radikale, die im Körper Erbschäden auslösen können. Er schluckte täglich mehrere Gramm Vitamin C, war seit Jahren nicht mehr krank. Wenn seine Theorie auch umstritten ist, er wurde 93 Jahre alt. Außerdem ist Vitamin C wasserlöslich, es sammelt sich nicht wie die fettlöslichen Vitamine A, D, E und K im Körper an, sondern wird im Urin ausgeschieden. Die Deutsche Gesellschaft für Ernährung empfiehlt 150 mg pro Tag. »*Forever young*«-Anhänger nehmen dagegen 1 bis 3 Gramm.

Inzwischen wird die gute alte chemisch-biotechnologische Vitamin-C-Synthese durch neue, rein biotechnologische Prozesse attackiert: Bakterien der Gattungen *Erwinia* und *Corynebacterium* setzen die Glucose nacheinander zu Ketogulonsäure um, die leicht zu Vitamin C zyklisiert. Es ist schließlich auch gelungen, durch gentechnische Methoden das Erbgut der zwei Bakterienarten in einem Mikroorganismus zu vereinen. Dieser scheidet sogar die Vitamin-C-Vorstufe direkt ins Medium aus.

Die meisten anderen Vitamine produziert man rein chemisch (z. B. der Möhrenfarbstoff β-Carotin für Tierfutter) oder aus Pflanzen (z. B. Tocopherol). Die Vitamine C, B_2 und B_{12} allerdings werden hauptsächlich biotechnologisch durch Mikroben produziert:

Der Pilz *Ashbya gossypii* liefert Riboflavin (Vitamin B_2). Der inzwischen gezüchtete Industriestamm liefert heute 20 000-mal mehr Vitamin B_2 als seine Artgenossen in der Natur. Riboflavin kommt »natürlich« in Milch, Leber, Huhn, Eiern, Seefisch, Nüssen und Salat vor. Es soll wesentlich Fitness und Muskelbildung beeinflussen sowie bei der Produktion des Stresshormons Adrenalin beteiligt sein.

Pseudomonas denitrificans und *Propionibacterium shermanii* bilden Cobalamin (Vitamin B_{12}) sogar in 50 000-facher Überproduktion im Vergleich zum Wildstamm.

Vitamin-B_{12}-Mangel führt zu Anämien (perniziöse Anämie). 1926 wurde erstmals Anämie erfolgreich mit 1–2 Pfund roher Rinderleber pro Woche behandelt, und 1934 gab es den Nobelpreis für Mino, Marve und Whippel für diese Erkenntnis. Vitamin B_{12} verwendet man für die Blutbildung und als Leberschutzpräparat und etwa die Hälfte der jährlich produzierten 20 t als Futtermittel für Wachstum und Knochenaufbau. Beim Menschen soll es zudem Nervenstärke und geistige Frische befördern.

Steroidhormone: Cortison und Wunschkindpille

Während bei der industriellen Produktion von Antibiotika Mikroorganismen »Mädchen für alles« (oder zumindest »für vieles«) sind, übernehmen sie bei der Herstellung anderer Arzneimittel nur einzelne Schritte in einem viel längeren Produktionsprozess, der überwiegend aus nichtbiologischen Synthesen besteht. Ein Paradebeispiel dafür ist die Herstellung von Steroidhormonen.

In den frühen 30er Jahren isolierten Edward C. Kendall (1886–1972) von der Mayo-Stiftung und Tadeus Reichstein (der auch die Vitamin-C-Synthese entwickelte; s. oben) von der Universität Basel das Cortison, ein von den Nebennieren abgesondertes Steroidhormon. Diese Leistung wurde 1950 mit dem Nobelpreis gewürdigt.

Etwa ein Jahr später wurde entdeckt, dass Cortison bei Patienten, die unter rheumatischer Arthritis leiden, schmerzlindernd wirkt. Sofort entstand eine beträchtliche Nachfrage nach dem Medikament. Angesichts des großen zu erwartenden Marktes ging man daran, eine chemische Synthese zu entwickeln. Sie war jedoch ziemlich umständlich: Die Firma Merck & Co. benötigte 37 Schritte, um es aus der Gallensäure von Rindern zu gewinnen. Viele dieser Syntheseschritte liefen nur unter extremen Bedingungen ab. Auf diese Weise hergestelltes Cortison kostete fast 400 Mark je Gramm!

Der »Vater der Anti-Babypille« und heute berühmte »*Science-in-Fiction*«-Schreiber Carl Djerassi (geb. 1923) arbeitete damals in Mexiko.

Seine winzige Firma Syntex isolierte Diosgenin, ein Steroid mit Seifeneigenschaft, aus der wildwachsenden ungenießbaren Yamswurzel (*Dioscorea villosa*). Die Yamswurzel wurde von den Indios benutzt, um Wäsche zu waschen und Fische zu töten. Djerassi ließ Diosgenin chemisch in das weibliche Sexualhormon Progesteron und auch in das männliche Testosteron umwandeln. Er lieferte sich einen erbitterten internationalen Wettkampf mit den bedeutendsten Chemikern der Welt, um das begehrte Cortison aus der Yamswurzel chemisch herzustellen.

Endlich war es ihm mühsam gelungen, da traf ein Schreiben der Firma Upjohn ein. Sie fragte an, ob Djerassi zehn Tonnen (!) Progesteron liefern könnte. Weltweit wurde damals 1 % dieser Menge produziert ... ein völlig abwegiges Ansinnen! Nach schlaflosen Nächten kam Djerassi zu dem Schluss, dass Upjohn bereits einen effizienten Weg gefunden hatte, Cortison über das Zwischenprodukt Progesteron herzustellen. Und tatsächlich: Zwei Wissenschaftler, Durey H. Peterson und Herbert C. Murray, hatten die sensationelle Entdeckung gemacht, dass ein Stamm des Brotschimmelpilzes *Rhizopus arrhizus* in der Lage ist, eine Hydroxylgruppe an Position 11 des Rings C vom Progesteron einzuführen.

»Was wir Chemiker in Mexico City, Cambridge und Rahway mühsam durch eine Reihe komplizierter chemischer Umwandlungen erreicht hatten, schafften Upjohns Mikroben in einem einzigen Arbeitsgang binnen Stunden«.[*] Mit Hilfe der mikrobiellen Hydroxylierung (für die man industriell allerdings nicht *Rhizopus arrhizus*, sondern einen engen Verwandten einsetzt) ließ sich die Synthese von 37 auf 11 Schritte verkürzen. Der Cortisonpreis sank dadurch auf ungefähr 15 Mark pro Gramm.

1980 wurde der Preis durch weitere Produktionsverbesserungen auf unter zwei Mark pro Gramm gesenkt.

Der Fall des Cortisons, wie auch schon der des Vitamins C, demonstriert deutlich: Biotechnologie und Chemie sind keine »Entweder-oder«-Alternative. Gerade die Kombination biologischer und chemischer Prozesse wird im nächsten Jahrzehnt stark wachsen. Dabei vollziehen Mikroben oder ihre Enzyme Synthesen, die chemisch sehr teuer oder umständlich wären.

---

[*] Wie er in »Die Mutter der Pille« schrieb, fand Carl Djerassi erst Monate danach durch die erfolgreiche Synthese des ersten oralen Kontrazeptivums Trost. Die »Pille« machte ihn schließlich zum Millionär und großzügigen Förderer der Künste.

Nur die Yamswurzel lieferte das Diosgenin, bis 1975 in Mengen von über 2 000 t je Jahr. Die Regierung Mexikos glaubte deshalb, für den Rohstoff ein Monopol zu besitzen. Vielleicht inspiriert von den damaligen Erfolgen der OPEC-Staaten mit den Erdölpreisen, entschloss sich 1975 das mexikanische Unternehmen Proquivenex, den Preis für Diosgenin um das Zehnfache zu erhöhen. Die internationalen Pharmakonzerne, gewohnt, selbst zu diktieren, schossen jedoch mit Hilfe ihrer Biotechnologen zurück: Sie entwickelten alternative Methoden, vor allem für den mikrobiellen Abbau des bei der Herstellung von Sojabohnenöl anfallenden Rückstandes, der reich an den Steroiden Sitosterol und Stigmasterol ist. Damit konnten sie Diosgenin sehr schnell ersetzen.

Schon zwei Jahre nach ihrer Preiserhöhung mussten die Mexikaner ihren Preis ebenso drastisch wieder senken. Inzwischen wollte sich aber niemand mehr auf diese Quelle verlassen, der Markt für Diosgenin war zusammengebrochen. Diese Erfahrung zeigt: Kein Stoff ist unersetzlich in der Biotechnologie!

Gerinnselkiller und Blutegel

Thromben in den Blutgefäßen bedrohen unser Leben! Herzinfarkt und Schlaganfall gehören zu den häufigsten Todesursachen in den entwickelten Ländern.

Antikoagulanzien verhindern die Blutgerinnung und Blutpropfen-Bildung. Bekannt sind Heparin, Cumarin-Derivate und eine uralte und unübertroffene Substanz: Acetylsalicylsäure (ASS), ursprünglich aus der Weidenrinde isoliert (lat. *salix* = Weide). ASS »verdünnt« das Blut und wird Herzinfarktrisiko-Patienten empfohlen. Bei beginnendem Herzinfarkt wird übrigens geraten, den Notarzt anzurufen, sofort eine Aspirintablette zu zerkauen, herunterzuschlucken und einen Schnelltest zu machen (siehe Kapitel 7).

Interessant ist auch Hirundin aus dem Medizischen Blutegel (*Hirudo medicinalis*). Bekanntlich wurden früher oft Egel als lebender Schröpfkopf zur Blutdrucksenkung benutzt. Sie schneiden die Haut mit Dutzenden spitzen Zähnchen an, injizieren das Hirundin, damit der »ganz besondere Saft« aus Säugetieren nicht gerinnt und sich besser saugen lässt. Ein Egel kann dabei bis zu 16 g Blut aufnehmen und vergrößert sich bis auf das Zehnfache. Nach einem solchen Blutrausch vermag er allerdings auch bis zu 18 Monate zu fasten. Hirundin wird zwar heute gentechnisch

produziert, trotzdem bleibt der Blutegel eines der wenigen bei uns direkt medizinisch eingesetzten Tiere.

Thrombolytika lösen dagegen bereits gebildete Thromben auf. Sie sind Proteasen (eiweiß-spaltende Enzyme, siehe Kapitel 2). Das Zauberwort gegen Herzinfarkt heißt tPA (engl. *tissue plasminogen activator*, deutsch Gewebe-Plasminogenaktivator).

Verstopft ein Herzkranzgefäß, wird der Herzmuskelbezirk von der Sauerstoffzufuhr abgeschnitten – mit fatalen Folgen: Herzinfarkt! Auf der Suche nach einer Behandlung der Ursachen konzentrieren sich die Forscher deshalb darauf, entstehende Blutpfropfen möglichst schnell innerhalb der ersten Stunden – also vor dem endgültigen Tod des Gewebes – effizient und risikoarm aufzulösen.

Streptokinase wird aus Bakterien (Streptokokken) gewonnen und ist für diese Zwecke sehr wirksam, kann aber wegen seiner bakteriellen Herkunft Abwehrreaktionen des körpereigenen Immunsystems hervorrufen. Urokinase gewinnt man dagegen aus menschlichem Urin, den Kulturen menschlicher Nierenzellen oder neuerdings auch gentechnisch mit Coli-Bakterien.

Wenn Urokinase oder Streptokinase in genügend großer Menge eingespritzt werden, aktivieren sie das Plasminogen zum aktiven Plasmin und beseitigen somit den Blutpfropfen in Herznähe. Beide Enzyme wirken aber im gesamten Blutkreislauf, d. h., sie können auch gefährliche innere Blutungen verursachen (z. B. wenn der Patient an Magengeschwüren leidet).

tPA ist der natürliche gewebstypische Plasminogenaktivator. tPA wirkt nur dort, wo es gebraucht wird: am Thrombus. Es vermindert die Gerinnungsfähigkeit des Blutes. Bei einem Herzinfarkt ist das körpereigene tPA meist überfordert, es müsste durch zusätzliche tPA-Moleküle unterstützt werden.

Bislang ist tPA als Therapeutikum unübertroffen: Es kann im Gegensatz zu Streptokinase, die aufwendig über Herzkatheter infundiert werden muss, intravenös im Krankenhaus gespritzt werden. Kann ein Infarktpatient rechtzeitig behandelt werden, hat er eine realistische Chance, nicht nur sein Leben, sondern auch sein bedrohtes Herzmuskelgewebe in voller Funktion zu erhalten. Denn eine Behandlung, die später als drei bis vier Stunden nach dem Infarkt begonnen wird, kann zwar den Schmerz beseitigen (durch die Wiedereröffnung des Gefäßes), für die Erhaltung des Herzmuskelgewebes kommt sie jedoch mit großer Wahrscheinlichkeit zu spät.

Menschliches tPA wurde 1982 kloniert und ist seit 1988 käuflich. Da das Molekül neben Eiweiß auch noch Zucker enthält, kann es nicht »einfach« mit Bakterien hergestellt werden. Es wird in Säugerzellkultur produziert, inzwischen auch schon in der Milch transgener Schafe und Ziegen (siehe Kapitel 8). Auch beim tPA geht die Taktik der Biotechnologen voll auf, menschliche Krankheiten mit biotechnologisch hergestellten menschlichen Substanzen zu bekämpfen.

Hilfe für Bluter in Sicht

»Könige werden sorgfältig vor unangenehmen Realitäten geschützt. (...) Die Hämophilie des Zarewitsch (Alexej von Russland, Urenkel der Königin Victoria) war eigentlich nur ein Symptom für die Kluft zwischen Royalität und Realität«, schrieb der berühmte englische Biologe J. B. S. Haldane (1892–1964). Haldane führte übrigens 1963 den Begriff »Klon« in die Biowissenschaft ein.

Die Bluterkrankheit Hämophilie A betrifft ausschließlich Männer, kann jedoch auch über die Mutter auf ihre Söhne weitervererbt werden. Das Gen für den Gerinnungsfaktor VIII muss also auf einem X-Chromosom liegen. Historisch exakt dokumentiert (wie die genetisch weitergegebene »Habsburger-Lippe«) ist der Fall der Königin Victoria von England

Nur gut, dass ich nicht der Knab' bin, der ein Röslein stehen sah!

(1819–1901) mit ihren zahlreichen Nachfahren im europäischen Adel. Dass überhaupt einige ihrer männlichen Nachkommen alt genug wurden, um Kinder zu bekommen, verdankten sie einzig ihrem behüteten Leben »unter einer Glasglocke«.

Die Gruppe der Bluter ist im Vergleich zu den Infarktfällen klein (ein Mensch unter 5000), aber auch sie kann inzwischen mit biotechnologisch hergestellten Therapeutika versorgt werden.

Den Blutern fehlt ein wichtiger Bestandteil des Blutgerinnungssystems: Faktor VIII. Ohne diesen Faktor VIII kann schon die kleinste Verletzung lebensbedrohlich werden. Weniger als 500 g des Faktors VIII können den jährlichen Weltbedarf decken, dieses knapp halbe Kilo kostete aber bislang 170 Millionen Dollar!

Das Eiweiß des Faktors VIII besteht aus 2332 Aminosäurebausteinen. Es ist damit eines der größten Proteine, dessen Struktur bisher aufgeklärt wurde. Jeder Mensch hat in seinen etwa 6 Litern Blut 1 mg des Faktors VIII. Einem Bluter muss zweimal wöchentlich 1 mg gespritzt werden, damit er ein normales Leben führen kann. Also benötigt man (bei einer Blutspende von einem halben Liter) rein rechnerisch pro Woche 24 Blutspender für einen einzigen Bluter! Die Gewinnung und Verarbeitung von Spenderblut ist aber nicht nur teuer, sondern dessen Einsatz auch mit erheblichen Risiken behaftet: Früher stand die Gefahr einer Infektion mit Hepatitis-B-Viren (Gelbsuchterreger) im Vordergrund, heute ist es die mit dem AIDS-Virus. Man schätzt, dass 60 % der Bluter bedauerlicherweise und zum Teil auch in krimineller Weise durch gespendetes Blut infiziert wurde.

EPO für Nierenpatienten – und die Tour de France

Inzwischen werden weitere Eiweiße biotechnologisch synthetisiert, so zum Beispiel das Hormon Erythropoietin (EPO), das in der Niere gebildet wird und die körpereigene Erythrocyten-Produktion stimuliert.

EPO ist ein Wachstumsfaktor für Rote Blutzellen (Erythrocyten). Es induziert im Knochenmark die Bildung von Hämoglobin. Für 40 000 Dialysepatienten in Deutschland, die durch Dialyse eine »künstliche« Anämie erleiden, ist EPO lebenswichtig.

Sportler wurden früher zum Höhentraining geschickt: Die »dünne Luft« beförderte die Bildung von roten Blutzellen und eine optimale Sauerstoffversorgung bei nachfolgenden Wettkämpfen in normaler Höhe. Nun geht es preiswerter mit der Spritze.

Bei der Tour de France 1998 verließen ganze Mannschaften fluchtartig das Rennen, als sie von der Kripo und unabhängigen Doping-Experten untersucht werden sollten und ausnahmsweise nicht durch Sport-Kontrollorgane selbst.

Cyclosporin – ein Mikrobenprodukt für Transplantationen

1969 suchten Mitarbeiter des Schweizer Pharmakonzerns Sandoz nach einem neuen Mittel gegen Pilzkrankheiten. In einem aufwendigen Screeningprogramm (oft werden bis zu 10 000 verschiedene Pilz- und Bakterienarten getestet) fanden die Baseler Forscher enttäuschenderweise nur eine Substanz, die lediglich gegen einige wenige Pilze wirkte – und das nicht einmal besonders gut. Das von dem Pilz *Trichoderma polysporum* produzierte Antibiotikum mit der Laborbezeichnung 24-556 hatte aber eine bemerkenswerte Eigenschaft: Es war zwar nur schwach wirksam gegen Pilze, gleichzeitig aber auch von lediglich geringer Giftigkeit gegen Versuchstiere. Nur deshalb wurde es überhaupt weiteruntersucht.

1972 zeichnete sich in den Tests plötzlich eine Sensation ab: Der neue Stoff, ein ringförmig geschlossenes Peptid aus elf Aminosäuren, unterdrückte das Abwehrsystem des Menschen. Er zeigte eine immunsuppressive Wirkung, verhinderte also auch die natürlichen Abstoßungsreaktionen gegen verpflanzte Spenderorgane. Solche Immunsuppressiva waren zwar schon seit längerem im Einsatz, sie setzten jedoch immer das gesamte Abwehrsystem außer Kraft. Für die so Behandelten konnte jede leichte Infektion tödlich wirken. Nicht so Substanz 24-556, die heute als Cyclosporin (oder Ciclosporin) weltweit bekannt ist: Sie wirkt nur gegen die T-Helferzellen, nicht aber auf die Blutbildung und die »Grenzwächter«, die Makrophagen (Fresszellen). Vor allem das Abwehrsystem, das fremde Gewebe erkennt und häufig die Organabstoßung nach Transplantationen bewirkt, wird ausgeschaltet, die übrige Abwehr bleibt intakt.

Durch das Mikrobenprodukt Cyclosporin und abgewandelte Formen ist seit Anfang der 80er Jahre die Zahl der erfolgreichen Herz-, Nieren- und Lungentransplantationen sprunghaft angestiegen. Es ist eines der wenigen Peptide, das bequemerweise geschluckt, also oral gegeben werden kann.

Taxol gegen Krebs

Einst brachten sie vielen Menschen den Tod: Aus dem Holz der immergrünen Bäume fertigte man im Mittelalter die gefürchteten englischen Langbogen. Sie tragen im Herbst leuchtend rote Früchte mit giftigen Samen und inzwischen weiß man, dass sie in ihrer knorrigen Borke eine Substanz bergen, die Leben retten kann.

Die Wunderbäume heißen Eiben. Im Laufe ihres Baumlebens lagern sie kontinuierlich Taxol in der Rinde ab. Taxol ist in der Medizin ein unverzichtbares Zytostatikum geworden, das die Zellteilung hemmt und den programmierten Zelltod (die Apoptose) einleitet. Nach intensiven Untersuchungen durch das US-amerikanische Nationale Krebsforschungsinstitut (*National Cancer Institute*, NCI) wird Taxol seit Anfang der 90er Jahre sehr erfolgreich bei Brust- und Eierstockkrebs eingesetzt.

Allerdings hat dieser Arzneistoff einen Nachteil: Er ist selten und deshalb sehr teuer. Taxol wurde aus der Pazifische Eibe (*Taxus baccata*) gewonnen, die in den noch verbliebenen Urwäldern an der Küste Nordkaliforniens anzutreffen ist.

Zwei Gramm der Substanz sind nötig, um einen Krebspatienten zu therapieren. Der Bedarf ist enorm: Um allein allen in den USA an Brustkrebs erkrankten Frauen eine ausreichende Therapie für nur ein Jahr zu erlauben, müssten restlos sämtliche Eiben in Kalifornien gefällt werden.

Eine Eibe benötigt 200 Jahre, um einen Durchmesser von etwa 60 cm zu erreichen. Er liefert dann rund 2,5 kg Taxol.

Das sind nur 0,004 % Ausbeute. Der Widerstand der Umweltschützer ist heftig: Schutz von Eibe plus Regenwald gegen Firmeninteressen! Im Januar 1993 wurde, 3 Wochen nach Zulassung durch die FDA (*Food and Drug Administration*), bekannt gegeben, dass keine Eibe mehr in Nationalparks gefällt wird.

Der mittlerweile aus nachwachsenden Blattnadeln der Eibe halb-synthetisch hergestellte Wirkstoff wurde zunächst bei Frauen bei bösartigen Eierstock- und Brustgeschwülsten eingesetzt. Seit fünf Jahren hat die auf Taxol basierte Droge Paclitaxel® auch die Behandlung des im Regelfall schnell zum Tode führenden Bronchialkarzinoms einen kleinen, aber wichtigen Schritt vorangebracht. Laut Weltgesundheitsorganisation WHO ist der Lungenkrebs weltweit die häufigste bösartige Erkrankung. Pro Jahr betrifft es beinahe eine Million Männer und 333 000 Frauen, nach Expertenmeinung in etwa 80 % der Fälle durch das Rauchen von Zigaretten ausgelöst. In Deutschland werden pro Jahr rund 45 000 Neuerkrankungen registriert.

In den 80er Jahren und Anfang der neunziger Jahre wetteiferten über 100 der führenden Chemiker im Labor um die Totalsynthese von Taxol. Das Rennen machte schließlich Professor Robert A. Holton von der *Florida State University*. 1994 wurde von ihm die komplizierte Totalsynthese berichtet: 2 % Ausbeute!

Was die Pflanzenzelle bei Normaltemperatur, Normaldruck und in Wasser schafft, muss der Chemiker in 40 kleinen Schritten zusammenkochen. Das einzige, was beide am Ende doch gemeinsam haben, ist die geringe Ausbeute des so heiß begehrten Stoffes im Reagenzglas bzw. in der Zelle.

Da das Abholzen der kalifornischen Eiben keine Option war, mussten alternative Quellen gefunden werden.

Und wie sagte Pasteur? »*Chance favors the prepared mind.*« Der Mikrobiologe Gary Strobel wohnt in Montana, einem Eibengebiet schlechthin, ist ein begeisterter Wanderer und viel in den Bergen und Wäldern Montanas unterwegs. Strobels Leidenschaft ist die Erforschung von Mikroorganismen, die es sich auf und in Pflanzen als Wirte bequem machen und als Endophyten bezeichnet werden.

Auf seinen Wanderungen mit seinen Kollegen Andrea and Don Stierle vom *Montana Institute of Technology* nahm er von verschiedenen Pflanzen Proben mit. 1993 fanden sie einen Pilz auf der Borke der Pazifischen Eibe im Nordwesten Montanas.

Strobel war von der Idee besessen, dass Mikroben auf Pflanzen ähnliche Stoffe wie ihre Wirte produzieren. Der Pilz wurde isoliert und als *Taxomyces andreanae* benannt, nach dem Wirt Eibe (*Taxus*) und gentlemen-like nach der Dame Andrea im Team.

Nach der Anzucht und Kultur des Pilzes und Analytik seines Produktes konnte Strobel es zunächst selber nicht fassen und studierte die gefundene Struktur immer wieder: Es war tatsächlich wahr, der kleine Pilz produzierte tatsächlich Taxol!

1997 erteilte das *U.S. Patent Office* ausgedehnten Patentschutz für Pilze, die Taxol produzieren. Weitere Proben zeigten bei gezielter Suche, dass *Taxomyces andreanae* viele Freunde hatte und auch andere Spezies in der Gattung dieses Kunstwerk vollbringen konnten. Ein Verwandter auf einer asiatischen Eibe lieferte auf Anhieb 1000 mal mehr Taxol.

Inzwischen wird die mikrobielle Taxol-Synthese weiter optimiert, damit es in Zukunft kostengünstig und in ausreichender Menge zur Tumorbehandlung eingesetzt werden kann.

Taxol ist das meistversprechende Antitumor-Medikament der letzten drei Jahrzehnte. Der weltweite Markt lag 1998 bei $ 1,2 Milliarden Dollar.

Der Wermutstropfen: Obwohl Taxol die Überlebenszeit von Patienten dramatisch erhöht hat, ist es kein Krebs-Heilmittel. Viele Patienten entwickeln Resistenzen, viele Tumore sprechen nicht an. Daher sucht man nun nach Modifikationen. 1 Milliarde chemische Analoga des Taxols sind bereits patentgeschützt!

Strobels Entdeckung hatte zusätzlich grundlegende Bedeutung: Die mikrobiellen »Parasiten« imitieren offenbar die Wirts-Chemie! »Das ist es: Sie machen die gleiche chemische Verbindung wie die Wirtspflanze! Wenn man sie isoliert und anzüchtet, kann man das gleiche wie beim Penicillin machen. Und es gibt Millionen anderer Pilze! Wenn die Wirte systematisch ausgerottet werden, wie es gegenwärtig im Regenwald passiert, verschwinden mit ihnen auch die Mikroben.«

Auf de Erfolgsschiene wandelnd, wurde Gary Strobel nun in Australien fündig. Prompt entdeckte er einen Mikroorganismus auf einer Pflanze, dem *Snakevine*, den die Eingeborenen zur Wundheilung nutzen. Strobel ist ein aufgeschlossener Forscher: Er nannte die neue antibiotische Substanz Munumbicin, nach dem Eingeborenen, der ihm die Pflanze gezeigt hatte.

Lebenslänglich für Pockenimpfung

Lebenslänglich! Wenn der englische Landarzt Edward Jenner (1749–1823) heute sein Experiment wiederholen würde, das ihn 1796 berühmt gemacht hatte, säße er sicher schon wenig später im Gefängnis.

Sein Versuch, bei dem er dem achtjährigen James Phipps eine Probe aus der Kuhpockenpustel einer Melkerin in die Haut einimpfte und ihm dann zwei Monate später eine potentiell lebensgefährliche Dosis echter Pocken verabfolgte, verletzt nach heutigen Maßstäben selbst die laxesten medizinischen Sicherheitsrichtlinien.

Der Junge überlebte jedoch. Jenner war der Held seiner Zeit und half, die Medizin zu revolutionieren: Der erste Impfstoff in der Geschichte war gefunden.

Eine neue Revolution verspricht nun die Biotechnologie für die Impfstoffe: Entwicklung neuer Impfstoffe (Vakzine, lat. *vacca* = Kuh) in kürzester Frist mit einer dramatischen Senkung des Impfrisikos. Jenner hatte richtig beobachtet, dass eine erfolgreich überstandene Kuhpocken-Erkrankung dem Menschen Immunität nicht nur gegen Kuhpocken, sondern auch gegen die echten Pocken verleiht. Was Jenner nicht wissen konnte: Die Kuhpockenviren sind mit den echten Pockenviren eng verwandt. Der Körper besitzt im Blut spezielle weiße Blutzellen (Lymphocyten), die Alarm schlagen, wenn sie ungebetene Eindringlinge (Antigene) ausmachen. Sie geben Befehl an andere Zellen, Abwehrstoffe (Antikörper) gegen die Krankheitserreger zu bilden, mit den Antikörpern die Eindringlinge zu markieren und sie durch Fresszellen (Makrophagen) zu vernichten.

Das Antigen wird von den Makrophagen »bearbeitet« und erscheint mit seiner typischen Oberflächenstruktur an der Oberfläche des Makrophagen. Diese Strukturen werden wiederum von T-Helferzellen erkannt, sie aktivieren sowohl sich selbst als auch gleichzeitig solche Immunzellen, die das gleiche Antigen auf ihrer Oberfläche tragen. Die Immunzellen vermehren sich. Ein Teil der Nachkommen bildet massiv Antikörper gegen die Eindringlinge, ein anderer Teil entwickelt sich zu Gedächtniszellen, die bei erneuter Infektion eine schnellere Immunreaktion ermöglichen. Der Organismus ist somit nun immun gegen das betreffende Antigen.

Jenner hatte Glück, weil durch die Ähnlichkeit der antigenen Oberflächenstruktur von Kuhpocken und echten Pocken Immunität sowohl gegen die harmlosen Kuhpocken als auch gegen die gefährlichen Pockenviren erzeugt wurde. Man kann also das Immunsystem des Körpers mit harmlosen Viren gegen einen Angriff lebensbedrohender Erreger wappnen.

Der offiziell letzte Pockenkranke der Welt, der Somalier Ali Maow Maalin, konnte am 26. Oktober 1977 aus dem Krankenhaus entlassen werden. Danach wurde mehr als zwei Jahre lang weltweit eine intensive Pockenkontrolle vorgenommen und die Welt anschließend für pockenfrei erklärt.

Nur noch zwei Labors in der Welt halten heute die Pockenviren: die internationalen Referenzlaboratorien der Weltgesundheitsorganisation (WHO) in Atlanta (USA) und Nowosibirsk (Russland).

Angesichts von Bioterrorismus horten allerdings die Industrienationen Impfstoffe gegen Pocken. Wer traut sich heute noch, mit Sicherheit zu behaupten, dass nicht doch Pockenviren in falsche Hände geraten könnten oder schon dort sind?

Erstmalig ist mit den Pocken eine Krankheit auf der Erde dank der Schutzimpfung ausgerottet worden. Noch zu Beginn des 19. Jahrhunderts erkrankten allein in Deutschland jährlich über eine halbe Million Menschen an Pocken (auch Blattern genannt), jeder zehnte von ihnen starb. Pockennarbige Gesichter waren keine Seltenheit.

Leider besitzen jedoch die wenigsten Krankheitserreger so nahe und gleichzeitig noch harmlose »Verwandte« wie die echten Pockenviren. Erst mit Louis Pasteur, der ein Jahr vor Jenners Tod geboren wurde, begann die gezielte Suche nach Impfstoffen.

Modernes Impfen

Heute benutzen wir drei Typen von Impfstoffen: Toxoide, abgetötete und abgeschwächte lebende Erreger. Nach den jüngsten Erfolgen der Gentechnik wird auch an manipulierten Lebendimpfstoffen gearbeitet.

Toxoide sind Extrakte der von den Erregern abgegebenen Gifte (Toxine). Diese werden neutralisiert (zum Teil mit Formalin) und stimulieren nach Injektion das Immunsystem im Körper (z. B. bei Wundstarrkrampf, Diphtherie). *Clostridium tetani* (das sich im Erdboden aufhält) beispielsweise infiziert eine Wunde und gibt ein neurotoxisches Protein in den

Blutstrom ab. Es führt zur spastischen Paralyse, an der in der Vergangenheit Soldaten nach Schlachten massenhaft erkrankten. Dank Emil von Behrings (1854–1917) passiver Schutzimpfung gab es in deutschen Lazaretten im 1. Weltkrieg kaum Fälle von Wundstarrkrampf.

Die Tetanus-Impfung muss von Zeit zu Zeit aufgefrischt werden, um die zirkulierenden Antikörper gegen das Toxin in ausreichender Konzentration aufrechtzuerhalten.

Bei Cholera, Kinderlähmung und Typhus werden chemisch abgetötete Bakterien oder Viren als Impfstoff verwendet. Abgeschwächte (attenuierte), lebende Erreger verwendet man bei Röteln und Masern. Leider gab es eine Reihe von Impfunfällen, wenn die Erreger nicht richtig abgetötet oder geschwächt wurden.

Seit 1985 gibt es verschiedene gentechnische Impfstoffe für Mensch und Tier, zum Beispiel gegen die Maul- und Klauenseuche bei Rindern.

1986 wurde in den USA ein künstlicher Gentechnik-Impfstoff für Menschen zugelassen: Er schützt gegen die infektiöse Gelbsucht (Hepatitis B). In Asien ist Hepatitis endemisch. In 90 % der Fälle verläuft sie unerkannt und führt bei 5 % zu chronischen Leberschäden. Die Weltgesundheitsorganisation berichtet über 1 Milliarde (!) ständiger Träger der Hepatitis-B-Viren in der Welt.

Die konventionelle Hepatitis B-Impfstoffproduktion stieß auf große Probleme: Im Gegensatz zu den meisten Mikroorganismen lassen sich die Hepatitis-B-Viren weder in Nährmedien noch in tierischen Embryonen züchten (zum Beispiel in bebrüteten Hühnereiern). Die Impfstoffe mussten deshalb aus Eiweißen der Virushüllen gewonnen werden, die eine Immunantwort hervorrufen. Die sogenannten Oberflächenantigene isoliert man aus dem Blut infizierter Träger der Krankheit. Dabei werden meist die Viren zerstört und Eiweiße der Hülle durch oberflächenaktive Stoffe (Detergenzien) abgelöst und dann gereinigt. Sie dienen direkt als Impfstoff, lösen also eine Immunantwort aus.

Das infektiöse Blut ist natürlich gefährlich für die Personen, die mit ihm umgehen müssen. Die Mitarbeiter werden daher immunisiert, also geimpft. Die Arbeit findet in isolierten, gesicherten Labors statt. Dazu kommt, dass jede Charge dieses Impfstoffes an Schimpansen (sie stehen aus ethischen Gründen nur begrenzt zur Verfügung) getestet werden müsste, um eine Verunreinigung mit lebenden Viren auszuschließen. Die Produktion eines solchen Impfstoffes dauerte fast ein Jahr. Fazit: Ein natürlicher Impfstoff stand in begrenzter Menge, also nur für Risikogruppen, zur Verfügung. Eine Impfung kostete etwa 110 Dollar.

Bei diesem hohen Preis könnte man etwa eine Million Menschen vor allem in den Industrieländern impfen. Hier sind aber nur etwa 5 % der Bevölkerung in Gefahr, infiziert zu werden. In vielen Entwicklungsländern sind es dagegen bis zu 70 % der Bevölkerung! Der Verkaufspreis der Vakzine müsste auf fünf Dollar gesenkt werden, um mehrere 100 Millionen Menschen zu schützen.

Der neue biotechnologische Impfstoff gegen Hepatitis B wird nun von gentechnisch manipulierten Hefen (also Eukaryonten) oder Säugerzellen produziert.

Eigentlich sind die DNA-Vakzine Abfallprodukte der Genforschung. Man hatte DNA-Transferexperimente durchgeführt und festgestellt, dass die produzierten Eiweiße oft Allergien (also Abwehrreaktionen) hervorriefen. Wie aber konnte man aus der Not eine Tugend machen, nachdem man herausgefunden hatte, welche Oberflächenantigene das menschliche Immunsystem zur Immunreaktion bringen? Da diese Antigene Eiweiße sind, können sie durch Isolierung des entsprechenden Gens aus dem Viruserbgut oder nach Analyse ihrer Struktur und Umsetzung in DNA-Befehle durch harmlose Mikroorganismen (wie Backhefe oder manipulierte Säugerzellen) in großen Mengen hergestellt werden. Dabei besteht niemals die Gefahr einer Verseuchung des Impfstoffes durch Viren.

Lebende Impfstoffe

Reinicke Fuchs, das Symboltier der deutschen Fabeln, wurde bislang gnadenlos gejagt, weniger als Gänsedieb, sondern vielmehr als Tollwut-Überträger.

In deutschen Wäldern werden Füchse nun biotechnologisch geschützt, indem man Hühnerköpfe mit Lebendvakzinen präpariert und seit 1990 aus der Luft ausbringt.

Für Lebendimpfstoffe verwendet man harmlose Viren, z. B. das Kuhpockenvirus (*Vaccinia*), das seit Jenner zur Pockenimpfung eingesetzt wird. Das Virus dient hierbei lediglich als Vektor, also als Transportmittel für Fremdgene. Seine Nucleinsäure ist eine lineare doppelsträngige DNA mit 180 000 Basenpaaren.

1982 konnte gezeigt werden, dass wenigstens zwei größere Abschnitte der DNA für die Vermehrung nicht erforderlich sind. Diese kann man daher mit Fremd-DNA erweitern bzw. ganz oder teilweise ersetzen.

Gene, die für Hülleiweiße mit antigener Wirkung codieren, werden stabil so in das genetische Material des Virus eingebaut. Das Virus ist nicht in seiner Fähigkeit zum Befall von Säugerzellen eingeschränkt. Bis zu 20 Fremdgene kann man gleichzeitig einschleusen. Wenn sie mit einem Promotor (als »Anschalter«) gekoppelt sind, werden sie von der Säugerzelle zusammen mit den Genen des Vacciniavirus exprimiert, d. h. in Eiweiße umgesetzt. Gelungen ist das schon in Tierversuchen für Oberflächenantigene des Hepatitis-B-Virus, des Tollwutvirus, des *Herpes-simplex*-Virus und auch des Grippe-Virus. Diese Eiweiße lösen dann Immunreaktionen im Säugerorganismus aus. Auf diese Weise wäre es möglich, Superimpfstoffe zu konstruieren, die gleichzeitig gegen mehrere Erreger immun machen.

»Essbare Vakzine« diskutiert man für die Dritte Welt. Im nächsten Kapitel lernen wir, wie transgene Pflanzen geschaffen werden. Speziell gekennzeichnete Bananen oder Kartoffeln könnten wie bei der Schluckimpfung den Impfstoff über den Magen-Darm-Trakt in den Körper schleusen.

Der zelluläre Heiratsmarkt des Georges Köhler

»Ich bin der Glückspilz in dieser Geschichte, der mit der richtigen Idee zur rechten Zeit am rechten Ort war, nämlich bei Milstein in Cambridge«, meinte Georges Köhler (1946–1996), nachdem er 1984 mit Cesar Milstein (1927–2002) und Niels Jerne (1911–1994) den Nobelpreis für Medizin und Physiologie entgegengenommen hatte.

Am 7. August 1975 war in der Zeitschrift »Nature« eine bahnbrechende Arbeit erschienen. Verfasser waren zwei Immunologen, Cesar Milstein von der Universität Cambridge, gebürtiger Argentinier, der vor der Militärdiktatur aus seiner Heimat geflüchtet war, und Georges Köhler aus Deutschland. Die beiden Wissenschaftler beschrieben in ihrer Veröffentlichung ein Verfahren, mit dem sich »monoklonale Antikörper« erzeugen lassen – das heißt Abwehrmoleküle einer einheitlichen Struktur und Spezifität. Für die biochemische Analytik und die medizinische Diagnostik brach damit eine neue Ära an.

Köhler studierte in Freiburg. Nach Studium und Promotion am Institut für Immunologie in Basel ging er 1974 für einen zweijährigen Gastaufenthalt an das von Milstein geleitete Labor nach Cambridge.

Normale Lymphocyten konnte man in Zellkulturen leider nicht vermehren und daher auch nicht als Antikörperlieferanten halten. Doch in Milsteins Labor gelang es, Myelomzellen aus Mäusen in Kultur zu züchten. Das sind entartete Abkömmlinge von Lymphocyten, die sich als Krebszellen unbeschränkt halten und vermehren lassen, und dabei nach wie vor die Fähigkeit besitzen, Antikörper zu produzieren.

Was passiert, wenn man beide mit List und Tücke »verheiratet«? Ließe sich eine solche Zellfusion auch mit einer Myelomzelle und einem normalen Lymphocyten bekannter Spezifität durchführen? Würde die Tochterzelle dann neben Myelomantikörpern unbekannter Spezifität auch Antikörper der bekannten Spezifität des Lymphocyten liefern?

Zu diesem Experiment verwendete Köhler Schaf-Erythrocyten (rote Blutzellen) als Antigen und injizierte sie einer Maus. Nachdem im Tierkörper die dadurch ausgelöste Immunreaktion angelaufen war, entnahm er die Milz. In der Milz werden Lymphocyten gebildet. Sie liegen dort daher in großer Zahl vor. Das zerkleinerte Milzgewebe setzte er Kulturen von Myelomzellen zu, gemeinsam mit einer chemischen Substanz für die Zellfusion (Polyethylenglycol). Er hoffte, dass dabei Zellmischlinge mit der gewünschten Eigenschaft zustande kämen.

Tatsächlich trug dieser »zelluläre Heiratsmarkt« die erhofften sensationellen Früchte. Mit Hilfe von Schaf-Erythrocyten, die nun als Testantigen dienten, identifizierte Georges Köhler eine größere Anzahl von Hybridzellen. Sie produzierten Antikörper gegen die als fremd erkannten Erythrocyten.

Solche Zellen ließen sich jeweils einzeln in Kultur züchten und vermehren. Sie hatten die Unsterblichkeit der Myelomzellen geerbt, und gleichzeitig lieferten sie Antikörper mit der bekannten Spezifität des Lymphocyten, ihrer anderen Elternzelle.

Die revolutionäre Bedeutung dieses Verfahrens: Nach dem beschriebenen Prinzip (Immunisierung eines Tieres, Gewinnung von Milzgewebe, Mischkultur aus Myelom- und Milzzellen, anschließende Selektion und Züchtung von Hybridomzellen) lassen sich monoklonale Antikörper jeder gewünschten Spezifität isolieren, gezielt und in großen Mengen.

Die einzigartige Fähigkeit des Immunsystems, bestimmte Strukturen gezielt und mit höchster Empfindlichkeit – nämlich molekülweise – zu erkennen, kann nun durch den Menschen genutzt werden.

Die Zauberkugeln der modernen Medizin

Die in der Wolfsschlucht gegossenen Zauberkugeln des Jägerburschen Max suchten unbeirrbar selbst ihr Ziel, zumindest im »Freischütz« von Carl Maria von Weber. Solche *magic bullets* sind die monoklonalen Antikörper für die Medizin heute.

In der Diagnostik haben sich die monoklonalen Antikörper weite Bereiche erobert. Nehmen wir als Beispiel eine schwer diagnostizierbare Viruserkrankung. Hat man einen monoklonalen Antikörper gegen das betreffende Virus, so kann man in Körperflüssigkeiten des Patienten auch geringste Mengen dieses Virus präzise nachweisen. Derartige Tests sind bereits Routine: In jahrzehntelanger Erfahrung mit »klassischen« Seren wurden die notwendigen handwerklichen Techniken längst etabliert.

Was für Viren funktioniert, gilt auch für andere Arten von Krankheitserregern – mehr noch: auch für krankhaft veränderte Oberflächenstrukturen körpereigener Zellen. Bei bestimmten Krebsarten zum Beispiel treten ganz spezielle Eiweißstrukturen auf den betreffenden Tumorzellen auf. Diese helfen im Regelfall dem Immunsystem, einen Tumor zu er-

kennen. Auch gegen diese sogenannten Tumormarker gerichtete monoklonale Antikörper lassen sich gewinnen.

Wurde ein derartiger Tumor diagnostiziert, so lassen sich seine Größe und Lage im Körper mit Hilfe von monoklonalen Antikörpern genau bestimmen. Diese können die Therapiemöglichkeiten – zum Beispiel operative Entfernung oder Bestrahlung des Tumors – beträchtlich verbessern.

Das prinzipielle Handwerkszeug für eine Tumortherapie liegt zwar heute auf der Basis monoklonaler Antikörper bereit, es ist jedoch noch mit Jahren intensiver Forschungsarbeit zu rechnen, bevor auch nur einem kleinen Teil von Krebspatienten geholfen werden kann (siehe Box).

Monoklonale Antikörper und Krebsdiagnose

Die Krebsdiagnose läuft folgendermaßen ab: Der monoklonale Antikörper wird im Reagenzglas durch chemische Reaktion mit einer radioaktiven Substanz »markiert« und in die Blutbahn des Patienten injiziert. Er verteilt sich zunächst auf den ganzen Körper. Antikörpermoleküle, die auf den Tumor treffen, heften sich stabil an ihn an.

Somit konzentriert sich nach einiger Zeit die Radioaktivität am Tumor. Um die Strahlenbelastung des Patienten niedrig zu halten, verwendet man natürlich nur eine geringe Menge Radioaktivität. Trotzdem lässt sich mit empfindlichen Messmethoden die Quelle der Radioaktivität im Körper des Patienten exakt orten. Diese gibt dem Arzt genaue Daten über Größe und Position des Tumors in die Hand.

Alles in allem zielt die Technik darauf ab, ein Hauptproblem heutiger Chemotherapie zu beheben oder zu verringern: Die Wirkung auch der besten Medikamente mit ihrer notwendig hohen Giftigkeit zielt noch immer nicht nur auf Krebszellen, unerwünschte Nebenwirkungen sind daher unvermeidlich. In dieser Situation könnten mit Zellgiften gekoppelte, monoklonale Antikörper die Rolle von therapeutischen Zauberkugeln spielen, die selbständig und zielsicher ihren Wirkungsort erreichen.

Nach 100 Jahren scheint ein Traum des großen Paul Ehrlich (1854–1915) in Erfüllung zu gehen. Er war es, der die Wirkungsweise von Antikörpern (die er »Rezeptoren« oder »Seitenketten« nannte) mit derjenigen von Zauberkugeln verglichen hat. Paul Ehrlich hoffte, dieses Prinzip irgendwann einmal zur Grundlage einer völlig neuen Generation von hochselektiven Medikamenten machen zu können.

In einem Interview nach der Nobelpreis-Verleihung wurde Georges Köhler gefragt, warum er und Milstein ihre Methode nicht patentiert hätten, sie könnten bei den Milliardenumsätzen mit den monoklonalen AK längst Millionäre sein. Köhler antwortete: »Herr Milstein hat die zuständigen Leute beim *Medical Research Council* darüber informiert, dass wir etwas gefunden hatten, was man patentieren könne. Daraufhin kam aber keine Antwort. Da war es uns auch egal, und wir haben unsere Methode veröffentlicht. Wir sind Wissenschaftler und keine Geschäftsleute. Wissenschaftler sollten sich nichts patentieren lassen. Wir haben damals nicht lange hin und her überlegt, unsere Entscheidung kam spontan – sozusagen aus dem Herzen. Ich hätte mich mit Geld beschäftigen müssen, ich hätte mich mit Lizenzverhandlungen beschäftigen müssen. Ich wäre dadurch ein ganz anderer Mensch geworden. Das wäre für mich nicht gut gewesen.«

Georges Köhler selbst fand die Anwendung monoklonaler Antikörper in der Krebsbehandlung und -therapie wichtig, gibt aber zu bedenken: »Ich finde, die Rolle der monoklonalen Antikörper in der Diagnostik allgemein – von Bakterien, Viren, Parasiten, von Zellen jedweder Art – muss mindestens gleichrangig herausgestellt werden. Da ist die Krebszelle eigentlich nur ein verschwindend kleiner Anteil.«

Zunehmend werden Antikörper gentechnisch produziert und nicht mehr über Hybridomzellen. Völlig neue Perspektiven eröffnen Antikörper mit enzymatischer Aktivität (katalytische Antikörper). Sie vereinen die schier unendlich variierbare Selektivität von Antikörpern mit der katalytischen Kraft von Enzymen. Es gibt wohl maximal 8–10 000 verschiedene Enzyme, die nach »Schlüssel und Schloss«-Prinzip ihre Substrate erkennen und umwandeln, dagegen 100 000 000 mögliche Antikörper, die nach dem gleichen Prinzip Antigene erkennen und binden, jedoch nicht umwandeln können. Da inzwischen die Antikörper die Biokatalyse »erlernt« haben, sind völlig neue Reaktionen möglich.

Mit monoklonalen Antikörpern gegen Krebs?

»Stellen Sie sich einmal eine neue Methode der Krebsbehandlung vor, die auf dem Prinzip der Lenkwaffen beruht. Eine submikroskopisch kleine Rakete mit automatischem Suchkopf wird in den Körper injiziert, sucht dort gezielt die Krebszellen und zerstört diese, während das normale gesunde Gewebe nicht angetastet wird. Eine solche Wunderwaffe gibt es zwar noch nicht, jedoch spricht alles dafür, dass sie in naher Zukunft verfügbar sein wird.«

Das schrieb schon 1981 das »Wallstreet-Journal«, ein Blatt, das sonst eher nüchtern und zurückhaltend ist.

Heute sind monoklonale Antikörper gegen einige Oberflächenantigene von Krebszellen verfügbar. Ganz ähnlich wie bei der Tumordiagnostik wird auch bei der Tumortherapie mit monoklonalen Antikörpern deren Fähigkeit, tumorspezifische Zelloberflächenantigene zu erkennen, ausgenutzt. Diesmal ist es jedoch kein radioaktives Isotop, das an die monoklonalen Antikörper angeheftet wird, sondern ein hochwirksames Zellgift, zum Beispiel das Toxin der Diphtheriebakterien – ein Proteinmolekül. Von diesen nämlich genügt ein einziges Molekül, um eine ganze Zelle abzutöten.

Im Verband mit den monoklonalen Antikörpern bildet das Diphtherietoxin gewissermaßen ein »Zellgift mit Postleitzahl«. Der Antikörper ist dabei lediglich das Vehikel, mit dem das Zellgift hochspezifisch an den Zielort, den Tumor, transportiert werden soll.

Erste Ergebnisse mit einigen speziellen Tumorarten sind durchaus verheißungsvoll. Von einer routinemäßigen Anwendung der Technik in der Krebstherapie ist man aber noch weit entfernt. Es gibt eine ganze Reihe von Problemen zu lösen: Ein Toxinmolekül sicher an eine Tumorzelle heranzutransportieren heißt noch nicht, dass es auch in der Zelle ankommt und dort seine tödliche Wirkung entfaltet. Die Aufnahme eines Antikörper-Toxin-Komplexes (Immunotoxins) durch die Zelle und die Freisetzung des Toxins in der Zelle sind noch weitgehend unverstanden. Weiterhin kennt man noch längst nicht für alle Krebsarten spezifische Zelloberflächenmarker oder hat monoklonale Antikörper dagegen.

5
Biotechnologie in Feld und Garten

Wunderbare millionenfache Blütenpracht

Der wahre Gärtner genießt es: Unkrautzupfen, Gießen, Düngen, Kompostieren, Insekten- und Pilzbefall (möglichst schonend) bekämpfen. Für den Bauern sind das dagegen wirtschaftliche Faktoren. Er möchte sie drastisch minimieren. Biotechnologie, hilf!

Auf der anderen Seite steht der Hunger. »Uns sind nur noch 20 Jahre gegeben, um die Nahrungs- und Bevölkerungsprobleme der Welt zu lösen«, warnte Norman Borlaug, Friedensnobelpreisträger 1972 und als Getreidezüchter einer der Väter der Revolution in der Pflanzenzucht.

842 Millionen Menschen hungerten im Jahre 2003. 1950 lebten in Afrika halb so viele Menschen wie in Europa, heute sind es doppelt so viele. Weltweit müssen inzwischen 5,3 Milliarden Menschen ernährt werden, in 20 Jahren werden es voraussichtlich 8 Milliarden Menschen sein.

Den Chinesen ging es noch nie so gut in ihrer gesamten Geschichte wie heute: Sie essen viermal mehr Fleisch als vor 20 Jahren, 32 kg pro Kopf. Das US-amerikanische *World Watch Institute* sagt voraus, dass China im Jahr 2030 200 Millionen Tonnen Getreide importieren muss. Das entspricht der Menge, die heute auf dem gesamten Weltmarkt vorhanden ist.

Der Hunger auf der Welt hat während der vergangenen 20 Jahre weiter zugenommen. Nicht die Schuld der Züchter! UN-Experten sprechen offen vom politischen Problem der ungerechten Verteilung der Nahrung. Die Pflanzenzuchtrevolution der 60er und 70er Jahre hat die Weltwirtschaft wesentlich verändert. Dabei waren es nicht so sehr raffinierte neue Düngemittel und Pestizide, sondern neue Hochleistungssorten von wichtigen Nutzpflanzen, wie Reis und Weizen, die zu Fortschritten führten. Die Produktivitätssteigerung musste allerdings teuer erkauft werden: Hochgezüchtete Sorten sind auf ständigen Düngemittel und Pestizideinsatz angewiesen.

Jetzt aber haben die Pflanzenzüchter einen Satz neuer Werkzeuge in die Hand bekommen, mächtigere als jemals zuvor: Neue Hoffnung auf eine wissenschaftlich-technische Bewältigung des Welternährungsproblems keimt auf.

Die Biotechnologie ermöglicht den Pflanzenzüchtern die Einschleusung fremder Gene in Pflanzen, so dass diese ohne künstlichen Dünger wachsen, einen höheren Protein- und Energiegehalt erreichen, sich gegen die wichtigsten Schädlinge wehren können und Frösten widerstehen, in trockenen oder versalzten Böden gedeihen und gegen Herbizide resistent sein werden. Außerdem schafft sie die Möglichkeit zur Produktion von Arzneimitteln, Kosmetika und Nahrungsmittelzusätzen durch genmanipulierte (transgene) Pflanzen- oder Laborkulturen.

Pflanzen aus dem Reagenzglas

200 000 neue Rosenpflanzen können aus einer einzigen Mutterpflanze in nur einem Jahr gezogen werden! Sie müssen nicht einmal veredelt werden. Paradiesgärten sind in Sicht.

Die Pflanzenzüchtung im Reagenzglas (*in vitro*-Vermehrung) erlaubt es dem Züchter, wertvolle Neuschöpfungen schnell zu vermehren.

Man kann da natürlich nicht mehr von KNOSPENKNALL sprechen, sondern von KNOSPENEXPLOSION!

Die wichtigste moderne Methode ist die so genannte Meristemkultur, bei der man Teilungsgewebe (Meristeme) der Pflanzen benutzt. Die tief in den Knospen versteckten Sprossmeristeme werden isoliert, geteilt und in Nährlösungen gehalten. Wenn sie herangewachsen sind, lassen sie sich wiederholt teilen. Aus jedem der Teilstücke kann man durch Zugabe entsprechender Wachstumshormone ganze Pflanzen regenerieren (siehe Box).

Tausende Arten wurden so schon vermehrt. Man begann mit seltenen Orchideen, Lilien, Chrysanthemen, Nelken und ist inzwischen bei wirtschaftlich wichtigen Pflanzen wie Kartoffeln, Mais, Cassava, Wein, Bananen, Zuckerrohr und Sojabohnen angekommen.

Die klassische vegetative Vermehrung durch Ausläufer liefert bei Erdbeerpflanzen maximal zehn neue Ausläuferpflanzen. Durch moderne Meristemkultur können dagegen (theoretisch) bis zu 500 000 Pflanzen im Jahr von einer einzigen Mutterpflanze gewonnen werden!

Dazu kommt noch ein entscheidender Vorteil: Auch wenn die Ausgangspflanze von Viren befallen war, können die vegetativen Nachkommen virusfrei erzeugt werden.

Wieso ist eine Regeneration einer ganzen Pflanze aus einzelnen Zellen möglich? Grundlage hierfür ist die »Totipotenz« der Zellen: Jede Zelle enthält den vollständigen Chromosomensatz und damit auch die gesamte genetische Information, die für die Entwicklung eines Individuums aus einer Zelle notwendig ist. Je nach der Funktion, die die einzelnen Zellen und Zellverbände während der Entwicklung und im fertigen Organismus übernehmen, wird nur ein spezifischer Teil der genetischen Information realisiert. Der restliche Teil wird nicht abgelesen. Im Unterschied zu tierischen Zellen können die Zellen vieler zweikeimblättriger Pflanzen aber dedifferenziert werden. Ihre entwicklungsbiologische Uhr kann wieder an den Anfang zurückgestellt und unter bestimmten Bedingungen erneut in Gang gesetzt werden. Die Zellen durchlaufen ihr Entwicklungsprogramm, festgelegt in den Befehlen ihrer Gene, wieder von vorn.

Man kann mit der »Mikrovermehrung« von Pflanzen natürlich auch besonders ertragreiche Pflanzen schnell vermehren, wobei alle Pflänzchen aus Zellen einer einzigen Superpflanze stammen. Diese Nachkommen einer einzigen Pflanze nennt man Klon – nach dem griechischen Wort *klon*, das soviel wie Schößling oder Zweig bedeutet. Sie haben alle – wie eineiige Zwillinge – die gleichen Erbanlagen. Wir werden später (Kapitel 8) ausführlich auf das Klonen zurückkommen.

Pflanzen aus dem Reagenzglas

Bei der Protoplastenkultur schneidet man aus Laubblättern Streifen, die in Lösung mit Zellwandabbau-Enzymen (Pectinasen, Cellulasen) gelegt werden. Die »nackten« Zellen (Protoplasten) werden in ein Kulturmedium überführt, in dem sie ihre Zellwände regenerieren. Die so wieder entstandenen Zellen lassen über fortwährende Teilungen kleine Gewebekomplexe (Kalli, Einzahl Kallus) entstehen. Durch Zusatz von Hormonen werden in den Kalli kleine Sprosse induziert, die man mit Hilfe andere Hormone bewurzeln lässt. Tausende neue Pflanzen können so aus einem einzigen Blatt durch Protoplastenkultur entstehen.

Da isolierten Protoplasten die Zellwand fehlt, können sie relativ leicht chemisch (mit Polyethylenglycol) oder durch elektrische Felder (Elektrofusion) miteinander verschmolzen werden. Die fusionierten Zellen lassen sich dann zu Hybridpflanzen heranziehen. Diese somatische Hybridisierung führte 1977 zur (leider ungenießbaren) Tomoffel. Ein praktischer Erfolg war dagegen die Verschmelzung von Zellen aus zwei Stechapfel-(Datura-)Arten. Die neue Stechapfelsorte produzierte mehr Alkaloide (Scopolamin) als jede der beiden Ausgangsarten und wuchs besser.

Meristeme sind Teilungsgewebe, die sich an verschiedenen Stellen der Pflanze befinden. Die wichtigsten Meristeme sind die Sprossmeristeme. Sie werden isoliert, geteilt und als Meristemkulturen in Nährmedien gehalten. Wenn sie herangewachsen sind, können sie noch wiederholt geteilt werden. Aus jedem dieser Teilstücke lassen sich nach Zusatz entsprechender Pflanzenhormone eine oder mehrere Pflanzen regenerieren.

Staubbeutel (Antheren) bestehen aus wenigen männlichen Keimzellen, die haploid sind. Ihre Zellkerne enthalten nur je einen Chromosomensatz. Wenn junge Antheren auf Nährmedium (Agar) ausgelegt werden, wachsen sie nach Hormonzusatz zu haploiden Pflanzen aus. Diese Pflanzen sind in der Züchtung begehrt, weil man aus ihnen zeitsparend durch experimentelle Verdopplung ihres Chromosomensatzes leicht reine Linien erhalten kann und weil Mutationen nicht durch das bei diploiden vorhandene zweite Chromosom »kaschiert« werden und somit sofort sichtbar sind. Auch aus Fruchtknoten können wie bei Antherenkulturen haploide Pflanzen entstehen.

Zur Produktion von pflanzlichen Stoffen im Reaktor benötigt man keine differenzierten Pflanzenteile; es genügt ein »Zellklumpen«, der die Pflanzeninhaltsstoffe synthetisiert.

Isoliert man Gewebsfragmente aus einer Pflanze, so kann man sie auf vollsynthetischen Nährmedien unbegrenzt züchten. Dabei wird zunächst ein Teil aus einem Organ der Pflanze sterilisiert, anschließend wird aus dem Innern ein Teil entnommen und dieses auf mit gelatineartigem Agar-Agar verfestigtem Nährboden kultiviert. Der Nährboden muss organische Nährsalze, einen Zucker als Energiequelle, einige Vitamine sowie Hormone enthalten. Hat man eine richtige Zusammensetzung für eine bestimmte Zellkultur gefunden, bildet sich ein Wundgewebe, ein so genannter Kallus. Man kann nun dieses Kallusgewebe in ein flüssiges Nährmedium übertragen. Schüttelt man die Kultur, um die Zellen ausreichend mit Sauerstoff zu versorgen, vermehren sich die Pflanzenzellen weiter. Solche Zellen werden auch in großen Bioreaktoren mit mehreren Kubikmetern Inhalt kultiviert. Dabei reichern sich bei geeigneten Kultivierungsbedingungen die in der Pflanze vorhandenen Substanzen an und können isoliert werden, indem das gesamte Zellmaterial zum Beispiel gefriergetrocknet und mit einem geeigneten Lösungsmittel extrahiert wird.

Die Kartomate oder Tomoffel

Eine Möglichkeit, Pflanzenzellen genetisch zu manipulieren, ist die Protoplastenfusion. Dabei werden »nackte« Protoplastenzellen durch Chemikalien, wie Polyethylenglycol, oder durch elektrische Impulse miteinander verschmolzen. Kreuzungen zwischen taxonomisch nur entfernt verwandten Arten (somatische Hybride) sind bereits gelungen.

Erstes Versuchsobjekt war die Kartomate oder Tomoffel, eine Kreuzung von Kartoffel und Tomate, bei der oberirdisch Tomaten und in der Erde Kartoffeln reifen sollten. Das Experiment gelang 1977. Doch der anfängliche Optimismus, durch Protoplastenfusion schnell zu neuen vorteilhaften Nutzpflanzen zu kommen, ist durch die Tomoffel eher gebremst als gefördert worden. Bisher bildet die Tomoffel weder echte Kartoffeln noch echte Tomaten aus. Die mögliche Ursache könnte darin liegen, dass in solchen »unnatürlichen« Hybriden die Zellteilungen anormal ablaufen.

Wenn es wirklich gelingen sollte, dass die Tomoffel einmal Kartoffeln und Tomaten gleichzeitig erzeugt, so werden diese wohl kaum genießbar sein. Die verschiedenen für die Kartoffel bzw. für die Tomate charakteristischen Inhaltsstoffe würden bei einer Vermischung sicher eine

Ungenießbarkeit verursachen. Obwohl Kartoffel wie Tomate zu den Nachtschattengewächsen gehören, also entwicklungsgeschichtlich eng verwandt sind, treten bereits schier unüberwindliche Probleme auf. Bei entfernter verwandten Pflanzen werden die Schwierigkeiten sicher noch größer sein.

Der antibakterielle Biolippenstift

»Ein überzeugender Lippenstift ohne Chemie, mit rein pflanzlichem Farbstoff, bekannt schon in der altchinesischen Medizin – für moderne Frauen – ein japanisches High-tech-Produkt!«

Der Biolippenstift war der Hit der Firma Kanebo auf dem Kosmetik-markt: 1985 wurden in Japan innerhalb weniger Tage zwei Millionen Stück verkauft, trotz des stolzen Preises von 3500 Yen (damals etwa 35 DM).

Die Reklame nutzte geschickt Ressentiments der Japaner gegen neue Chemieprodukte, gleichzeitig ihr Traditionsbewusstsein und den Stolz auf ihre Leistungen in den Hochtechnologien.

Tatsächlich, der rote Farbstoff des Lippenstiftes ist ein echt biologi-sches Produkt: Shikonin (eine Naphtochinon-Verbindung). Dies ist ein jahrhundertelang verwendetes Medikament der altchinesischen Medi-zin, das mühsam aus den Wurzeln der Shikonin-Pflanze (*Lithospermum erythrorhizon*) gewonnen wurde. Es dauert 3 bis 7 Jahre, bis die Pflanze maximal 2 % des Medikaments in ihren Wurzeln angesammelt hat. In der traditionellen Medizin wurde Shikonin gegen Bakterienerkrankungen und Entzündungen benutzt.

Die Japaner importierten jährlich 10 t Shikonin-Rohstoff für etwa 4500 Dollar je Kilogramm aus China und Südkorea. Ein so wertvolles Pro-dukt lohnte den Versuch, die Shikonin produzierenden Pflanzenzellen in Nährlösung wachsen zu lassen. Der Tokioter Firma Mitsui Petro-chemical Industries Ltd. gelang das mit großem Erfolg. Selbst japani-sche Erdölverarbeiter forschen also biotechnisch!

Die geniale Verkaufsidee kam dann den Kanebo-Managern: Der präch-tige Farbton eignet sich hervorragend für Lippenstifte und Puder (Rouge). Der Gag dabei: Der Farbstoff ist nicht nur biologisch erzeugt, er schützt auch noch vor Bakterien und wirkt entzündungshemmend!

Für die Farbstoffproduktion wurden zunächst Zelllinien von *Litho-spermum*-Zellen gezüchtet, die einen erhöhten Shikoningehalt von 12

Toller Beruf, Shikonin-Tester!

bis 15 % (Trockengewicht) erbrachten. Die Zellen zog man in einem Wachstumsmedium an und hielt sie dann in einem Produktionsmedium. Durch Optimierung des Mediums wurde die Produktivität auf das 13-Fache gesteigert.

In industriellem Maßstab werden heute *Lithospermum*-Zellen in 200 l fassenden Bioreaktoren mit Wachstumsmedium angezogen, dann in einen kleineren Reaktor und ein Medium überführt, das die Shikonin-produktion ankurbelt. Mit diesen Zellen beimpft man schließlich einen 750-Liter-Bioreaktor, in dem das Shikonin produziert wird. Die Wurzel-zellen im Bioreaktor erzeugen immerhin 23 % Shikonin in nur 23 Tagen. Man vergleiche das nochmals mit der Natur: nur 2 % in 3 bis 7 Jahren! Pro Bioreaktorlauf werden etwa 5 kg reines Shikonin ge-wonnen. Mitsui konnte anfangs jährlich etwa 65 kg Shikonin prodizie-ren.

Folgen auch andere Pflanzenprodukte aus dem Bioreaktor?

Schon der urzeitliche Mensch, der Jäger und Nomade, verwendete Heil-pflanzen, die die Wundheilung beschleunigten und Fieber senkten. Selbst heute, im Zeitalter der synthetischen Arzneimittel, sind pflanzliche Pro-dukte in der medikamentösen Therapie unentbehrlich. An der Spitze stehen Steroide, z. B. Diosgenin (aus der Yamswurzel, rund 15 % der Gesamtrezepturen), Codein (aus Schlafmohn, Beruhigungsmittel), At-ropin (aus Tollkirsche zur Pupillenerweiterung bei Augenuntersuchungen und bei Vergiftungen), Reserpin (aus *Rauwolfia* zur Blutdrucksenkung), Digoxin und Digitoxin (aus Fingerhut, Herzmittel), Chinin (aus China-rinde, Malariamedikament, Aromastoff in Softdrinks).

Nachteilig bei den traditionellen Gewinnungsverfahren ist, dass sie nur begrenzt verfügbar sind, die Produktqualität schwankt, dass seltene Pflanzenarten von Ausrottung bedroht werden. Die Plantagen beanspruchen viel Platz. Pflanzenkrankheiten und Schädlinge treten in den empfindlichen Monokulturen auf. Verunreinigungen durch Pflanzenschutzmittel entstehen, Schwermetalle aus verschmutzter Luft gelangen in die Pflanzen und der Wirkstoffgehalt der Pflanze hängt von Klima, Witterung, Jahreszeit, Alter und Standort ab. Hinzu kommen Abhängigkeiten von politischen Krisen und Preiskartellen der Anbauländer.

Der letztgenannte Nachteil trifft allerdings meist nur die multinationalen Pharmakonzerne, die sich aber – wie das Beispiel der Steroidhormone gezeigt hat – sehr wohl zu wehren wissen. Die Befürchtungen der Entwicklungsländer, deren Exporte sehr oft von pflanzlichen Produkten abhängen, sind dabei zweifellos begründeter: Bei ihnen geht es oft buchstäblich um das nackte Überleben.

Die Pflanze übertrifft bei weitem alles, was von Chemikerhand bis in die überschaubare Zukunft synthetisiert werden kann. Man rechnet mit Zehntausenden von extrem kompliziert gebauten pflanzlichen Verbindungen. Alle diese Substanzen sind offenbar unter dem Selektionsdruck von Tieren und Mikroben entstanden. Viele Wirkstoffe richten sich auch gegen Warmblüter. Es gibt dabei noch Überraschungen wie beispielsweise die erstaunliche Wirksamkeit von Zimt gegen Diabetes.[*]

Man muss davon ausgehen, dass hier ein ungeheurer Schatz pharmakologisch interessanter Substanzen ruht, der seiner Hebung harrt. Nur ein Bruchteil der Pflanzenwelt ist bis heute untersucht worden, dazu teilweise mit veralteten, weit überholten und unzulänglichen Methoden zum Nachweis der Wirkstoffe. Da die chemische Synthese der Wirkstoffe entweder noch nicht möglich oder sehr aufwendig ist, sind die aus Pflanzen gewonnenen Naturprodukte in der Arzneitherapie nicht zu ersetzen. Um diese Versorgung künftig sicherzustellen und zu erweitern, ist die Gewinnung pflanzlicher Wirkstoffe mit Hilfe der Zellkulturtechnik zu erwägen.

*) Überrascht waren Diabetesforscher, dass der beliebte amerikanische süße Apfelkuchen bei Diabetikern den Blutzucker senkt. Grund: der zugesetzte Zimt (engl. *Cinnamon*). Zimt enthält eine wasserlösliche Polyphenolverbindung, MHCP, die Insulin imitiert und Insulinrezeptoren aktiviert. Ein halber Löffel Zimt pro Tag (und bei Gesunden selbst eine Zimtstange zum Tee) senken sehr effizient den Blutzuckerspiegel.

Welche Pflanzenwirkstoffe werden dem Shikonin folgen? Für die Zellkulturforscher ist die Catharante (*Catharanthus roseus*, auch Madagassisches Immergrün genannt) ein dankbares Untersuchungsobjekt, beinhaltet sie doch eine Reihe von Antibiotika, darunter die äußerst komplex gebauten Bisindol-Alkaloide Vinblastin und Vincristin. Beide Wirkstoffe sind in den USA als Antitumormittel zugelassen. Sie kosten mehrere tausend Dollar je Kilogramm und werden aus tropischen Entwicklungsländern importiert.

Aus Fingerhutarten (*Digitalis*) lassen sich die Steroidherzglycoside Digoxin und Digitoxin isolieren, wobei vor allem Digoxin und Digoxinderivate therapeutisch interessant sind.

Eckhard Wellmann und seinem chinesischen Mitarbeiter Ma in Freiburg gelang in Zusammenarbeit mit unserer Gruppe in Hongkong erstmals die Produktion einer hochinteressanten Substanz in pflanzlicher Zellkultur, die von den Chinesen schon seit Urzeiten gegen Gedächtnisschwäche eingesetzt wurde: Der Bärlapp *Huperzia* wächst nur langsam (8–10 Jahre) in den chinesischen Bergen und ist inzwischen von Sammlern nahezu ausgerottet worden, um das begehrte Huperzin A zu gewinnen. Nun konnte das Medikament Huperzin A erstmals im Bioreaktor erzeugt werden. Es kommt bei der Bekämpfung der Alzheimer-Krankheit zum Einsatz.

Pflanzenzellkulturen und ganze Pflanzen erweisen sich allmählich als die Methode der Wahl für die Herstellung hochwertiger Substanzen, wenn sich deren synthetische Herstellung als zu aufwendig erweist. Falls die mikrobielle Herstellung komplexer Proteine nicht möglich ist, werden zunehmend genmanipulierte, so genannte transgene Pflanzen eingesetzt.

Ein Schädling als Gentechniker

Wenn man Pflanzenzellen wie Mikroorganismen in Nährlösungen kultivieren kann, warum sollte man sie nicht auch gentechnisch verändern können?

»Natürliche Gentechniker« sind Wurzelhalsgallenbakterien (*Agrobacterium tumefaciens*), die im Boden leben und bei Verletzungen der Pflanze krebsartige Wucherungen (Wurzelhalsgallen) hervorrufen. Sie übertragen dazu ein großes Plasmid (ringförmige DNA), das den Tumor hervorruft (induziert) und deshalb Ti-Plasmid genannt wird.

Der Schädling eignet sich also als Trojanisches Pferd für fremde Gene.

Gentechniker entschärften die »wilden« Ti-Plasmide durch Zerstörung der Tumor-DNA, so dass keine Wucherungen mehr entstanden (weil man aus Krebsgewebe nur mit Mühe ganze Pflanzen regenerieren kann). Die so »gezähmten« Ti-Plasmide mit Fremdgenen, wie z. B. für die Resistenz gegen Herbizide oder Antibiotika, schleuste man entweder direkt in »nackte« Pflanzenzellen (Protoplasten) oder baute sie erneut in *Agrobacterium* ein, das dann intakte Pflanzenzellen befiel.

Auch Plasmide von Darmbakterien (*Escherichia coli*), den Arbeitspferden der Gentechniker, wurden erfolgreich genutzt, um Fremdgene in Protoplasten einzubringen. Sie benötigen jedoch ein zusätzliches Promotorgen (einen »Anschalter«) aus Pflanzenviren, um von der Pflanzenzelle abgelesen werden zu können. Die aus den Protoplasten oder intakten befallenen Zellen herangezogenen vollständigen Pflanzen tragen das Fremdgen in allen Zellen und geben es auch an ihre Nachkommen weiter.

Diese Pflanzen werden transgene Pflanzen genannt. In den USA sind bereits mehr als 30 transgene Pflanzen registriert. Transgene Baumwolle, Kartoffeln, Mais, Raps, Sojabohnen, Tomaten, die gegen Herbizide, Insektizide oder Viren geschützt sind. Sie wurden bereits auf über 35 Millionen Hektar Land angebaut.

Weniger Herbizide in Feld und Garten?

Etwa 10 % der Ernte gehen durch Konkurrenz so genannter »Unkräuter« verloren. Das ideale Herbizid sollte in niedrigen Mengen aktiv sein, das Wachstum der Nutzpflanzen nicht hemmen, schnell abgebaut werden und nicht das Grundwasser erreichen. Chemiker arbeiten intensiv an der Weiterentwicklung der Substanz selbst, Biotechnologen konzentrieren sich dagegen auf die Manipulation der Nutzpflanzen.

Der US-Genfirma Calgene gelang es als erster, Bakteriengene in Tabakpflanzen und Petunien einzuschleusen, die die Pflanzen gegen die Substanz Glyphosat resistent machen. Damit ertrugen diese Pflanzen das Herbizid »*Round Up*« (das meistverkaufte Herbizid in den USA) in Konzentrationen, bei denen normale Pflanzen längst eingegangen wären. Auftraggeber der Genfirma war, wen wundert's, der Chemieriese Monsanto, Hauptproduzent von »*Round Up*«.

Glyphosat schädigt die Pflanze, indem es ein wichtiges Enzym im Aminosäurestoffwechsel hemmt. Das Gen für dieses Enzym wurde mit Hilfe von *Agrobacterium* in Petunien- und Tabakzellen übertragen. Die wurden dann wieder zu ganzen Pflanzen herangezogen. Die Pflanzen besaßen nun eine vielfach höhere Konzentration des Enzyms und wurden deshalb erst von viel höheren Konzentrationen des Herbizids gehemmt.

Inzwischen konnten Sojabohnen, Baumwolle, Tomaten und Pappeln gegen verschiedene Herbizide resistent gemacht werden. Von vielen Ökologen wird diese Entwicklung allerdings kritisch gesehen. Sie begegnen mit Recht allen Maßnahmen mit Skepsis, die auf eine großflächige vollständige Vernichtung eines Schadfaktors gerichtet sind. Gerechterweise muss aber angemerkt werden, dass Glyphosat ein ausgezeichnetes Systemherbizid ist, das geringste Aufwandmengen gestattet, die ökologische Belastung extrem klein hält und kaum Rückstände in den Pflanzen und im Boden zurücklässt.

Ökologisch interessanter als der Schutz von Pflanzen durch Erhöhung ihres Enzymgehalts sind genmanipulierte Pflanzen, die tatsächlich aktiv das Herbizid abbauen und so entgiften. Nur so kann eine Anreicherung des Herbizids vermieden werden. Gelungen ist das für das Herbizid »Basta« (Wirkstoff: Phosphinothricin, PPT). Basta hemmt die Synthese der Aminosäure Glutamin in der Pflanze. Dadurch entsteht das giftige Ammoniak, das die Zellen abtötet. Das Gen für ein Enzym, das PPT abbaut, wurde aus Streptomyceten isoliert und auf Tabak, Kartoffeln, Raps und andere Pflanzen übertragen. Dadurch ist die Hemmung der Glutaminbildung aufgehoben.

Basta-resistente Rapspflanzen wurden übrigens verwendet, um die Fitness gegenüber konventionellen Rapspflanzen über 3 Jahre in drei klimatisch verschiedenen Regionen Englands zu testen. Die in »*Nature*« 1993 publizierten Ergebnisse entfachten heftige Diskussionen: Die transgenen Rapse hatten ein »durchschnittlich geringeres Invasionspotenzial« als nicht-transgene.

Keine Gefahr also? Freisetzungsgegner bemängeln bis heute, dass Modellversuche immer mangelhaft sind und dass im Durchschnitt der transgene Raps zwar unterlegen war, aber an speziellen Einzelstandorten in England durchaus auch überlegen sein konnte. Nach dem Bauernspruch: »Der Graben war im Durchschnitt nur einen halben Meter tief, und dennoch ist die Kuh darin ertrunken.«

Nachdenklich stimmt der Befund von Völkerkundlern, dass in der Sprache afrikanischer Eingeborenenstämme der Begriff »Schädling«

fehlt. Der »Weiße Mann« hat einfach alles Leben, das mit ihm um Nahrung konkurriert oder ihn krank machen könnte, kurzerhand als »Schädling« klassifiziert. Herbizide, Insektizide, Rodentizide, Bakterizide, Fungizide sind die Waffen gegen Schädlinge. Kein Zweifel besteht für unsere Mutter Erde, welches unersättliche und skrupellose Lebewesen momentan den gravierendsten Schaden der gesamten Erdgeschichte anrichtet.

Biologische Insektentöter

In einigen Entwicklungsländern werden rund 80 % der Ernte durch Insekten und Nagetiere vernichtet. In Europa rechnet man mit 25 bis 40 % Verlusten. Insekten sind in tropischen Ländern auch als Überträger der Malaria (*Anopheles*-Mücken) oder der Schlafkrankheit (*Tsetse*fliegen) gefürchtet. Betrachtet man alleine die Zahl der Erkrankten, so steht Malaria an der Spitze aller Krankheiten auf der Erde.

Deshalb müssen wohl oder übel bestimmte Insekten bekämpft werden. Bisher geschah das mit chemischen Mitteln. Sie vernichten dabei aber nicht nur die Schädlinge, sondern alle Insekten, die mit ihnen in Berührung kommen, und stören damit das empfindliche biologische Gleichgewicht. Hinzu kommt, dass auch andere Lebewesen langsam vergiftet werden, wie etwa insektenfressende Vögel. Das Buch »*The silent*

spring« (Der stumme Frühling) von Rachel Carson hat zumindest den Einsatz von DDT gebremst.

Rückstände von Insektiziden gelangen schließlich auch über die Nahrungskette in die menschliche Nahrung. Außerdem entwickeln Schadinsekten (wie Mikroben gegen Antibiotika) überall auf der Welt Widerstandskraft (Resistenz) gegen Insektizide. Um sie zu bekämpfen, erhöht man die Menge der Gifte oder muss neuartige Insektizide einsetzen.

Dieser Teufelskreis muss durchbrochen werden! Forscher in aller Welt suchen deshalb nach umweltfreundlichen biologischen Methoden zur Schädlingsbekämpfung.

So werden also neben Schlupfwespen und Marienkäfern auch Bakterien, Pilze und Viren gegen Schädlinge eingesetzt.

Der seinerzeit in Thüringen entdeckte *Bacillus thuringiensis* hat sich schon seit 20 Jahren als Raupentöter ausgezeichnet bewährt. Er wird auf den Feldern ausgesprüht und von den Raupen mit der Nahrung aufgenommen. Die Mikroben bilden zunächst nur schwach giftige kristallförmige Eiweiße, die sich im Raupendarm in die Giftform umwandeln und ihn auflösen. Gleichzeitig werden die Fresswerkzeuge gelähmt. Daran stirbt die Raupe.

Bacillus thuringiensis wird in Bioreaktoren in großem Maßstab gezüchtet. Eine Tonne des Mikrobenpräparates Bt-Toxin genügt, um 300 ha Wald, Rübenfelder, Baumwolle oder Obstplantagen von Schadinsekten zu befreien.

Neue Bakterienstämme wirken speziell gegen die Larven des Kartoffelkäfers. Waldschädlinge, wie Eichenwickler und verschiedene Spinnerarten, können ebenso gezielt vernichtet werden wie Hausfliegen und Goldafter, ohne dass dabei andere Insekten und Bienen getötet werden.

Die Unterart *israelensis* von *B. thuringiensis* bewährt sich hervorragend gegen Stechmücken. Deren Bekämpfung durch Insektizideinsatz hatte oft schwere Schäden für die gesamte Tierwelt zur Folge. In deutschen Gartencentern kann man ein Präparat für den Gartenteich kaufen, das aus *B. thuringiensis var. israelensis* gewonnen wurde. Es wirkt speziell gegen Mückenlarven, gefährdet jedoch nicht Nutzinsekten wie Bienen und ist ungefährlich für Menschen, Fische und Warmblüter.

Trotz dieser Erfolge ist der Einsatz von Bt-Toxin im Vergleich zu anderen Insektiziden gering und auf spezielle Anwendungen beschränkt. UV-Strahlen führen zu schnellem Abbau. Die Wurzeln der Pflanzen oder Insekten im Innern der Pflanzenstengel werden meist nicht erreicht.

Wer aufmerksam mitgelesen hat, für den ist der nächste Schritt logisch: Das Bt-Gen isolieren, vermehren (klonen) und mit *Agrobacterium* in Kulturpflanzen einbringen! Damit wären nur Insekten getroffen, die auf dieser transgenen Pflanze parasitieren.

In den USA ist bereits eine transgene Maissorte zugelassen, die dem Maiszünsler den Appetit verdirbt. Baumwolle, Tabak, Tomaten, Kartoffeln und Pappeln sind ebenso bereits mit Bt-Genen ausgestattet.

Aber: Werden die heimlichen Herrscher des Planeten, die Insekten, nicht auch dagegen resistent? Wahrscheinlich unter massivem Selektionsdruck schon. US-Behörden verlangen deshalb, dass transgene Sorten mit verschiedenen Bt-Genen abwechselnd mit »normalen« Sorten angebaut werden. So gibt es Refugien für nichtresistente Insekten, wodurch die Resistenzbildung verlangsamt wird. Für Großfarmer in der USA ist ein solcher Verlust auf Refugien leicht zu verschmerzen.

In Europa trifft es aber häufig alternative Landwirte, auf deren ungeschützten Feldern sich die ausgehungerten Insekten »durchfressen«. Außerdem fürchten sie Pollenflug von transgenen Pflanzen.

Eine weitere Frage, die untersucht wird: Können Herbizidgene von Kulturpflanzen an Unkräuter weitergegeben werden? Dann würden diese wilder denn je wuchern.

In der Regel können sich gentechnisch veränderte Pflanzen in der Natur nicht besser behaupten. Zumindest wurde das bisher nicht widerlegt. Sie werden dort angebaut, wo auch nicht modifizierte Pflanzen kultiviert werden, sind also keine verheerenden neuen Arten wie der Bärenklau in Europa oder Kaninchen in Australien.

Flavr Savr: die Anti-Matsch-Tomate

Auch ein anderer spektakulärer Versuch endete erfolgreich: Das Gen für das Glühwürmchenenzym Luciferase wurde in Zellen von Tabak eingeschleust. Wenn das Substrat Luciferin mit dem Gießwasser in die Pflanze gelangte und mit dem energiereichen ATP durch Luciferase umgewandelt wurde, begannen die transgenen Pflanzen tatsächlich, grünlichgelb zu leuchten!

Nun wird kaum zu erwarten sein, dass die Tabakernte künftig nachts erfolgen kann oder der Weihnachtsbaum sanft von alleine glimmt. Leuchtende Alleebäume würden allerdings Straßenbeleuchtung sparen.

Das Luciferase-Gen dient den Wissenschaftlern vielmehr als leicht erkennbarer Marker um festzustellen, welche Gene in welchen Teilen der Pflanze »angeschaltet« werden.

Der Phantasie sind nun keine Grenzen mehr gesetzt: Transgene Rosen wurden erzeugt, denen man ein Gen aus Nelken für das Entgiftungsenzym Cytochrom P-450 übertrug. Das Nelken-Enzym erzeugte in der Rose ein wunderbares blaues Pigment.

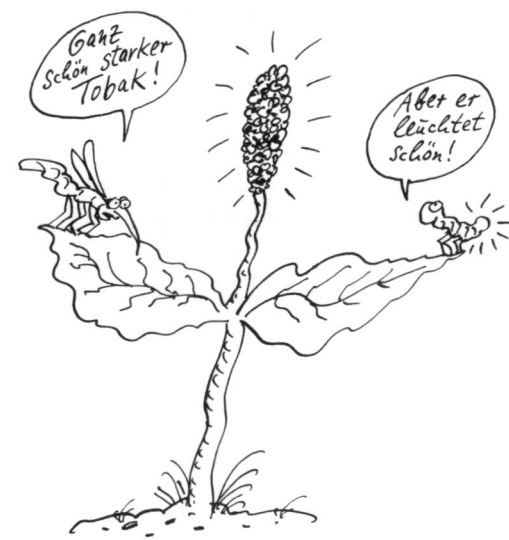

Gentechnisch erzeugte Nahrungsmittel werden im Moment von einer Mehrheit der Deutschen (70 %) abgelehnt, gleichzeitig befürwortet eine andere Gruppe aber die Biotechnologie, wenn es um die Gesundheit geht. Im eigentlich konservativen England ist Ketchup aus speziell gekennzeichneten Gen-Tomaten ein Verkaufshit geworden. Es ist preiswerter und schmackhaft.

Tomaten sind insgesamt das beliebteste Versuchsobjekt. Transgene Tomaten, die langsamer reif werden, eine dickere Haut haben und 20 % mehr Stärke produzieren, lassen die Herzen der Ketchup-Produzenten höher schlagen. Die »Anti-Matsch-Tomate« wird dann reif, wenn wir es brauchen, sie fault weniger schnell.

Die kalifornische Firma Calgene, Inc. hatte dazu die Idee: Tomaten werden bisher grün geerntet, um Reifung und Weichwerden zu vermeiden, bevor sie auf den Markt kommen. Sie werden mit Ethylen begast, damit sie rot werden, die Zeit reicht aber nicht aus, dass sie echten Geschmack entwickeln. Bei der Gen-Tomate bleibt dagegen die Frucht bis zur Reife an der Pflanze hängen.

Das Gen für das Enzym Polygalacturonidase (PG) ist verantwortlich dafür, dass die Zellwand der Tomate zuerst weich und dann schutzlos vor Bakterien wird. Das Enzym baut Pectin ab. Der Sinn von Früchten besteht ja darin, die Samen schnell in die Erde zu bringen: An das globale Umherkarren (»Äpfel aus Neuseeland!«) hatte die Natur weniger gedacht.

Man hat nun das Gen gezielt abgeschaltet und FLAVR SAVR®-Tomaten (»Aroma-Erhalter«) erhalten. Eine hohe Marktdurchdringung wurde mit dieser Sorte allerdings nicht erreicht. Das lag zum einen an der nicht besonders hohen Qualität der verwendeten Ausgangssorte und zum anderen daran, dass die am Strauch gereiften Tomaten von den Erntemaschinen geschädigt wurden, die auf harte, unreife Früchte ausgelegt waren. Die FlavrSavr-Tomate ist heute nicht mehr auf dem Markt. Das ihr zugrunde liegende Prinzip wird aber derzeit in vielen anderen Varietäten getestet.

Roter Kopf durch Tomaten?

Die Anti-Matschtomate war das erste zugelassene Genfood-Produkt der Geschichte. Die super-kritische Food and Drug Administration (FDA) testete deren Eigenschaften, nicht aber die Produktionsmethoden auf Verbrauchersicherheit, und diese nach Regeln von 1992. Dass bei der

Modifikation ein Gen für eine Antibiotika-Resistenz mit verwendet wurde, stellte für die FDA kein Sicherheitsrisiko dar. Im Amts-Amerikanisch: »Die Calgene-Tomate unterscheidet sich nicht signifikant von einer nicht-manipulierten Tomate und hat die essentiellen Charakteristika einer normalen Tomate, ist also sicher wie eine normale Tomate.«

Selbst DFG-Präsident Ernst-Ludwig Winnacker, natürlich flammender Biotech-Befürworter, meint aber in seinem Klassiker »Das Genom«: »So können sie zwar lange Reisen überstehen, aber muss denn dies wirklich sein? Könnten wir im tiefsten Winter nicht auch einmal auf Tomaten verzichten?«

Wir werden sehen, wie lange wir auf Genfood verzichten, wenn es tatsächlich besser schmeckt, weniger Pestizide und mehr Wertstoffe (Vitamine, Öle) enthält als die bisherigen Produkte und dabei weniger kostet.

Transgene Kartoffeln mit 25 % höherem Amylopectingehalt (verzweigte Stärke) oder transgener Raps, dessen Saatöl längere Ketten enthält, sind bereits hergestellt worden. Transgene Raps- und Sojasorten mit einem höheren Gehalt der essentiellen Aminosäure Lysin haben einen höheren Nährwert.

Virusresistente Zuckerrüben widerstehen der Wurzelbartkrankheit (*Rhizomania*). Sie nutzen den Trick des Igels im Märchen: »Ich bin schon da!« Die genetische Information für ein Virus-Hüllprotein wird in die Pflanze eingebaut und täuscht Virusbefall vor.

Man arbeitet außerdem daran, Kartoffelpflanzen gegen *Phytophtora infestans* (Kartoffelfäule) widerstandsfähig zu machen. Die Kartoffelfäule führte im 19. Jahrhundert zu Hungersnöten in Irland. *Phytophtora* ist der Pilz, der die irischen Vorfahren von John F. Kennedy zum Auswandern zwang. Die transgenen »pilzfesten« Pflanzen produzieren Chitinasen oder Glucanasen, die Pilzzellwände auflösen.

Genfood kennzeichnen?

Muss man Genfood kennzeichnen? Oliver Kayser von der Freien Universität Berlin fordert dringend auf, in der Diskussion zu differenzieren: »Keiner wird fürchten, einen roten Kopf zu bekommen, wenn er in eine Tomate beißt, obwohl er selbstverständlich mit dem Verzehr der Tomate deren komplettes Genom mitverzehrt. Die Information für die rote Farbe wird zwar prinzipiell auch von der menschlichen Zelle verstanden. Sie kann aber nicht realisiert werden, da die vorgeschalteten Kontrollelemente beim Menschen nicht funktionieren.«

Also: Selbst wenn ein »Matsch-Gen« der Tomate manipuliert wurde: Der Mensch hat keine Tomatenzellwände ... und wird kaum matschig.

Saubere Kennzeichnung sollte aber bei komplexen Gemischen mit rekombinanten Produkten selbstverständlich sein. Im Tomaten-Ketchup sind sowohl Fremd-DNA als auch die von dieser DNA kodierten Proteine enthalten. Kennzeichnen!

Völlig überflüssig ist es wohl, Zucker zu kennzeichnen, der aus gentechnisch veränderten Zuckerrüben stammt. Es sind nur reine Zuckerkristalle enthalten, keine DNA oder Proteine. Der Zucker ist völlig identisch mit Rüben- oder Rohrzucker, die ja auch nicht nach Herkunft gekennzeichnet werden. Zucker ist Zucker, ob die Rübe gentechnisch gegen »Wurzelbartkrankheit« resistent gemacht worden war oder nicht. Das gleiche gilt für Öl aus herbizidresistentem Soja.

Käse, der mit gentechnisch erzeugtem Enzym (Chymosin) erzeugt wurde, muss nicht gekennzeichnet werden. Chymosin ist gereinigtes Enzym (ohne DNA), das völlig identisch zum Kälber-Chymosin (Labferment) ist. Hier gibt es keine zusätzlichen Allergene. Sojabohnen mit dem Gen der Paranuss liefert dagegen ein nussreiches Produkt (Nuss-allergiker Achtung!), also: kennzeichnen.

In den USA hat man übrigens festgestellt, dass Mais in über 80 % aller Lebensmittel in irgendeiner Form enthalten ist: Cornflakes, Pop-corn, Fructose-Sirup, Stärke in *Instant Soups*, Babynahrung. Wo und wie soll man da kennzeichnen bei »Gen-Mais«?

Der EU-Ministerrat hat eine weise (!) Entscheidung getroffen: »alles kennzeichnen, was sich chemisch vom Normalfall unterscheidet«.

Wenn dies schon alles möglich ist, kann man nicht auch auch mensch-liche Eiweiße (z. B. Hormone) durch Pflanzen produzieren? »Gen-Pharming« ist das neue Schlagwort.

Gen-Pharming

Gentechnisch erzeugtes Insulin, Wachstumsfaktor und EPO haben gezeigt (Kapitel 3 und 4), dass Biotechnologie unverzichtbar ist. Der Bedarf dafür steigt rasant. Nun gibt es ein neues Dilemma: Wir verfü-gen nicht über genügend Produktionskapazität!

Nach einer Studie der Arthur D. Little, Inc. aus dem Jahr 2002 sind 1167 Proteine gegenwärtig »in der Pipeline« der Biotechnologen – mit Wachs-tumsraten von 20 %. Der Markt dafür wird auf 42 Milliarden US-Dollar 2005 und sage und schreibe auf 100 Milliarden im Jahr 2010 geschätzt.

Die »armen« Coli-Bakterien und auch Säugerzellen sind künftig total überfordert. Fachleute wie Jörg Knäblein (Schering AG Berlin) sind des-halb der festen Überzeugung, dass transgene Pflanzen das Rennen machen werden.

Was spricht aus seiner Sicht dafür? Die Kosten! Pflanzen produzieren 10 bis 50-mal preiswerter als *E. coli*, 100-mal billiger als Säugerzellen. Ein Gewächshaus kostet 10 US-Dollar/m^2 im Vergleich zu 1000 US/m^2 für tierische Zellkulturen. Ein 10 000 Liter Bioreaktor für Bakterien kostet 250 000 bis 500 000 US-Dollar und 5 Jahre, bis er läuft.

Transgene Tiere (Kapitel 8) können Medikamente zwar günstig in Milch produzieren, Tierschützer melden allerdings starke Bedenken an und jüngste Rückschläge lassen eine Ausweitung der Technologie zunehmend unwahrscheinlicher erscheinen. Bei Pflanzen gibt es dagegen weniger ethische und emotionale Probleme.

So wachsen also Arzneimittel in der Pharma-Plantage. Einen weite-ren entscheidenden Vorteil haben Pflanzenzellen: Komplizierte Eiweiße von höheren Lebewesen werden nach der Produktion in der Zelle noch modifiziert. Beispielsweise hängen höhere Zellen komplizierte Zucker nach einem bestimmten Muster an, ohne die manche Proteine nicht aktiv sind (s. Kapitel 4). Das können Bakterien nicht!

Was ist heute schon möglich? Antikörper (engl. *Antibodies*) kann man bereits in größeren Mengen in Pflanzen (*plants*) herstellen und sie haben auch schon einen Spitznamen: *plantibodies*. So hat man Antikörper gegen das Adhesin der Kariesbakterien (*Streptococcus mutans*) in transgenem Tabak produziert.

Auch Impfstoffe können in Kartoffeln und Bananen produziert werden: Kartoffeln mit einem Coli-Eiweiß, das zu Durchfällen führt (Enterotoxin B), schützte menschliche Freiwillige nach dem Verzehr effektiv vor den lästigen Begleiterscheinungen des Bakterienbefalls.

Transgene Pflanzen: Cui bono?

Die Diskussion über transgene Pflanzen und Genfood hält an. Die Hauptargumente dagegen sind eigentlich politischer Natur und kaum zu widerlegen: Sie dienen massiv den Interessen der großen Firmen und der Großfarmer, machen kleine Farmer noch abhängiger. Sie unterminieren nachhaltige und alternative Landwirtschaft. Gibt es denn postive Beispiele?

Ein wirklich umweltfreundliches Produkt wird durch transgene Pflanzen, *Arabidopsis thaliana* und Raps, produziert: Polyhydroxybutyrat (PHB) – ein bioabbaubares Polymer. Dieser Bioplaststoff verschwindet nach einiger Zeit völlig aus der Umwelt, weil er von Bakterien mit Freuden aufgefressen wird.

Ein weiteres gutes Beispiel sollte eigentlich der »Goldene Reis« werden. Die Öffentlichkeit Europas war begeistert: 1999 annoncierte das Schweizer Institut für Pflanzenwissenschaften an der ETH Zürich stolz eine transgene Reissorte, *Golden Rice*. Die goldschimmernden Körner enthalten in hoher Konzentration β-Carotin, ein Vorläufer für Vitamin A. Gene der Osterglocke (*Narcissus pseudonarcissus*) und eines Pilzes (*Erwinia uredovora*) wurden dafür auf Reis übertragen. In den armen Ländern erblinden jährlich Tausende von Kindern aufgrund von Vitamin A-Mangel.

Die Firma Zeneca hatte – ein Sonderfall in der Gentechnikbranche – sogar bekannt gegeben, das Saatgut für diesen »Goldenen Reis« kostenlos an Entwicklungsländer abzugeben. Alles wunderbar: »Gentechnik der Reichen hilft den Armen der Welt!«

Die kalte Dusche folgte auf dem Fuße. Kritiker stellten fest, dass auch konventioneller Reis β-Carotin enthält, bestimmte Varianten sogar in höheren Konzentrationen. Durch wissenschaftliche Forschung und Zucht könne ein »Goldener Reis« völlig ohne gentechnische Maßnahmen hergestellt werden. Und BBC-Umweltredakteur Alex Kirby verwies darauf, dass Goldener Reis keine Gesundheitsprobleme in den ärmsten Ländern lösen werde, da die Aufnahme von Beta-Karotin in den Körper an eine ausgewogene Diät mit vor allem salatartigen Gemüsen gebunden sei. Diese Anteile seien aber im Rahmen der monokulturellen Landwirtschaft seit den 60er und 70er Jahren stark zurückgegangen.

Auf die Frage, ob mit Sorten wie »Goldener Reis« die Welternährung gesichert werden kann, gibt es inzwischen klare Antworten. Dr. Richard Horton, Redakteur der britischen Wissenschaftszeitschrift *The Lancet*: »Eine technologische Lösung für das Hungerproblem bei der Biotechnologie zu suchen ist eine boshafte Irreführung der Öffentlichkeit – aus wirtschaftlichen Interessen.« Für die Seite der Wirtschaft stellt Steve Smith von Novartis Seeds klar: »Wenn Ihnen irgend jemand sagt, dass die Einführung von Genfood die Welt ernähren wird, sagen Sie ihm, dass das eine Lüge ist. Um die Welt zu ernähren bedarf es politischen und finanziellen Willens – das hat nichts mit Produktion und Vermarktung zu tun.«

Tropische Palmen in Deutschland? Antifrostbakterien

Können auch frostempfindliche tropische Palmen im deutschen Winter im Garten stehen bleiben? Gemeint ist nicht die Folge der globalen Erwärmung. Kann man Frostschäden an Pflanzen verhindern?

Am 24. April 1987 um 6 Uhr 45 machte Julie Lindemann, eine attraktive junge Wissenschaftlerin der Firma *Advanced Genetic Sciences (AGS)*, Biotechnologie-Geschichte. Sie stapfte in einem Mondanzug über ein kalifornisches Erdbeerfeld und versprühte dabei eine Brühe mit Antifrostbakterien: Zum ersten Mal wurden gentechnisch manipulierte Mikroben mit Genehmigung der staatlichen Behörden freigesetzt.

Damit endete ein langjähriger Disput über die Freilassung gentechnisch veränderter Lebewesen in die Umwelt. Die Geschichte der Antifrostbakterien begann 1980 im Labor der Universität von Kalifornien in Berkeley.

Schon seit langem wussten die Wissenschaftler, wie Pflanzen durch Frost geschädigt werden: Es bilden sich Eiskristalle auf den Blättern und in Pflanzenteilen, die das lebende Gewebe zerstören. Neu war, dass Bakterien dabei eine Schlüsselrolle spielen. Die nur ein tausendstel Millimeter großen Lebewesen dienen oft als Kristallisationszentren für die Eiskristalle. Leitungswasser gefriert bei 0 °C. Hochgereinigtes destilliertes Wasser kann dagegen bis auf –15 °C unterkühlt werden, solange es keine Verunreinigungen als Kristallisationszentren enthält.

Besonders eine kristallbildende Bakterienart ist in der Natur weit verbreitet: *Pseudomonas syringae*. Die beiden Biotechnologen Steven Lindow und Nikolas Panopoulos machten die Probe aufs Exempel: Sie untersuchten normale mit *Pseudomonas* befallene Pflanzen in einer Klimakammer bei Temperaturen unter dem Gefrierpunkt. Bei –2 °C begannen sich erste Frostschäden zu zeigen. Pflanzen, deren Bakterien abgetötet wurden, vertrugen noch –8 °C und sogar –10 °C ohne Schaden.

Nun ist es aber absolut unrealistisch, alle Bakterien der in freier Natur wachsenden Kulturpflanzen abtöten zu können. Die beiden Forscher suchten deshalb nach der Ursache, die Mikroben zu Frostbakterien verwandelt.

Sie fanden heraus, dass ihre Staubkorngröße allein zur Eisbildung nicht ausreicht. Vielmehr regt ein spezielles Eiweiß auf der Oberfläche der Winzlinge die Bildung von Eiskristallen an. Könnte man den Abschnitt aus dem DNA-Strang der Frostbakterien herausschneiden, der den Befehl zur Bildung des Frosteiweißes enthält, dann müsste auch ihre Fähigkeit verlorengehen, Eiskristalle zu bilden. Genau das gelang Lindow und Panopoulos mit gentechnischen Methoden.

Als nächstes besiedelten sie Pflanzen mit den neuen Antifrostbakterien. Und siehe da: Sie bewahrten ihre Wirte vor Frostschäden. Größere Versuchsreihen im Labor zeigten, dass es ausreichte, Pflanzen mit einer Antifrostbakterienflüssigkeit zu besprühen. Die gentechnisch manipulierten verdrängten dann die natürlichen Mikroben. Die Sprühflüssigkeit lässt sich billig und in großen Mengen in Bioreaktoren herstellen.

Verlockende Perspektiven eröffnen sich. Zum Beispiel könnte eine Vielzahl von Kulturpflanzen, die bisher nur in wärmeren Regionen gedeihen, auch weiter nördlich angebaut werden. Nicht zuletzt ließen sich Frostschäden einschränken. Doch eine entscheidende Frage bleibt offen: Wie verhalten sich die neugeschaffenen Mikroben in der Umwelt?

Im April 1983 gab die Gesundheitsbehörde der USA, deren Beratungskommission über Gentechnikexperimente entscheidet, grünes Licht für Freilandversuche. Die Rechnung war aber ohne die amerikanische Öffentlichkeit gemacht worden. Einige Bürger gingen vor Gericht und kritisierten, dass es keine umfangreichen ökologischen Studien gegeben habe: Wer garantiert, dass nicht auch Unkräuter und Pflanzenschädlinge von den Frostschutzbakterien profitieren? Wird das biologische Gleichgewicht gestört? Einmal in die Umwelt entlassene Mikroben kann man nicht zurückrufen. Selbst Klimaveränderungen wurden nicht ausgeschlossen.

Im Mai 1984 entschied man, Freilandversuche mit gentechnisch manipulierten Lebewesen nicht zuzulassen. Es sollte ein ökologisches Gutachten vorgelegt werden, in dem Nutzen und Risiken für die Umwelt abgewogen werden. Die Forscher experimentierten daraufhin weiter im Labor und im Gewächshaus und konnten einige der kritischen Punkte entkräften.

Schließlich waren 1987 die Auflagen der US-Umweltbehörde erfüllt. Zwar wurde ein Teil der Erdbeerpflanzen trotz moderner Sicherungsanlagen kurz vor dem ersten Test von Unbekannten herausgerissen, der Test verlief jedoch erfolgreich. Es konnten keine manipulierten Mikroben außerhalb der 30-m-Sicherheitszone gefunden werden. Nicht einmal 15 m weit breiteten sich die manipulierten Bakterien aus.

In Europa wurden übrigens genmanipulierte Viren schon im September 1986 freigesetzt, allerdings, um die Sicherheit von Gentechnik-experimenten zu überprüfen: Baculoviren töten normalerweise die Raupen der Kieferneule (*Panolis flammea*), eines Forstschädlings. Oxforder Virologen setzten nun in das Erbmaterial des Virus ein 80 Basenpaare langes DNA-Stück ein, das nur dazu dient, die Viren genetisch zu markieren, und den Stoffwechsel nicht verändert. Auf diese Weise kann das Schicksal von einmal freigelassenen Mikroorganismen im Feld weiter-verfolgt werden. Schädlingsraupen wurden mit »markierten« Viren infiziert. Sie und auch die geschlüpften Schmetterlinge können die engmaschigen Netze des Testfeldes nicht durchdringen. Wenn die Experimente gelingen, sollen die Baculoviren mit einem Gen für ein zusätzliches Insektengift und einem »Selbstmordgen« versehen werden: Letzteres sorgt dafür, dass die Viren nach getaner Arbeit absterben.

Snowmax: Bakterien in Schneekanonen

In der Zwischenzeit ließen sich aber die pfiffigen Manager von *Advanced Genetic Sciences* (AGS) etwas einfallen: Sie verkauften die in Biorektoren massenhaft produzierten und dann abgetöteten natürlichen Frostbakterien unter dem Namen »Snowmax«, um künstlichen Schnee zu produzieren. Die toten Bakterien werden dem Wasser von Schnee-kanonen zugesetzt.

Die Schneeproduktion steigt mit »Snowmax« um 45 %. »Snowmax« spart außerdem Kühlenergie. Keine Behörde in den USA verbietet, nicht-manipulierte natürliche Mikroben freizusetzen.

Inzwischen boomt das Geschäft mit Kunstschnee *made by Snowmax* weltweit. Die abgetöteten natürlichen Frostbakterien »retteten« übrigens die Olympischen Winterspiele 1988 in Calgary (Kanada) bei einem unerwarteten Wärmeeinbruch.

Bereits Anfang der 90er Jahre haben Studien aus der Schweiz die Rentabilität vieler niedrig gelegener Skigebiete in Frage gestellt. In Zukunft wird sich diese Situation angesichts der Klimaveränderung weiter verschärfen. Nur noch 44 % der Schweizer Skigebiete gelten auf längere Sicht als schneesicher.

Das trifft auf die gesamten Alpen zu. Selbst so große und bedeutende Skiorte wie Kitzbühel (Tirol) können keine durchgehende Skisaison mehr garantieren. Eine aktuelle Studie der Universität Graz (Österreich) zeigt, dass die Hälfte der österreichischen Skigebiete im Jahr 2050 mit großem Schneemangel zu kämpfen haben wird. Snowmax ist in der Schweiz, trotz vehementer Proteste, seit 1997 offiziell zugelassen.

6
Biotechnologie und Umwelt

Sauberes Wasser – ein Bioprodukt

Noch 1892 glaubten die Einwohner Hamburgs, sie könnten das Elbe- und Alsterwasser direkt aus dem Fluss trinken. 8605 von ihnen bezahlten das innerhalb weniger Wochen mit ihrem Leben. Längst war das Flusswasser nicht mehr sauber, sondern eine ideale Brutstätte für Mikroben – auch für Cholera-Erreger. Die vornehmere Nachbargemeinde Altona blieb dagegen verschont. Hier wurde das Flusswasser zumindest über eine einfache Sandfiltration gereinigt. Die Reinigung des Abwassers wurde also in den großen Städten unumgänglich.

Jeden Tag verbrauchen wir heute 200 bis 300 Liter Wasser, an heißen Tagen sogar bis zu 1000 Liter. Speisereste, Fette, Zucker, Eiweiße, Exkremente – alles fließt mit dem Abwasser davon, dazu kommt die Seifenlauge aus der Waschmaschine. In der Landwirtschaft produziert ein Rind so viel Abwasser wie 16 Einwohner einer Stadt!

Häusliches Abwasser enthält eine organische Belastung von 60 g Biochemischen Sauerstoffbedarf (BSB) pro Einwohner und Tag. Das heißt, man braucht 60 g Sauerstoff, um diese von einem einzigen Menschen verursachte Verschmutzung mit Bakterien vollständig abzubauen. Eine Zuckerfabrik erzeugt bei der Produktion von 1 t Zucker soviel Belastung wie 1000 bis 2000 Menschen.

In 1 Liter Wasser lösen sich bei 25 °C nur 10 Milligramm Sauerstoff. Für den vollständigen Abbau der organischen Belastung eines einzigen Einwohners brauchte man also theoretisch den Sauerstoff aus 6000 Litern Wasser!

Was passiert in einem Gewässer? Aerobe Bakterien bauen organische Stoffe mit Hilfe von Sauerstoff ab und verbrauchen diesen dabei. Fische sterben. Anaerobe Bakterien vergären den Rest. Dabei entsteht Methan (Biogas) und giftiger Schwefelwasserstoff (H_2S). Die restlichen Organismen sterben ab, tote Gewässer sind die Folge.

Da die natürliche Reinigungskraft der Mikroben in den Flüssen längst nicht mehr ausreicht, müssen die Abwässer in riesigen Kläranlagen so weit durch Mikroorganismen abgebaut werden, dass sie wieder ohne Schaden in die Gewässer geleitet werden können. Am Rhein beispielsweise werden pro Jahr 15 Milliarden m³ Abwasser durch die Chemieindustrie geklärt.

Abwasseranlagen sind die größten »Biofabriken« der Gegenwart. Sie verwerten Abwasser und liefern ein Bioprodukt in Riesenmengen: sauberes Wasser.

Mikroorganismen leisten bei der Abwasserreinigung Schwerstarbeit. Sie veratmen die Zucker, Fette und Eiweiße im Abwasser mit Hilfe von Luftsauerstoff zu Kohlendioxid und Wasser. Dabei wachsen und teilen sie sich unaufhörlich. In den Kläranlagen werden ideale Bedingungen für das Wachstum, die Vermehrung und die Abbauarbeit der Mikroben geschaffen.

Was sie neben Nahrung vor allem brauchen? Sauerstoff!

Aerobe Abwasseranlagen wurden vor etwa 100 Jahren eingeführt. In Berlin schuf der »Erfinder« der Mietskasernen James Graf Hobrecht (1825–1902) Kanalisation und Rieselfelder, auf die der Bioschlamm ausgebracht wurde. So konnten Seuchen zurückgedrängt werden. Heute sind 10 000 Kläranlagen in Deutschland in Betrieb. Beim Urlaub am Mittelmeer kann man stellenweise noch beobachten, welche Folgen das Fehlen von Abwasserreinigung hat.

Biologische Abwasserreinigung

Da für den Abbau von einem Gramm Zucker mehr als ein Gramm Sauerstoff benötigt wird, sich im Wasser bei Normaltemperatur aber nur etwa 10 Milligramm Sauerstoff pro Liter lösen lassen, wird der Sauerstoff im Wasser durch die Mikroorganismen sehr schnell aufgebraucht. Abwasser muss man deshalb ständig umwälzen und mit Sauerstoff belüften – ein energieaufwändiger Prozess.

Beim modernen Belebtschlammverfahren bilden die Bakterien, Pilze und Hefen gemeinsam mit den Nährstoffen große Flocken, die durch von Bakterien gebildeten Schleim zusammengehalten werden. Diese Schlammflocken schweben in riesigen Becken mit rotierenden Paddeln oder Bürsten, die Luft in das Wasser förmlich einschlagen. So können sich sauerstoff-verbrauchende Mikroben gut vermehren. In einem Nachklärbecken setzt sich ein Teil dieses Schlammes ab. Ein kleinerer Teil wird wieder in das Belebtschlammbecken zurückgeführt, damit für die nachströmenden neuen Abwässer ausreichend große Mengen Bakterien vorhanden sind.

Die Leistungsfähigkeit der Mikroben des Belebtschlammes ist erstaunlich: Ein Kubikmeter Mikroben kann das 20-Fache an stark verschmutzten Abwässern reinigen. Das von Begleitstoffen und Keimen gereinigte Wasser wird nun noch zusätzlich über Tropfkörper geleitet, wo auf Material mit großer Oberfläche – wie Gestein oder Sinterkörpern – Bakterien und Pilze sitzen und als biologische Filter arbeiten.

Der abgesetzte Schlamm wird in besonderen Faultürmen unter Luftabschluss behandelt. Dabei setzen Methanbakterien verbleibende organische Stoffe zu Methan um, das als Biogas Energie liefern kann. Der ausgefaulte Schlamm kann als Dünger verwendet werden.

In Deutschland werden jährlich in etwa 5000 Schlammfaulungsanlagen mit 1 Mio. m^3 Arbeitsvolumen immerhin 100 Millionen m^3 Biogas erzeugt! Biogas liefert in Indien und China mit 100 000 Biogasanlagen aus Biomasse, Haushaltsabfällen und Gülle ein Zehntel der insgesamt produzierten Energie dieser Länder.

Die Becken der Kläranlagen erfordern viel Raum, der besonders in Industriegebieten knapp ist. Deshalb wurden in den letzten Jahren Biohochreaktoren mit 15 bis 30 m Höhe für die Abwasserreinigung entwickelt (»Turmbiologie«). Es gibt auch Tiefschachtreaktoren, die in die Erde gebaut werden. Man erreicht durch die größere Bauhöhe oder -tiefe zum einen, dass sich die Gasblasen länger in der Flüssigkeit aufhalten, und zum anderen eine durch den verstärkten Druck erhöhte Sauerstofflöslichkeit. Beide Reaktortypen sind intensiv von ihrem Boden aus mit Sauerstoff durchströmt, bringen hohe Abbauleistungen, brauchen wenig Platz, sind aber noch teuer und kompliziert.

Mehr und mehr werden auch anaerobe Prozesse in die Abwassertechnik eingeführt. Das aerobe Verfahren wandelt bis zu 50 % der organischen Verunreinigung in Biomasse um. Dadurch entstehen riesige Mengen Schlamm, die ebenfalls beseitigt werden müssen. Anaerobe

Verfahren überführen dagegen nur 5 % in Biomasse und 95 % in Biogas. Der Schlamm aus dem Belebtschlammverfahren entsteht also gar nicht erst, sondern wird gleich zu Biogas umgesetzt. Biogas ist für Länder wie China und Indien eine wichtige biotechnologische Energiequelle.

Die Ölfresser des Professors Chakrabarty

»Ich habe gewonnen!« schrie 1980 aus voller Kehle ein sonst bescheidener und zurückhaltender Inder, als er den Bescheid des Obersten Gerichtshofs zu »Diamond versus Chakrabarty 447 U.S. 303 (1980)« hörte. Er hatte 1971 ein Patent angemeldet und seitdem prozessiert. Sein ölfressender Bakterien-Stamm war das erste »neugeschaffene« Lebewesen in der Geschichte, für das ein Patent in den USA erteilt wurde.

Der in den USA lebende indische Biotechnologe Professor Ananda Mohan Chakrabarty (geb. 1938) hatte bei General Electric zunächst Bakterien gezüchtet, die das hochgiftige Pflanzenvernichtungsmittel (Herbizid) 2,4,5-T abbauen können.[*]

[*] Das Herbizid wurde im Vietnamkrieg als Bestandteil
     von Agent Orange (es enthielt außerdem mutagene
     Dioxinverunreinigungen) in riesigen Mengen zur
     »Entlaubung« großer Dschungelgebiete eingesetzt und
     hatte katastrophale gesundheitliche Folgen bei der
     Zivilbevölkerung und den Kindern der US-Soldaten.

Professor Chakrabarty züchtete regelrechte Ölfresser. Vier Stämmen von *Pseudomonas putida,* die jeweils Octan, Kampfer, Xylol und Naphtalin abbauen, entnahm er zunächst Plasmide, erzeugte daraus »Super-Plasmide« und schleuste sie schließlich wieder zurück in die Bakterien ein. Damit schuf er ein Superbakterium, das alle vier Stoffe abbaut.

»Das ist nicht mehr, als wenn Sie Ihrem Hund oder Ihrer Katze ein paar Tricks beibringen«, sagte Chakrabarty der Zeitschrift *People.* Das war tiefgestapelt: Die transformierten Bakterien stürzten sich nämlich »mit Heißhunger« auf giftige Erdölrückstände. Sie sollten bei Tankerkatastrophen, wenn riesige Flächen des Meeres von der Ölpest bedroht sind, schnell das Erdöl abbauen. Die massenhaft gewachsenen Mikroorganismen werden anschließend durch andere Meereslebewesen gefressen und verschwinden dadurch wieder. Chakrabartys Ölfresser kamen allerdings in der Umwelt nie zum Einsatz: Die Freisetzung gentechnisch manipulierter Bakterien ist nämlich bis mindestens 2005 nicht erlaubt.

Bei der Havarie der »Exxon Valdez« 1989 vor der Küste Alaskas wurde die Hauptmasse des dicken Öls aufgesaugt und filtriert, die Schicht auf Felsen und Kies jedoch mit »normalen« gezüchteten Bakterien abgebaut. Durch Zugabe von »Dünger« (Phosphat und Nitrat) wuchsen die Mikroben wesentlich besser.

Spektakuläre Tankerkatastrophen stellen jedoch nur einen geringen Anteil der allgemeinen Ölverschmutzung dar. Jährlich gelangen immer noch Millionen Tonnen Erdöl in die Meere, ein Viertel davon durch das illegale Säubern der leeren Tanker auf offener See, ein Drittel durch Abwässer mit den Flüssen. Petroleumverseuchte Böden (unter Tankstellen zum Beispiel) sind komplizierter. Nach der Wiedervereinigung gab es im Osten Deutschlands einen riesigen Boom für die Sanierung verunreinigter Böden. Zwei Meter hohe Beete werden dabei mit mikrobiellen Spezialisten beimpft, durchlüftet und durchmischt. Oft sind schon nach zwei Wochen über 90 % der Schadstoffe abgebaut.

Der Bioklebstoff – die Miesmuschel als Vorbild

Jeder kennt wohl die blauschwarzen Schalen der essbaren Miesmuschel (*Mytilus edulis*), die sich in den Meeren überall an Pfählen, Steinen, Buhnen und der Unterseite von Schiffen mit so genannten Byssusfäden anheften. Drei Jahre lang isolierten Meeresbiologen aus 20 000 Miesmuscheln insgesamt 3 mg des Klebstoffes.

Der Klebstoff, den die Miesmuschel aus ihrer Fußdrüse absondert, ist ein Protein mit einer ungewöhnlich hohen Anzahl von seltenen Aminosäuren. Diese Aminosäuren erlauben verschiedene chemische Bindungen, wobei die Aminosäureketten entweder untereinander oder auf einer Oberfläche mit Hilfe von Enzymen »verkleben«.

Das Protein umhüllt Kollagenfäden als klebrige Masse und härtet in drei Minuten aus. Selbst Meerwasser zerstört das Protein jahrelang nicht. Der Bioklebstoff haftet ganz fest: Zahnärzte könnten ihn als das ideale Mittel für die Befestigung und Reparatur von Zähnen verwenden und damit Zahnschmelz gegen Kariesbakterien versiegeln. Knochenbrüche könnte man kitten statt nageln. Es wird erprobt, abgelöste Netzhaut wieder anzuheften und transplantierte Netzhaut zu fixieren. Amerikanische Militärs, die großzügig auch viele biotechnologische Forschungen fördern, interessieren sich für eine andere Eigenschaft des Bioklebers: Er dient getreulich nur den Miesmuscheln, die ihn abscheiden. Andere Muscheln und Kleintiere können sich dagegen auf einer wasserabweisenden Schutzschicht aus Bioklebstoff nicht ansiedeln. Der die Fahrt verlangsamende Bewuchs der Schiffe und ihre sehr teure Säuberung in Trockendocks könnten vielleicht durch einen Bioanstrich vermieden werden. Für die Medizin überlegt man, ob man zum Beispiel Herzschrittmacher so vor Feuchtigkeit schützen kann.

Naturschützer müssen nun aber nicht um die Miesmuschel bangen – für ein Pfund des Klebstoffes müssten zwei Millionen Muscheln verarbeitet werden, das wäre viel zu teuer! Hier helfen wieder die Mikroben: Die US-amerikanische Genex Corporation hat einen wesentlichen Teil des Gens für den Biokleber-Vorläufer isoliert, in Hefen und *Escherichia* übertragen und produzierte den ersten Bioklebstoff der Welt industriell.

Bioplastik: essbare Verpackung

»Sie können den Frischhaltebeutel gleich mit in den Kochtopf werfen! Er löst sich von selbst auf!« Immer öfter tragen Gemüsepackungen und Fertiggerichte in japanischen Supermärkten diesen Hinweis. Sie sind in appetitlicher cellophanartiger Folie verpackt. Die Folie wurde aus dem Bioprodukt Pullulan produziert. Das Polysaccharid besteht zwar aus Glucosebausteinen, diese sind jedoch so verknüpft (über die Kohlenstoffatome 1 und 6 statt 1 und 4 wie bei der Stärke), dass ihre Bindungen (im Gegensatz zu denen der Stärke) nicht von Amylasen gespalten werden können. Sie sind also für den Menschen nicht verdaubar und somit kalorienarm. Pullulan erhöht wie das Xanthan die Zähflüssigkeit (Viskosität) bei Lebensmitteln.

Die japanische Firma Hayashibara stellt Pullulan durch Pilze (*Pullularia pullulans*) aus einfachen Zuckern her und gießt aus dem zähen Pullulansirup dünne Schichten, die bei Trocknung feste Folien ergeben. Die Folien sind ein exzellentes Verpackungsmaterial, weil sie das Verpackte zwar luftdicht abschließen, sich in heißem Wasser jedoch auflösen. Sie sind natürlich auch umweltfreundlich und werden in feuchtem Zustand von Mikroben abgebaut. Als besonderer Gag werden »Folien mit Geschmack« angeboten, zum Beispiel mit Frucht- oder Knoblauchgeschmack, die das Aroma des Eingepackten lange erhalten sollen.

Inzwischen werden auch Kapseln für Medikamente aus Pullulan hergestellt.

Biologisch leicht abbaubar sind auch Produkte aus Polyhydroxybuttersäure (PHB). PHB hat Eigenschaften wie Polypropylen (PP), das uns aus dem alltäglichen Gebrauch von Plastikartikeln vertraut ist. Im Gegensatz zu diesem Erdölprodukt wird PHB jedoch aus Zucker von Bakterien der Art *Alcaligenes eutrophus* (*Ralstonia eutropha*) erzeugt. PHB dient den Bakterien als Energiespeicherstoff und sammelt sich in Men-

gen von bis zu 80 % der Trockenmasse an. Die Bakterien bestehen also zum Großteil aus Plastik!

Die biologische Abbaubarkeit macht *Biopol* zu einem sehr interessanten Material für die Medizin: Künftig müssen nach Operationen keine Fäden mehr gezogen werden.

Apropos Fäden: »Spiderman« gefällig? Interessant sind die Fangfäden von Seidenspinnen (*Nephila*), deren Netze oft so stark sind, dass sie in der Südsee zum Fischfang verwendet werden. Phantastischerweise lassen sich die Fangfäden um ein Drittel dehnen, bevor sie reißen. Da es sich bei Spinnfäden (wie bei Seide) um Eiweiße handelt, versucht man solche »Spidroine« gentechnisch in *E. coli* zu produzieren.

Was kann man noch mit Biopol machen? Zum Beispiel in *Biopol*kapseln Medikamente einschließen, die über lange Zeit an den Körper abgegeben werden sollen. Ebenso können Nährstoffe und Wachstumsregler, mit einem *Biopol*mantel versehen, im Gartenbau und in der Landwirtschaft in den Boden eingebracht und langsam mit der mikrobiellen Zersetzung an die Umgebung abgegeben werden. Das ist kein Wunder: Schließlich wurde *Alcaligenes eutrophus* seinerzeit aus Bodenproben der Norddeutschen Tiefebene isoliert. Im Boden zersetzen Pilze, Bakterien und extrazelluläre Enzyme *Biopol* in wenigen Wochen bzw. in maximal mehreren Monaten.

Gemüseplastik: CDs und Computer auf den Komposthaufen!

Wer in Japan seine Rechnung von der Telefonfirma NTT DoCoMo bekommt, dient der Umwelt: Das Plastik-Sichtfenster des Briefumschlages begann sein Leben nicht in einer Erdölquelle, sondern auf einem Maisfeld. Es besteht aus Polylactat (*polylactic acid*, PLA). Das ist Milchsäure (Lactat), die aus Glucose durch Fermentation der Maisstärke gewonnen wurde. Seit 2002 baute die Cargill Dow Polymers LLC in Nebraska (USA) eine PLA-Fabrik auf, die 140 000 Tonnen PLA pro Jahr produzieren kann. Die PLA wird unter dem schönen Namen *NatureWorks™ PLA* vermarktet. Eine japanische Firma macht daraus dünne transparente Folien. Man braucht etwa 10 Maiskörner pro A4-Folie aus PLA.

Das Bioplastik-Material macht in Japan Furore. Aufgrund begrenzter Ressourcen und fehlendem Platz für Mülldeponien sind die Japaner schon immer Vorreiter in der Biotechnologie gewesen. 15 Millionen Tonnen Erdöl werden jedes Jahr nach Japan importiert. Zehntausende

Meerestiere rund um die japanischen Inseln gehen jedes Jahr durch unendlich stabile Plastikabfälle elend zugrunde.

Der Autoriese Toyota hat nun angekündigt, die Hüllen von Ersatzreifen und Fußmatten aus PLA herzustellen. Sanyo Electric Co. kommt gar mit einer »Pflanzen-CD« aus PLA auf den Markt. Japans größte Computerfirma Fujitsu plant, einen »*Veggie-Notebook-Computer*« auf den Markt zu bringen, dessen Gehäuse kompostierbar ist!

Probleme sind noch die Wärmeempfindlichkeit des neuen Stars und sein Preis. »Kein Problem bei eiskalter Coca Cola, aber bei 60 °C wird PLA weich und niemand möchte seinen heißen Teebecher in der Hand dahinschmelzen sehen,« sagt Noboyuki Kawashima von Mitsui Chemicals Ltd. »Natürlich werden wir diese technischen Probleme aber lösen!«

Bioabbaubare Teebeutel und Esscontainer sind in Entwicklung. Den Kosten von 500 Yen (etwa 5 Euro) pro Kilogramm Bioplastik stehen aber noch immer nur 150 Yen für Erdölplastik gegenüber.

Wenn also in Zukunft Plastikabfälle in unserer Umwelt und den Weltmeeren »von selbst« verschwinden, ist das ein Erfolg neuer Bioprodukte. Hier ist die Einbahnstraße Rohstoff-Produkt-Abfall zugunsten eines natürlichen Kreislaufs abgeschafft worden, der in alle Richtungen offen ist.

7

Biotechnologie als Supernase

Taschen-Biosensoren für Millionen Diabetiker

»Krankheit beruht auf einer fehlerhaften Mischung der vier Körpersäfte: Blut, Schleim, schwarze und gelbe Galle. Je nach Zusammensetzung und Aussehen der Körpersäfte kann man also auf die Art und den
Ort der Erkrankung schließen.«

Diese modern klingende »Säftelehre« entwickelte im 2. Jahrhundert
Claudius Galenus von Pergamon (Galen). Sie behielt über die Jahrhun-
derte Einfluss auf die Medizin. Besonders der Urinanalyse wurde große
Bedeutung zugemessen. Farbe, Geruch und Geschmack des Urins gal-
ten als sichere Indikatoren. Der Geschmack des Urins wurde allerdings,
wie man im Decamerone des großen italienischen Dichters Giovanni
Boccaccio (1348–1353 geschrieben während eines Pestausbruchs in Europa)
vergnüglich nachlesen kann, nicht vom Meister, sondern vom Gehilfen
ermittelt. Der Meister kümmerte sich in diesem Falle intensiv um das
Wohlbefinden der schönen leidenden Dame, die nach ihm geschickt
hatte. Der Gehilfe ermittelte mittlerweile die Süße des Urins mit einem
»Biosensor«, den Rezeptoren seiner Zunge!

Bei der Zuckerkrankheit (Diabetes) ist die Glucose-Konzentration im
Blut deutlich erhöht, da Glucose vom Körper über den Urin »entsorgt«
wird. Naturvölker bestimmten den Zuckergehalt von Urin hygienischer
als wir: Vor die Wahl gestellt, bevorzugen tropische Schmetterlinge Schäl-
chen mit süßerem Harn.

Das kolbenförmige Harnglas (Matula) war das Wahrzeichen der Ärzte
im Mittelalter. Man traute der Harnbeschau viel zu: Trübungen an der
Oberfläche des Urins sollten z. B. auf Kopfkrankheiten schließen lassen.

Erst mit der Entdeckung der Enzyme erfüllte sich der alte Traum der
exakten Diagnose aus Körperflüssigkeiten. Aus einer Mixtur Hunderter
Substanzen (wie im Blut oder Urin vorhanden) lassen sich gezielt einzelne Substanzen (wie Glucose) herausfinden. Es gibt dafür Biosensoren,
Taschengeräte, die jeder Diabetiker selbst bedienen kann. 8 % der

Diabetes? Was tun!

Professor Stephan Martin, Leitender Oberarzt am Diabetes-Forschungszentrum in Düsseldorf, sieht eine große globale Dramatik: Diabetes ist auf dem Vormarsch, die Volksseuche Nummer eins zu werden. In den vergangenen Jahren ist es zu einem dramatischen Anstieg an Diabetes mellitus-Neuerkrankungen gekommen, und man geht aktuell davon aus, dass ca. 7–8 % der Bevölkerung von dieser Erkrankung betroffen sind.

Über 95 % der Fälle sind am Typ-2-Diabetes erkrankt, der früher als Altersdiabetes bezeichnet wurde. Bei dieser Diabetesform kommt es zu einem Verlust der Insulinwirkung. Der Körper ist nicht mehr in der Lage, diesen Verlust durch Insulinmehrproduktion auszugleichen. Wo liegen die Ursachen dieser Epidemie?

Zwar werden immer wieder »die Gene« verdächtigt, doch da es erst in den letzten Jahren zu einem dramatischen Anstieg der Neuerkrankungen gekommen ist, müssen weitere Auslösefaktoren verantwortlich sein. In wissenschaftlichen Studien wurde Übergewicht und verminderte körperliche Aktivität als die wesentlichen Auslösefaktoren des Typ-2-Diabetes identifiziert. Diese Faktoren spielen auch bei der Entwicklung von anderen metabolischen Erkrankungen, wie Bluthochdruck und Fettstoffwechselstörungen, eine wichtige Rolle.

Diabetes, Bluthochdruck und Fettstoffwechselstörungen sind neben Rauchen die wichtigen Risikofaktoren für Herzkreislauferkrankungen! Der Diabetes führt zusätzlich zu Nieren-, Augen- und Nervenschädigungen mit so fatalen Folgen wie Abhängigkeit von Dialyse, Erblindung und Amputationen (bei »Diabetischem Fuß«).

Steigende Zahlen an übergewichtigen Personen in allen Altersgruppen und eine Gesellschaft, die sich immer weniger körperlich bewegt, lassen eine weitere dramatische Entwicklung der metabolischen Erkrankungen in den kommenden Jahren befürchten. Besonders bedrohlich ist der Anstieg von Übergewicht und die deutlich reduzierte körperliche Freizeitaktivität bei Kindern und Jugendlichen. Es wird vermutet, dass in dieser Altersklasse eine nicht unerhebliche Dunkelziffer von nicht diagnostiziertem Typ 2 Diabetes vorhanden ist. WAS tun? Was TUN!

In der Zwischenzeit sind eine Reihe von Interventionsstudien publiziert worden, die zeigen, dass eine Prävention möglich und sehr effektiv ist. Durch eine Änderung des Lebensstils, d. h. Gewichtsabnahme durch gesunde Ernährung und vermehrte körperliche Aktivität, können nicht nur die Entwicklung des Typ 2 Diabetes verhindert, sondern auch Blutdruck- und Blutfettwerte verbessert werden. Diese Befunde stammen aus Finnland und den USA, somit aus uns sehr ähnlichen Bevölkerungsstrukturen.

Wo sollten wir ansetzen, um dem diabetologischen »Super-GAU« entgegenzuwirken? Wir müssen begreifen, dass Diabetes mellitus Typ 2, wie auch die anderen Stoffwechsel-Erkrankungen, kein medizinisches, sondern ein gesellschaftliches Thema sind. Computerarbeitsplätze sowie ein Freizeitverhalten bestehend aus Fernsehen, Videospielen und Internet, sind positive Errungenschaften unserer technisierten Welt. Doch die zuvor genannten Erkrankungen gehören zu den direkten Konsequenzen.

Dabei muss vordringlich eine Bewusstseinsänderung geschehen. Da man den Bluthochdruck, den erhöhten Blutzucker oder das Infarktrisiko nicht spürt, ist es wichtig, den Betroffenen die Möglichkeiten zur Selbstmessung von Blutdruck, Blutzucker und Infarktrisiko zur Verfügung zu stellen. Die Visualisierung der erhöhten Werte und die schnelle Änderung der Lebensgewohnheiten sind ein wichtiger Schritt zu einer Bewusstseinsänderung in Richtung einer gesünderen Lebensweise.

deutschen Bevölkerung sind von Diabetes betroffen. Menschen mit Typ-1-Diabetes produzieren nicht genug Insulin, Typ-2-Diabetiker produzieren es, haben aber die Sensitivität dagegen verloren. Ihre Insulin-Rezeptoren binden es nur noch schlecht. Die Diabetes stellt in allen entwickelten Ländern ein zunehmendes gesundheitliches Problem dar (siehe Box).

Glucose-Biosensoren

Wie misst man Glucose schnell und exakt? Mit Biosensoren! Die Pioniere waren, 700 Jahre nach der ersten Publikation eines »Glucose-Biosensors« durch Giovanni Boccaccio (siehe oben!), der Amerikaner Leland Clark junior, der Japaner Isao Karube, der Brite Anthony P. F. Turner und der Deutsche Frieder W. Scheller. Ich selbst hatte das Privileg und Vergnügen, in Frieder Schellers Gruppe als Doktorand zu forschen. Scheller begann seine Biosensorforschung viel später als die anderen, 1975 in Berlin-Buch im Osten Berlins, also unter erschwerten materiell-technischen Bedingungen, und war doch er seiner Zeit weit voraus: Seine Gruppe entwickelte den schnellsten Glucosesensor der Welt. Er kann zudem wegen der Immobilisierung des Enzyms Glucoseoxidase 10 000 bis 20 000-mal wiederverwendet werden (siehe Kapitel 2). Die westlichen Forscher konzentrierten sich dagegen auf Wegwerf-(Einmal-)Sensoren. Einmal-Sensoren sind für die Selbsttestung des Diabetikers ideal, vor allem wegen des Schutzes vor Infektionen. Der Diabetiker bekommt dabei oft das elektronische Messgerät von der Firma geschenkt (»Kundenbindung«), muss dann allerdings die Biochips ständig nachkaufen.

Alle Biosensoriker verwendeten ein spezielles Enzym zur Glucosemessung, die Glucoseoxidase (GOD). Sie bindet nur Glucose und Sauerstoff und wandelt sie innerhalb von Bruchteilen einer Sekunde in Gluconsäure und Wasserstoffperoxid (H_2O_2) um.

Wie Glucose gemessen wird

Die handlichen Glucose-Messgeräte verwenden aus Gründen des Schutzes vor Infektionen meist Einmal-Chips. Auf den Chips ist Glucoseoxidase(GOD) trocken aufgebracht (immobilisiert). Der Diabetiker steckt einen frischen Biochip ins Gerät, sticht dann seinen Finger (oder den Unterarm bei anderen Geräten) mit einer automatischen Lanzette (steril verpackt) an, und der winzige Blutstropfen wird in den Biochip gesaugt. Dort wird die GOD aktiviert (durch die Flüssigkeit des Blutes) und wandelt Glucose in Sekundenschnelle um: Glucose überträgt Elektronen auf eine Hilfssubstanz, die dann ein elektrisches Signal an den Chip weitergibt. Das Display des Geräts zeigt schließlich die in Glucosekonzentration umgerechnete Stromstärke an.

Die amerikanische »GlucoWatch« hat sogar den Biosensor in eine Armbanduhr integriert, die Glucose in Haut und Schweiß des Diabetikers misst.

Klinische Sensoren für Glucose, die tausende Messungen mit dem gleichen wiederverwendeten Enzym machen können, bestehen aus einem Sensor (Elektrode), der mit einer dünnen Enzymmembran aus immobilisierter Glucoseoxidase (GOD) bespannt ist. GOD wird beispielsweise in Gele aus Polyurethanen eingeschlossen.

Aus einem Gemisch von Aminosäuren, Eiweißen, Glucose und anderen Zuckern wandelt die GOD nur die Glucose unter Sauerstoffverbrauch und Bildung von Gluconolacton und H_2O_2 um. Das immobilisierte Enzym kann aus der Membran nicht herausgewaschen werden. Die kleineren Moleküle von Glucose und Sauerstoff können in diese Enzymmembran dagegen leicht aus der zu messenden Lösung eindringen. Eines der in der Enzymreaktion entstehenden Produkte (H_2O_2, Wasserstoffperoxid) ist ein elektrodenaktiver Stoff, d. h. seine Konzentration kann mit Hilfe der Elektroden ermittelt werden. Sie ist der Stromstärke proportional. Für eine Glucosebestimmung wird der Biosensor in die zu prüfende Lösung getaucht. Anhand des gebildeten Wasserstoffperoxids lässt sich die enthaltene Glucosemenge schnell bestimmen.

Nach der Messung wird die Enzymmembran mit klaren Lösungen gespült, die keine durch GOD umsetzbare Substanzen enthält. Dadurch wäscht man die vorher eindiffundierten Substanzen und die Produkte der GOD-Reaktion aus. Der Biosensor ist somit regeneriert und erneut messbereit. Mit ein- und derselben Enzymmembran kann man 10–20 000 Messungen schnell und mit hoher Präzision ausführen.

Das Prinzip jeder Glucosemessung: Je mehr Glucose in der Probe ist, desto mehr Produkt wird gebildet. Die Menge des Produkts wird dann mit Farbtests, Teststreifen und modernen Glucosesensoren bestimmt (siehe Box). Mit den Glucosesensoren wurde die erste Generation von Biochips entwickelt. Zum ersten mal wurden dabei die zwei Hochtechnologien Mikroelektronik und Biotechnologie direkt miteinander verbunden: Elektronik und Eiweiße.

Weitere Biosensoren folgten. Ein Lactatsensor etwa misst heute die Fitness von Sportlern und von Rennpferden. Wichtig für Umweltkontrolle sind Biosensoren, die lebende immobilisierte Mikroben (meist Hefen) verwenden und direkt die organische Belastung im Abwasser messen können. Der Biosensor-Markt liegt bei 300 Millionen US-Dollars weltweit.

Schwangerschaftstest

Bin ich schwanger? Bekommen wir ein Baby? Hoffungsvolle oder manchmal bange Frage.

Das befruchtete Ei nistet sich 6 Tage nach der Befruchtung in die Uterusschleimhaut ein. Die Einnistung bewirkt eine drastische Hormonausschüttung bei der neuen Mama und beim Embryo. Eines der am schnellsten produzierten Hormone des Embryos ist das Humane Choriogonadotropin (HCG). Das HCG »überrollt« den normalen Hormonzyklus, der sonst in der Menstruation kulminiert. Soviel HCG wird produziert, dass es in extrem hoher Konzentration im Blut vorliegt und über die Nieren auch in den Urin ausgeschieden wird.

Am Urin setzt der Schwangerschaftstest an. Urin ist nach Definition eine »in größeren Mengen freiwillig abgegebene Körperflüssigkeit« und deshalb leicht und (im Gegensatz zum Blut) schmerzlos zu bekommen.

Der Test wird daher mit Urin ausgeführt. Er zeigt in einem Fenster des Plastikgehäuses einen farbigen Strich als Kontrolle an (»Test funktioniert«) und in einem zweiten Fenster den entscheidenden farbigen Strich: »Baby im Kommen!«

Wenn dieser Strich ausbleibt, ist kein HCG im Urin nachweisbar und folglich kein Embryo, der es produziert, vorhanden. Wie schnell weiß man, ob man schwanger ist? Der Test dauert 1 Minute, aber er zeigt natürlich nicht am gleichen Tag nach der Befruchtung die Schwangerschaft an – der Embryo muss ja Zeit haben, sich einzunisten. Er kann erst von dem Tage an funktionieren, an dem die Regel fällig gewesen wäre. Also, wir bitten um Geduld, so schwer es fällt!

Schwangerschafts-Teststreifen

Der Schwangerschaftstest benutzt monoklonale Antikörper (siehe Kapitel 4). Diese erkennen das vom Embryo produzierte Hormon HCG und nur dieses aus einem Gemisch Tausender Substanzen heraus. Ähnlich den Enzymen »fischen« die Antikörper nach Substanzen, die exakt in Höhlungen auf ihrer Eiweißoberfläche passen. (Bei den Enzymen nennt man das Substrate, sie werden in Produkte verwandelt.) Bei Antikörpern werden die passenden »Antigene« zwar auch gebunden, aber nicht umgewandelt. Antigene haben mit Genen nichts zu tun, man kann sie als »Antikörper erzeugend« übersetzen. Das heißt, wenn man einer Maus ein Antigen einspritzt, produziert sie Antikörper dagegen.

Wie kann man sichtbar machen, ob ein Antikörper das Antigen HCG gefunden hat? Man gibt den Antikörper auf das Ende eines schmalen Streifens Filterpapier und lässt ihn dort eintrocknen. Der Antikörper wurde vorher an Farbkügelchen aus Latex (rot, blau oder grün) gebunden. Er heißt »Detektor«-Antikörper, weil er eine detektierbare Farbe trägt.

Wenn man ein Löschblatt in eine Flüssigkeit hält, zieht sie sich in den Poren und Kapillaren des Papiers hoch (Chromatografie). Wenn man also den Papierstreifen in Urin tunkt, zieht sich der Urin hoch und benetzt langsam den gesamten Streifen. Die Flüssigkeit transportiert dabei das HCG aus dem Urin zum »wartenden« Detektor-Antikörper. Dieser bindet das HCG und beginnt, mit ihm verbunden, zu wandern. Nun schlängelt sich ein Konstrukt aus HCG mit Detektor-Antikörper und Farbkugel durch die Poren des Papiers.

In der Mitte des Streifens wurde ein »Fänger«-Antikörper fest gebunden, als Strich auf dem Papier. Auch er erkennt das HCG. Dieser Fänger »fischt« die Konstruktion HCG-Detektor-Farbstoff aus dem Flüssigkeitsstrom heraus und hält sie fest.

Die Bindung erfolgt über das HCG. Da das HCG von beiden Seiten (vom Fänger und vom Detektor) gebunden wird, nennt man das ganze auch Sandwich. Man kann sich das bildhaft etwa wie einen Kinderkopf (HCG, das Antigen) vorstellen, an dessen linkem Ohr »aus pädagogischen Gründen« liebevoll die Hand der Mutter zieht (Fänger-Antikörper) und am rechten Ohr die des Vaters (Detektor-Antikörper), der eine blitzende Uhr (Farbstoff) am Handgelenk trägt. Die Eltern tun dies (wie die monoklonalen Antikörper) natürlich nur hochspezifisch mit dem eigenen Sprössling ...

Es bildet sich ein deutlich sichtbarer farbiger Strich. Wenn KEIN HCG im Urin vorhanden ist, bindet sich natürlich auch nichts am Detektor-Farbstoff-Komplex. Der Detektor wandert dann allein zum Fänger, der ihn aber nicht fischen kann, weil das HCG für das Sandwich fehlt. KEIN farbiger Strich also.

Die Kontroll-Linie zeigt an, ob der Test überhaupt funktioniert. Man bindet einen zweiten Fänger-Antikörper am Papier, der den Detektor auch ohne HCG erkennt. Wenn das nicht funktioniert, ist der Test unbrauchbar.

AIDS-Tests

Man stelle sich einmal vor: Jeden Tag infizieren sich 15 000 Menschen mit einem tödlichen Virus! Wo bleibt der Aufschrei?

Etwa 40 000 000 Menschen sind weltweit an AIDS (*Aquired Immune Deficiency Syndrome*) erkrankt. In Südafrika sind 5,3 Millionen Menschen HIV(*human immune deficiency virus*)-positiv, 12 % der Bevölkerung. In Deutschland sind rund 39 000 Menschen betroffen.

Das »Hinterhältige« des HIV ist, dass das eigentlich schützende Immunsystem selbst befallen wird. HIV gehört zu den Retroviren und trägt seine Erbinformation in Form einer einsträngigen RNA.

Wenn man an AIDS erkrankt, wird wie bei anderen Infektionen die Abwehr des Körpers aktiviert. Einige Wochen nach der Infektion bildet der Körper Antikörper gegen das Virus. Der Körper bläst damit zum Angriff gegen die Eindringlinge. Man kann diese Antikörper im Blut eines Infizierten nachweisen. Da die ersten Symptome von AIDS oft sehr mild sind oder nicht existieren, wurden Tests entwickelt: ein Immuntest für die gebildeten Antikörper und die Polymerase-Kettenreaktion PCR (siehe weiter unten) für den Nachweis der RNA des HIV-Virus selbst.

Der prinzipielle Nachteil des Immuntests ist, dass der Körper erst Antikörper gebildet haben muss, damit der Test »anspringt«. Frische Infektionen werden nicht angezeigt, das kann nur die PCR.

Ähnlich wie der AIDS-Test funktionieren andere Virustests, z. B. für Hepatitis B. Es gibt auch immer mehr einfach zu handhabende Ja/Nein-Teststreifen für alle diese Viruserkrankungen, die ähnlich aufgebaut sind wie Schwangerschaftstests.

Herzinfarkt?

Es beginnt mit Unwohlsein und starkem Druckgefühl auf dem Brustbein, Schmerzen strahlen auf den linken Arm aus, Todesangst kommt auf, kalter Schweiß perlt auf der Stirn. So eindeutig sind die Symptome bei einem Herzinfarkt aber nicht immer! Es kann nur einfach Unwohlsein vorliegen, bei Frauen sind es oft nur Magenschmerzen.

Bei etwa 40 % der Infarkte zeigen Elektrokardiogramme (EKGs) akute Infarkte nicht eindeutig an. Hier helfen Immuntests.

Beim Infarkt ist die Blutzufuhr des Herzens durch Blutpropfen (Thromben) vermindert oder ganz gestoppt. Herzzellen bekommen dann weder Nährstoffe noch Sauerstoff und beginnen abzusterben. Die sterbenden Herzzellen entlassen Eiweiße aus ihren Zellen, die ins Blut übergehen.

Gemessen wurden in den letzten Jahren vor allem Herzmuskel-Enzyme wie Creatinkinase (CK) und Eiweiße wie verschiedene Troponine. Diese relativ großen Eiweiße sind so genannte *late markers* (späte Marker). Wenn diese Eiweiße im Blut auftauchen, ist es bereits passiert: Der Herzinfarkt ist seit mindestens einer Stunde im Gange! Die Warnung ist gut, aber eben reichlich spät.

»Zeit rettet Herzmuskel!«, sagt der Kardiologe. Je eher der Thrombus aufgelöst ist, desto weniger Herzgewebe ist abgestorben. Wenn man das gentechnische Enzym, das Blutpfropfen auflöst (Gewebeplasminogenaktivator, tPA) spritzt, besteht die Gefahr von Blutungen im Gehirn. Das kleine, aber existierende Risiko ist nur gerechtfertigt, wenn ganz klar ein Herzinfarkt vorliegt. Daher wird fieberhaft nach schnelleren Markern gesucht.

Der Verfasser dieses Buches ist mit seiner Forschungsgruppe gemeinsam mit Professor Jan F. D. Glatz aus Maastricht (Niederlande) einem solchen Marker seit Anfang der neunziger Jahre auf der Spur, zuerst in Münster, nun in Hongkong: Das Fettsäure-Bindungsprotein (*Fatty Acid-*

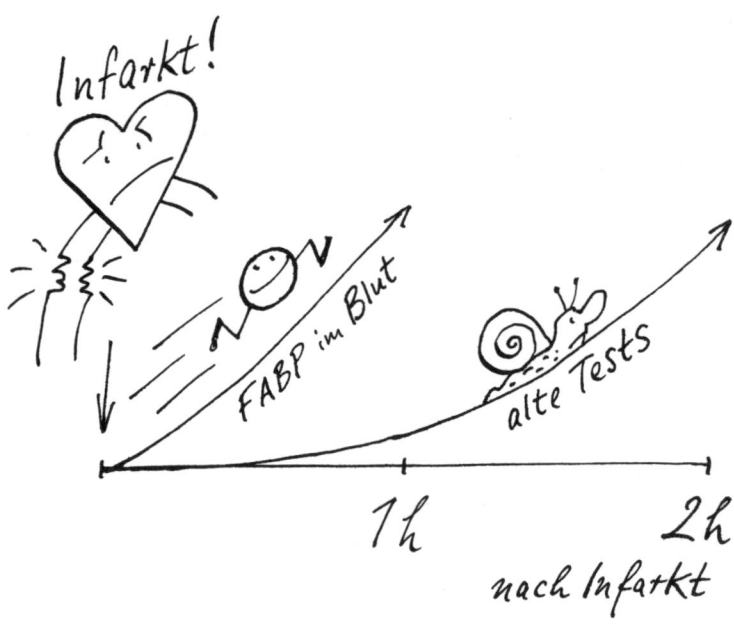

Binding Protein, FABP) ist ein sehr kleines Eiweiß, das deshalb gleich nach dem Infarkt im Blut erscheint. Es ist eine bis zwei Stunden schneller im Blut als die bisherigen »späten« Infarkt-Marker Creatinkinase und die Troponine.

Ein neuer Test, CardioDetect®, ist seit 2003 auf dem Markt. Er kann vom Arzt, aber auch vom Patienten (oder seinen Angehörigen) durchgeführt werden. Diese »lebensrettende Kreditkarte« passt in jede Brieftasche oder Handtasche, in den Rettungswagen und die Notaufnahme. Sie wird Tausenden das Leben retten und ehemalige Infarktpatienten ruhiger schlafen lassen. Millionen Diabetiker haben im Durchschnitt ein doppelt so hohes Infarktrisiko wie Nicht-Diabetiker. Sie sollten die lebensrettende Kreditkarte bei sich haben. Der Arzt kann nun schneller entscheiden und thrombenlösende Enzyme gefahrlos spritzen.

Lebensrettender Herzinfarkt-Test

Der schnellste Herzinfarktest der Welt funktioniert ganz ähnlich wie der Schwangerschaftstest (s. oben), nur werden hier monoklonale Antikörper gegen das Herzeiweiß Fettsäure-Bindungsprotein (Fatty Acid-Binding Protein, FABP) eingesetzt. Diese erkennen FABP aus einem Gemisch Tausender Substanzen im Blut heraus.

Wie kann man sichtbar machen, ob ein Antikörper das FABP gefunden hat? Man gibt den Antikörper (wie beim Schwangerschaftstest) auf den Beginn eines schmalen Streifens Filterpapier und lässt ihn dort eintrocknen. Der Antikörper wurde vorher nicht an farbige Latexpartikel (wie beim Schwangerschaftstest), sondern an Goldpartikel (sie geben in Lösung eine schöne rote Farbe) gebunden. Der »Detektor«-Antikörper ist also rot markiert. Der Streifen ist in einem flachen Plastikgehäuse einer Kreditkarte untergebracht mit einer Öffnung zur Blutaufnahme und einem Fenster fürs Ergebnis. Man sticht den Finger (wie beim Diabetestest) mit einer sterilen Lanzette an und gibt drei Tropfen Blut in die Testöff-

nung. Das Filterpapier saugt das Blut ins Innere. Die Flüssigkeit transportiert dabei das FABP aus dem Blut zum »wartenden« goldenen Detektor-Antikörper. Der bindet das FABP und beginnt, mit ihm verbunden, zu wandern. Nun schlängelt sich ein Konstrukt »FABP mit dem Detektor-Antikörper und roter Goldkugel« durch die Poren des Papiers.

In der Mitte des Streifens ist ein »Fänger«-Antikörper fest gebunden, wieder als Strich auf dem Papier. Dieser Fänger fischt die Konstruktion »FABP-Detektor-Antikörper-Gold« aus dem Flüssigkeitsstrom heraus und hält sie fest.

Die Bindung erfolgt über das FABP als Sandwich. Es bildet sich ein deutlich sichtbarer roter Strich: INFARKT!

Wenn KEIN FABP im Blut vorhanden ist, bindet sich natürlich auch nichts am Detektor-Gold. Der Detektor wandert allein zum Fänger, der ihn aber nicht fangen kann, weil das FABP für das Sandwich fehlt. Kein roter Strich, KEIN INFARKT!

Eine Kontroll-Linie zeigt an, ob der Test überhaupt funktioniert. Das ganze dauert etwa 10 Minuten.

Genetische Fingerabdrücke: Vaterschaft und Mord

Seit 1892 werden Fingerabdrücke zur Identifizierung benutzt. Sogar eineiige Zwillinge haben unterschiedliche Abdrücke.

Der Fall des US-Footballstars OJ Simpson machte das *DNA-Fingerprinting* medienwirksam bekannt. Simpson konnte allerdings schließlich nicht überführt werden, weil seine Anwälte die Ankläger in Widersprüche verwickelte.

Beim jüngsten politischen Mord in Europa an der schwedischen Außenministerin Anna Lindt hatte (anders als im ungelösten Mordfall Olof Palme) die Polizei die Tatwaffe sichergestellt, ein Messer. Fingerabdrücke wurden darauf keine gefunden, aber Hautpartikel. Der Täter wurde durch DNA-Analyse überführt.

Die DNA zweier Menschen unterscheidet sich nur um 0,1 %. Dieser Unterschied reicht jedoch aus, um einen »genetischen Fingerabdruck« anzufertigen, der unverwechselbar ist. Zwischen Mensch und Schimpanse beträgt der Unterschied übrigens nur 1–2 %, zwischen Pferd und Zebra 4 %.

Interessant ist, dass der genetische Unterschied zwischen Menschen von verschiedenen Kontinenten kleiner ist, als man denkt. Rassisten seien die Fakten gesagt: Ein Schwarz-Afrikaner kann einem Europäer oder Asiaten genetisch ähnlicher sein als einem anderen Afrikaner!

Das erste Mal wurde DNA-Fingerprinting von Dr. Alec Jeffreys (geb. 1950, ab 1994 Sir Alec) in England beschrieben. Im April 1985 kam der neue Test vor Gericht erstmals zum Einsatz bei einem Einwanderungsfall: Einem kleinen Jungen wurde die Einbürgerung ins gelobte Britannien gestattet, weil der Test zeigte, dass er tatsächlich der Sohn eines britischen Staatsbürgers war. Als zwei Schulmädchen vergewaltigt und ermordet wurden, zeigte der DNA-Test wenig später, dass der zunächst Verdächtigte unschuldig war.

1987 wurden in den USA und England DNA-Tests erstmals offiziell als Beweismittel zugelassen. Bei 10 000 Vergewaltigungsfällen zwischen 1989 und 1996 konnten 25 % der zuerst Verdächtigten durch DNA-Analysen ausgeschlossen werden. Es zeigte sich, dass auch Augenzeugen oft irren, so wie auch die US-Justizbehörde: Das »*Innocence Project*« eines New Yorker Jura-Professors konnte seit 1992 mehr als 100 Unschuldige mit DNA-Beihilfe aus dem Knast holen.

Über 25 Länder nutzen den Test bereits für forensische Fälle und Vaterschaftsnachweise.

Der Test beruht darauf, dass sich in Stückchen (Fragmente) geschnittene DNA verschiedener Menschen in Zahl und Größe unterscheiden. Man nennt die Technik umständlich »Restriktionsfragment-Längenpolymorphismen-Analyse« (*restriction fragment length polymorphism analysis*), kurz RFPL-Analyse (siehe Box). Ein langer Name, aber eine gute Beschreibung. Der Leser erinnert sich daran, dass der überwiegen-

RFPL und Vaterschaftstest

Wie kommt es, dass die homologe Intron-DNA (also DNA auf den exakt gleichen Abschnitten der Chromosomen) verschiedener Personen verschieden lange Stückchen ergibt, wenn sie mit den gleichen Enzymen kleingeschnitten wird?

Die Restrictasen schneiden die DNA immer an den gleichen Stellen, also z. B. nach dem Guanin (G) in der Sequenz ...GAATTC...

Wenn die Person, nennen wir sie mal »Bofinger«, ein DNA-Fragment mit einem Intron hat, das stark vereinfacht beispielsweise die Sequenz besitzt:

...TTTTGAATTCTTTTGAATTC...

so sieht man leicht zwei Stellen, wo das Enzym spalten kann:

...TTTTG / AATTCTTTTG / AATTC...

Somit entstehen 3 Stückchen:

...TTTTG und AATTCTTTTG und AATTC...

Bei der Person »Renneberg« ist dagegen eine simple Mutation (ein so genanntes SNP, siehe weiter unten) »versteckt«: Ein G ist durch ein A ersetzt:

...TTTTGAATTCTTTTAAATTC...

Hier kann das »penible« Enzym nur einmal spalten:

...TTTTG / AATTCTTTTAAATTC...

Es entstehen also nur 2 DNA-Stücke:

...TTTTG und AATTCTTTTAAATTC...

Schon gibt es ein unterschiedliches Muster: Die DNA-Probe »Renneberg« enthält nur 2 Fragmente, von denen sich das zweite, längere Stück bei der gelelektrophoretischen Auftrennung schwerfälliger, also langsamer bewegt. Die 3 kleineren von »Bofinger« bewegen sich dagegen flinker durch das Gel.

Diese Unterschiede der DNA zwischen Individuen macht man mit »Blotting« sichtbar (Blotting heißt soviel wie »Flecken produzieren«), indem man die Lösung mit den »kleingehackten« DNA-Fragmenten in eine »Bohrung« auf einem Gel (so etwas wie Gummibärchen-Material) gießt und ein elektrisches Feld anlegt (Gelelektrophorese). Die elektrisch geladenen DNA-Fragmente wandern durch die Poren des Gels und werden ihrer Größe nach sortiert. Legt man nun Nitrocellulosepapier auf das Gel mit den nach Größe verteilten DNA-Fragmenten, so werden sie aus dem Gel auf das Papier gesaugt (in der gleichen Verteilung natürlich). Dort sitzen sie fest gebunden. Ein radioaktiver Marker wird zugegeben, der die DNA-Stückchen schließlich mit einem aufgelegten Röntgenfilm sichtbar macht. (Das war stark vereinfacht, aber die Details sind hier nicht wichtig.)

Man sieht im Ergebnis etwas wie eine Leiter mit unregelmäßig dicken Sprossen, die zudem ungleichmäßig verteilt sind. Man kann es auch mit dem Barcode auf Produkten vergleichen, der im Supermarkt an der Kasse blitzschnell eingelesen wird. Die Leitersprossen werden auch »DNA-Banden« genannt.

»Bofinger« und »Renneberg« zeigen beim Blotting also ein unterschiedliches Bandenmuster. Bande »TTTTG« ist bei beiden vorhanden, die beiden kleinen Banden bei »Bofinger« fehlen »Renneberg«, der dafür eine größere »Sprosse« sein eigen nennt. Damit wäre der genetische Unterschied zwischen dem Grafiker und dem Verfasser des Buches erklärt. Der eine malt genial und der andere gern, aber stümperhaft. Wissenschaftlich (und menschlich) interessant wäre nun ein RFPL-Vergleich der DNA-Banden von »Bofinger« und »Renneberg« mit »Reich«, der am liebsten Essays (siehe Ende dieses Buches) schreibt und nicht so gern malt, und außerdem mit »Andrea Pillmann«, die dieses Buch der drei genannten mit riesigem Enthusiasmus lektoriert hat und im Gegensatz zu den drei anderen supersportlich ist. Aber ganz so einfach ist es nun doch nicht, da wir es hierbei ja mit nicht-codierenden Sequenzen zu tun haben.

Wie geht das beim Vaterschaftstest? DNA-Fingerprints der Mutter, des Kindes und des vermuteten Vaters werden nebeneinander platziert und verglichen. Die Banden der Mutter und des Kindes, die auf gleicher Höhe sind, werden identifiziert. Dann werden die restlichen Banden des Kindes mit denen des vermuteten Vaters verglichen.

Die Banden, die nicht mit den mütterlichen übereinstimmen, *müssen* vom biologischen Vater sein. Wenn es keine Übereinstimmung der Banden gibt, ist mit hoher Wahrscheinlichkeit ein anderer Vater anzunehmen.

de Teil der DNA höherer Organismen keinen Code für Eiweiße enthält. Nun trägt diese »nicht-codierende DNA« (Introns) aber öfter Mutationen als die codierende, weil in vielen Fällen diese Mutationen ohne lebensbedrohlichen Effekt auf die Zelle bleiben. Das hat Logik! Diese Mutationen werden von Generation zu Generation weitergegeben, ohne dass sich das äußere Bild des Organismus (der Phänotyp) verändert. Die nichtcodierenden RFPLs unterscheiden sich dadurch zwischen Individuen stärker als codierende DNA-Sequenzen, ideal für die Diagnostik!

Britische Zoologen nutzten DNA-Fingerprints übrigens, um zu sehen, wie »treu« Stare sind. Fast in jedem Gelege fanden sich »Kuckuckseier«, Erbmaterial des »Starmatzes von nebenan«. Die Zoologen überraschte das nicht, kannten sie doch ähnliche Zahlen für die britische Population, und zwar die menschliche.

In der Kriminalistik spielt DNA eine immer größere Rolle. Ein Fingerabdruck kann inzwischen mit 20–50 Nanogramm DNA ausgeführt werden. Eine DNA-Probe z.B. vom Opfer einer Vergewaltigung, der DNA aus Spermaspuren und eine DNA-Probe des Verdächtigen werden mit dem Fingerprinting verglichen. Bei so genannten DNA-Raster-Fahndungen wurden inzwischen auch in Deutschland Proben der Mundschleimhaut Tausender verdächtiger Männer genommen und untersucht, sehr oft erfolgreich! Die Anlage einer allgemeinen DNA-Datenbank ist allerdings aus rechtlichen Gründen umstritten.

Das Fingerprinting wird immer empfindlicher. Es reichen schon Speicheltröpfchen in der Sprechmuschel des Handys oder eine einzelne Haarwurzel. Nach dem Anschlag am 11. September 2001 wurden so Opfer identifiziert. Die Bewegung »*The Grandparents of May*« in Argentinien konnte viele während der Militärdiktatur verschleppte Kinder den ursprünglichen Familien dank der DNA-Analyse zurückgeben.

Sind aber nur geringe Mengen DNA verfügbar, muss diese zunächst vermehrt werden. PCR, Polymerase-Kettenreaktion heißt das Zauberwort: »PCR – der DNA-Kopierer«.

Nachts auf dem kalifornischen Highway

Dr. Kary Mullis (geb. 1944) war 1985 auf der Wochenend-Heimfahrt aus dem Labor der Biotech-Firma *Cetus*. Auf dem mondbeschienenen kalifornischen Highway sann er die langen drei Stunden einer Idee nach: Wie kann man ein einzelnes spezielles DNA-Stückchen millionenfach und milliardenfach kopieren? Dann könnte man die Nadel im Heuhaufen finden!

Eine Möglichkeit besteht darin, die DNA in ringförmige Plasmide einzubauen, danach die Plasmide in Bakterien einzuschleusen, die Bakterien millionenmal zu vermehren, die Plasmide wieder herauszuholen und die DNA auszuschneiden. Aufwendig!

Mullis sah, wie Autolichter auf beiden Seiten der Fahrbahn aufeinander zu kamen, aneinander vorbei glitten, Autos bogen auch ständig vom Highway ab. In dieser Symphonie von Lichtspuren und überschneidender Lichter kam ihm *die* Idee. Nur 8 Jahre später gab es den Nobelpreis dafür.

Er stoppte sein Auto und begann Linien zu zeichnen: wie sich DNA im Reagenzglas (*in vitro*) verdoppelt, wobei das Produkt jedes Zyklus die *templates* (Formen) für den nächsten Zyklus liefert. Nur 20 Runden würden reichen, um aus einem einzigen doppelsträngigen DNA-Molekül 1 000 000 identische DNA-Moleküle zu erzeugen!

Mullis weckte seine schlafende Beifahrerin: »Das glaubst du nicht. Es ist so unglaublich!« Sie brummelte etwas unfreundliches und fiel wieder in den Schlaf, einen Zustand, den Mullis in dieser Nacht nicht erreichen konnte, als »desoxyribonucleare Bomben in meinem Kopf explodierten«.

Als Mullis am Montag zu Cetus zurückkehrte, testete er fieberhaft die Idee – es funktionierte! Nur wenige Kollegern waren jedoch beeindruckt: Es war so einfach – sicher hatte es jemand zuvor probiert!

Als Nobelpreisträger Joshua Lederberg kurze Zeit später auf einem Kongress das Poster von Mullis sorgfältig studierte, fragte er eher beiläufig: »*Does it work?*« Als Mullis bejahte, bekam er endlich die langerwartete Reaktion: Die Ikone der Molekulargenetik Joshua Lederberg raufte sich die (spärlichen) Haare und rief laut: »Oh mein Gott! Warum bin ICH nicht darauf gekommen!?«

Eigentlich passiert bei der Polymerase-Kettenreaktion (*polymerase chain reaction, PCR*) das gleiche wie bei der Teilung einer Zelle in zwei Tochterzellen.

Da jede Tochter genau die gleiche Erbinformation braucht, muss die Mutter-Information vollständig kopiert werden. Die beiden Stränge der Doppelhelix werden dazu getrennt, die Sprossen der DNA-Leiter sozusagen »durchgesägt«. Die Leiter zerfällt in zwei Hälften. Die einsträngigen DNA-Moleküle dienen als Matrizen für zwei neue Stränge. Mit Hilfe eines Enzyms, der DNA-Polymerase, werden in der Zelle zwei neue Stränge synthetisiert. Die Polymerase baut dabei das jeweils richtige Nucleotid ein. Beide Tochter-DNAs sind mit der Mutter-DNA identisch.

Tausende Biochemiker und Biotechnologen hatten 15 Jahre lang versucht, das im Reagenzglas nachzuahmen, aber erst Mullis kam auf die entscheidende Idee.

Manche mögen's heiß ...

»Was, das ist alles?« fragte ich, als ich die PCR zum ersten mal zu sehen bekam. Eine unscheinbare schwarze Maschine mit der Aufschrift »*PCR-Cycler*« stand auf dem Labortisch.

»Ja, das Ding heizt und kühlt abwechselnd«, meinte die bezaubernde Laborantin. »Aha!« dachte ich etwas verunsichert. Die Laborantin: »Das geniale Prinzip der PCR heißt kurzgefasst: Heizen und Trennen der DNA, Kühlen und Koppeln mit Primern, Erwärmen und Synthese der neuen DNA durch Polymerase, Heizen und Trennen der neuen DNA ... und wieder von vorne. Ein Zyklus läuft automatisch in wenigen Minuten ab!«

Anfänglich musste die DNA-Polymerase bei jedem neuen Zyklus immer neu zugesetzt werden, denn das Enzym aus Coli-Bakterien verlor bei 94 °C seine Aktivität. Dann entdeckte man in siedendheißen Quellen, z. B. in den Geysiren des Yellowstone-Nationalparks Bakterien. Auch sie brauchen wohl eine Polymerase, um sich zu vermehren!?

Das aus *Thermus aquaticus* isolierte Enzym wurde gentechnisch modifiziert und in großen Mengen hergestellt. Die »*Taq*-Polymerase« arbeitet optimal bei 72 °C und verträgt ohne Schaden 94 °C. Sie kann im Reagenzglas bei allen Zyklen verbleiben, entscheidend für den Erfolg der Methode. Die Box beschreibt die Details der PCR.

PCR: der DNA-Mega-Kopierer

Mit der PCR wird ein ausgewähltes Stück DNA sehr wirksam vermehrt. Dabei kann es sich um jedes Stück einer beliebigen DNA handeln, solange man die Sequenzen (Abfolge der Basen) an seinen beiden Enden kennt. Die DNA-Polymerase benötigt nämlich Ansatzpunkte, WO sie anfangen soll zu kopieren. Die DNA-Vermehrung selbst erfolgt mit der hitzestabilen Polymerase aus *Thermus aquaticus* (Taq-Polymerase) oder einer anderen hitzestabilen Polymerase. Für die Entwicklung einer automatisierten PCR war die Hitzestabilität des Enzyms entscheidend. So kann das Enzym bei allen Zyklen im gleichen Röhrchen bleiben.

Wenn man die Enden des DNA-Stücks, das vervielfältigt werden soll, kennt, bastelt der Chemiker kurze Stücke einsträngiger DNA, so genannte Primer oder Start-Sequenzen, die maßgeschneidert komplementär zu den beiden Enden des DNA-Stücks sind.

Die PCR beginnt: Alle erforderlichen Reagenzien – die DNA, beide Primer, die Polymerase und das Baumaterial (die 4 Nucleotide A, G, C und T) – werden in einem Proberöhrchen in einem optimalen Puffer gelöst. Der Thermocycler sorgt dann für eine automatisierte Reaktion:

■ Die Doppelhelix erhitzen auf 94 °C, dann bilden sich 2 Einstrang-DNAs (»die Leitersprossen sind durchsägt«)
■ Abkühlen auf 40 bis 60 °C, dann binden sich die beiden Primer an den passenden Enden der Einstrang-DNAs (Hybridisierung). Dadurch gibt es kurze Anknüpfungsstellen für die Polymerasen, die nun »wissen«, wo sie anfangen sollen zu kopieren. Von beiden DNA-Enden arbeiten 2 Polymerasen aufeinander zu und bauen die passenden Nucleotide ein. Sie kopieren das gewünschte Stück DNA. Auf diese Weise sind 2 identische Töchter-Doppelhelix-DNAs entstanden.

■ Nun wird wieder auf 94 °C erhitzt, beide Töchter spalten sich in insgesamt 4 Einzelstrang-DNAs.
■ Abkühlen, 4 neue Primer binden sich an 4 Enden, Polymerase produziert 4 Doppelhelix-DNAs, alle identisch.
■ Wiederholung des Zyklus: 8, 16, 32, 64, 128, 256 usw. Kopien entstehen.

Bei einem Zyklus, der nur drei Minuten dauert, kann man auf diese Weise in einer Stunde eine Million Kopien erzeugen. Für das Starten der PCR genügt theoretisch ein einziges Molekül der gesuchten DNA. In der Praxis benötigt man allerdings mindestens 3 bis 5 Moleküle der gesuchten DNA, um die PCR-Reaktion in Gang zu bringen.

Die PCR ist nicht nur unschätzbar wertvoll für die Forschung, sondern auch für diagnostische Zwecke. So können auch Viren und Bakterien direkt nachgewiesen werden, d. h. ohne sie vorher künstlich vermehren zu müssen. Für die Diagnose von Erbkrankheiten und Krebs wird immer häufiger die PCR eingesetzt.

Ein Problem ergab sich dabei aus der Superempfindlichkeit der PCR: Wenn nicht sehr sauber gearbeitet wird, kann im Labor vorhandene Fremd-DNA andere Tests leicht verunreinigen.[*] Selbst in der Luft befinden sich DNA-Teilchen!

*) Das passierte beispielsweise bei der SARS-Epidemie in Hongkong, bei der Patienten mit PCR »falschpositiv« gedeutet und ins Hospital gebracht wurden. Die untersuchten Proben waren mit minimalen Spuren der DNA von tatsächlich Infizierten verunreinigt worden.

Saurier und Mammut: Zu neuem Leben erweckt?

Ein spannendes Kapitel sind die Analysen ausgestorbener Tiere mit Hilfe der PCR. Wo immer DNA-Spuren vorhanden sind, kann man sie verstärken. Ein Mammut, das nach 20 000 Jahren im sibirischen Eis gefunden wurde, zeigte bei der DNA-Analyse die (erwartete) Verwandtschaft zum heutigen Elefanten. Das russisch- französisch-amerikanische Team, das Wollhaarige Mammuts in Rieseneisblöcken aus dem Permafrostboden sägt, hofft, intakte Mammut-DNA zu finden und sie dann in Elefanten-Eizellen zu übertragen. Eine der ersten durch uns ausgerotteten Tierarten könnte dann wiederbelebt werden. Eine Geste der Dankbarkeit: Immerhin ermöglichte das Mammut maßgeblich das Überleben des Menschen in der Eiszeit.

In Bernstein eingeschlossene Insekten könnten tatsächlich an Dinosauriern gesaugt haben und somit Saurier-DNA enthalten, die Grundlage für »*Jurassic Parc*«. Allerdings wird wohl die verwertbare spärliche Information leider nie ausreichen, um uns den *Tyrannosaurus rex* zurückzugeben. Auch prähistorische Mumien liefern nun verwertbare DNA zum Vergleich mit uns Lebenden.

DNA fängt Autodiebe

Nachts auf einem Berliner Parkplatz: Der kleine gute *Ford Ka* wird vom großen bösen *Mercedes SLK* beim Ausparken voll gestreift. Mein Sohn Max, *Ka*-Besitzer und Jurastudent, konstatiert:»Hässlicher Lackschaden und Fahrerflucht. Keine Chance ...« Aber das ist bald vorbei!

Vergleichbar mit den Nullen und Einsen im Computer können Nachrichten auch mit DNA codiert werden: mit den vier verschiedenen molekularen Buchstaben Adenin (A), Guanin (G), Thymin (T) und Cytosin (C). In der Natur wird damit die Erbinformation für Lebewesen geschrieben. Die Bioinformatiker notieren damit nun auch Botschaften im digitalen Datenformat.

Diese synthetische DNA soll künftig als Seriennummer dienen, mit der Produkte registriert werden können. Der Dortmunder Bioinformatiker Hilmar Rauhe und sein Team wollen z. B. Codes aus künstlicher DNA gemeinsam mit dem Lack aufs Auto sprühen.»Nach einer Unfallflucht würde die kleinste Lackspur ausreichen, den Täter zu überführen«, erklärt Rauhe, der die Technik mitentwickelt hat:»Das ist wie ein künstlicher Fingerabdruck.«

Viele andere Anwendungsmöglichkeiten sind denkbar. Geldscheine, wertvoller Schmuck oder berühmte Gemälde können so individuell markiert werden und dadurch mehr Fälschungssicherheit erhalten. Teure Markenartikel können von Billig-Imitaten unterschieden werden. Hongkongs geniale Handtaschen-Fälscher sollten nun also schleunigst einen Biotech-Kurs absolvieren.

Datensicherheit sei gegeben, so sagt das von den Forschern gegründete Unternehmen, die Informium AG in Köln. Sie will bald mit der industriellen Serienproduktion beginnen. Die geheime Information wird inmitten einer Vielzahl anderer Informationen versteckt. Die Bioinformatiker verbergen die geheime DNA-Botschaft zwischen Milliarden unwichtiger DNA-Nachrichten, wie eine Stecknadel im Heuhaufen. Entschlüsseln kann sie nur derjenige, der das molekulare Passwort kennt. Nur dann lässt sich die Polymerase-Kettenreaktion im Scanner starten. Nun braucht man aber noch handliche und preiswerte DNA-Scanner.

DNA-Chips

Eine weitere Revolution hat begonnen. Mit DNA-Chips kann man mit Chiptechnologie und Laserscannern oder CCD-Bildanalyse schnell bestimmen, welche DNA-Muster in einer Probe vorliegen (siehe Box).

DNA-Chips – auch als Gen-Chips oder DNA-Mikroarrays bezeichnet – wurden in den frühen 1990er-Jahren entwickelt. Die Firma Affymetrix, Inc. in Santa Clara, Kalifornien USA, hatte die Idee, tausende DNA-Sonden auf Glas-Mikrochips aufzubringen, ähnlich wie Transistoren auf Silicon. Dazu wurden die Methoden zur Erzeugung von Computer-Chips neu adaptiert. Affymetrix produziert zurzeit mehr als 100 000 Chips pro Jahr.

Die DNA-Chip Technik entwickelt sich rasant. DNA-Chips werden in spätestens 10 Jahren aus dem Alltag nicht mehr wegzudenken sein.

DNA-Chips

DNA-Chips und DNA-Mikroarrays sind nichts anderes als eine geordnete Sammlung von DNA-Molekülen von bekannter Sequenz (= Array). So ein Array ist gewöhnlich in Form eines Rechtecks oder Quadrates angeordnet. Es kann aus nur einigen hundert, aber auch aus einigen zehntausend Einheiten bestehen (z. B. 60 × 40, 100 × 100 oder 300 × 500). Jede Einheit ist ein örtlich genau definierter Punkt auf der Glasoberfläche mit einem Durchmesser von weniger als 200 µm. Sie enthält Millionen von Kopien eines genau definierten, kurzen DNA-Stückes. Im Computer ist die Information, wo sich welche DNA in einem Array befindet, abrufbar.

DNA-Chips sind in der Regel kleine Glas- oder Kunststoffplättchen. Sie tragen in regelmäßigen Abständen DNA-Moleküle, meist sehr kurze einsträngige Oligonucleotide. Die »Oligos« werden direkt auf der Chip-Oberfläche synthetisiert. Vereinfacht gesagt nutzt man Laserlicht und deckt immer einen Teil des Chips als Lichtschutz mit Masken ab (Photolithografie). Nur an den belichteten Stellen werden Nucleotide (also A,G,C oder T) an spezielle Startpunkte mit Hilfe der hohen Lichtenergie angeknüpft. So kann man verschiedenste einsträngige DNA-Moleküle auf einem einzigen Chip synthetisieren.

Man kann inzwischen schon 250 000 bis 1 000 000 Oligos auf einem Qudratzentimeter (!) unterbringen.

Eine andere Möglichkeit: Man tropft mit einem Roboter Tröpfchen von DNA auf den Chip und lässt sie trocknen. So kann man mehrere tausend Oligos auf

den Chip bringen. Auch das Prinzip des Tintenstrahldruckers wird verwendet.

Danach werden DNA-Fragmente auf den Chip gebracht. Die DNA wurde durch Restrictasen »klein gehackt«. Die zu analysierenden Doppelhelix-DNA-Stückchen müssen außerdem vorher »aufgeschmolzen«, das heißt zu Einzelstrang-DNA verwandelt werden (durch Erhitzen, siehe auch Box über PCR). Sie binden nur an den Stellen des Chips, die komplementäre Basen enthalten.

Ein Oligo mit der Sequenz CTTTTTTCCCCCC »fischt« sich also aus den Bruch-Stücken eine Einzelstrang-DNA mit der Sequenz GAAAAAAGGGGG heraus.

Die auf den Chips angebrachten DNA-Stücke (= DNA-Sonden) dienen so als »Köder« für das »molekulare Fischen« nach DNA-Fragmenten (molekulare »fish on chips«).

Jeder DNA-Köder kann also aus einem komplexen Gemisch aus Millionen von verschiedenen DNA-Molekülen genau jenes herausfischen, das genetisch perfekt übereinstimmt (Hybridisierung). Es bildet sich eine Doppelhelix. Die gefischten DNA-Fragmente bleiben daher auf einem genau definierten Punkt des DNA-Chips »kleben«. Wenn man die »Fisch«-DNA vor dem Versuch mit fluoreszierenden Farbstoffen versieht, dann leuchten diese Punkte unter dem Laserlicht auf und können so leicht nachgewiesen werden.

Wenn man mit einem Laserscanner den Chip abtastet, leuchten nur die Stellen der erfolgreichen Hybride auf. Da der Computer »weiß«, welche Oligos wo auf dem Chip platziert waren, kann er auch sagen, welche DNA-Bruchstücke in der Probe enthalten waren.

8

Liebling, Du hast die Katze geklont!

Der Rucksackbulle

»Der Rucksackbulle kommt!« Als 14-Jähriger erhielt der Verfasser dieses Buches eine Berufsausbildung in der deutschen Landwirtschaft, Spezialisierung Tierzucht. Eines Tages erschien im Kuhstall ein harmloser Mensch, er nannte sich Zootechniker. Würdevoll entnahm er einer Thermoskanne mit Eis ein Röhrchen gefrorenen Bullenspermas, taute es auf und verabreichte es unter großer emotionaler Anteilnahme der versammelten Bauernschaft zwei »rauschigen« Kühen. Es hatte tatsächlich für die Bauern etwas Komisches und Merkwürdiges, sich vorzustellen, dass soeben zwei Kälbchen gezeugt worden waren.

Bei der Hundezucht wurde die künstliche Besamung schon durch Lazarro Spallanzani (1729–1799) beschrieben. 1942 gab es in Deutschland dann die erste Besamungsstation für Rinder. In den fünfziger Jahren wurden Techniken zur Lagerung von Bullensperma in flüssigem Stickstoff (–196 °C) entwickelt, eine Revolution in der Tierzucht: Tiefgefrorenes Sperma konnte nun in alle Länder verschickt werden. Es ist schon ein kleiner Unterschied, ob ein heißblütiger Stier über den Atlantik geschickt wird oder ein handliches Paket mit tief gefrorenem Bullensperma!

Heute werden etwa 90 % der Milchkühe in den Industrieländern durch künstliche Befruchtung gezeugt. Bei Schweinen sind es etwa 60 %. Die Methode ist kostengünstig: Aus dem Ejakulat eines Zuchtbullen, der eine Kuh-Attrappe bespringt, gewinnt man immerhin 400 Portionen Samen mit je 20 Millionen Spermien. Ein »Besamungsbulle« kann etwa 1000 »Natursprungbullen« ersetzen.

Man sollte dieses Ergebnis bei der heutigen (oft sehr absolut geführten) Gentechnik-Diskussion einfach im Hinterkopf haben. Schöne Neue Rinderwelt – schon heute! In den vergangenen 40 Jahren wurde im Übrigen auch ganz ohne Gentechnik die Milchleistung dramatisch gesteigert: In den fünfziger Jahren gab eine Milchkuh 1000 Liter pro Jahr, heute 8000 Liter und mehr.

Embryotransfer und künstliche Befruchtung

Durch die künstliche Besamung ist es möglich geworden, ausschließlich Samen hochwertiger Bullen zur Zucht einzusetzen. Aber selbst eine künstlich besamte Kuh mit herausragenden Merkmalen kann in der Regel nur ein oder manchmal auch zwei Kälbchen nach neun langen Monaten zur Welt bringen. Der Züchter würde von einer solchen Kuh natürlich gern weit mehr Nachkommen in kürzerer Zeit erzeugen. Hormone machen es möglich: Das injizierte Hormon Gonadotropin bewirkt eine gleichzeitige Reifung mehrerer Eizellen. Diese werden künstlich befruchtet. Die danach entstehenden Embryonen lassen sich ohne Schwierigkeiten mit einem Katheder aus dem Uterus herausspülen oder durch unblutige Ultraschall-Follikelpunktion gewinnen.

Es entstehen bis zu 8 transfertaugliche Embryonen, aus denen in »Leihmüttern« durchschnittlich 4 Kälber entstehen. Noch ist die Methode teuer und aufwändig und hat sich deshalb in der Nutztierzucht nur begrenzt durchgesetzt.

Für längerfristige Aufbewahrung können Embryonen (wie Sperma auch) in Flüssigstickstoff tief gefroren und dort »endlos« lange gelagert werden. Zwei Drittel eignen sich nach dem Auftauen noch für den Embryotransfer. Auch hier entfällt der aufwändige und stressige Transport einer Spitzen-Kuh zum Super-Bullen. Da sich außerdem das Kalb vollständig am neuen Ort entwickelt, bekommt es von der Leihmutter auch gleich ihr »örtliches« Immunsystem mit. Es hat also Antikörper gegen lokale Krankheiten schon im Blut.

Die künstliche Besamung von Rindern und Schweinen, die heute in allen Industrieländern fast durchgängig praktiziert wird, ist ein erfolgreicher »konventioneller« Weg, um hochwertige Eigenschaften einiger weniger Zuchtbullen weiterzugeben.

Bei der künstlichen Befruchtung dagegen findet die Verschmelzung von Ei- und Samenzelle außerhalb der Tiere im Reagenzglas (*in vitro*) statt. Der heranwachsende Embryo wird dann in entsprechende Ammentiere eingepflanzt. So kann auch das Erbmaterial herausragender Kühe ökonomisch an eine Vielzahl von Nachkommen weitergegeben werden.

Die Geschlechtsbestimmung der so gewonnenen Embryonen gelingt mit der Polymerase-Kettenreaktion PCR (siehe Kapitel 7): Rinder-Embryos werden zuerst bis zum 8-Zellstadium gebracht. Eine der Zellen wird mit einem Mikromanipulator unterm Mikroskop entfernt. Die restlichen Zellen wachsen normal weiter, wenn sie eingepflanzt werden.

RINDER-AMOR

DNA wird aus der entnommenen Einzelzelle extrahiert. Dann verstärkt man eine spezielle Region auf dem Y-Chromosom (das nur in männlichen Zellen vorliegt) mit PCR millionenfach. Wenn nach Hybridisierung eine sichtbare DNA-Bande auf dem Elektrophorese-Gel erscheint, heißt das: »männliches Kalb!« Wenn nicht: »weiblich!« Beim Menschen ist solche Pränatale Implantationsdiagnostik (PID) heftig umstritten (siehe weiter unten). Der Lateiner würde das alte Sprichwort umstellen zu: »*Quod licet bovi, non licet jovi*« (im Original: »Was dem Jupiter erlaubt ist, ist dem Ochsen nicht erlaubt.«).

Milchfarmer können nun gezielt Milchkälber, Fleischfarmer dagegen Bullen-Kälber austragen lassen. Gegenwärtig kann man bereits »geschlechtssortierte« Rinder-Embryonen für den Transfer in Leihmütter aus den Internet-Katalog kaufen.

Kann man aussterbende Tierarten mit Hilfe von Embryotransfer retten? Der Cincinnati Zoo in Ohio (USA) ist hierbei Spitzenreiter: 1984 wurden erfolgreich Holstein-Rinder als Leihmütter für den seltenen Malaysischen Gaur (*Bos gaurus*) eingesetzt. In Kenia nutzte man die häufigen Elen-Antilopen (*Taurotragus oryx*), um die Population der seltenen Bongo-Antilope (*Tragelaphus euryceros*) wieder aufzupäppeln. Sie lebt pärchenweise verborgen im dichtesten Urwald West- und Zentralafrikas.

Tiefgefrorene Bongo-Embryos wurden vom Cincinnati Zoo nach Kenia geflogen, Embryos wilder Bongos vom Mt. Kenia dagegen nach Ohio zu Elen-Antilopen- und Kuhmüttern. Parallel wurden US-Bongo-Embryonen auch noch wilden Bongo-Mamas in Kenia eingepflanzt. Sie werden nun nach Geburt und Freisetzung über Miniatur-Radiosender von Verhaltensforschern beobachtet.

Die Riesenmaus

Ein Foto ging 1982 um die Welt: Zwei 10 Wochen alte Mäuse beschnuppern sich. Sensation? Die eine wiegt 44 g, die andere nur 29 g. Die erste Gen-Maus, die »Riesenmaus«, war entstanden. Durch Einbau von DNA in Tierzellen können neue Gene eingefügt oder vorhandene Gene ausgeschaltet werden. Die neuen Gene werden weitervererbt. Solche *transgenen* Tiere sind die heute spektakulärsten Produkte der Biotechnologie.

Das transgene Riesenmaus-Baby wuchs dank des eingeschleusten Gens für das Ratten-Wachstumshormon doppelt so schnell wie seine nicht transgenen Wurfgeschwister und wurde schließlich doppelt so groß.

Riesen-Mäuse

Normalerweise wird das Gen für das Wachstumshormon bei Mäusen (und auch Menschen!) nur in der Hirnanhangsdrüse (Hypophyse) eingeschaltet. Es bildet das Hormon und gibt es, kontrolliert vom Gehirn, ins Blut ab. Das Mäusekind wächst dementsprechend »klug gesteuert« vom Gehirn. Man müsste das Wachstumshormon außerhalb der Kontrolle der Hypophyse in der Maus (z. B. in der Leber) produzieren und würde so ein rasantes Wachstum erreichen. Die Synthese des Eiweißes Metallothionein findet in der Leber statt und wird durch Schwermetalle wie Zink stimuliert, gegen die es das Gewebe schützen soll. Kann man dessen Gen als »Schlepper« benutzen?

Werden jetzt zwei Gene (also DNA) mit einem »Anschalter« (Promotor) kombiniert (Wachstumshormon-Gen und Metallothionein-Gen plus Metallothionein-Anschalter) in eine embryonale Maus einschleust, besteht die begründete Hoffnung, dass zumindest ein Teil des Wachstumshormon-Gens in die spätere Leber gelangt und dort Wachstumshormon bildet.

Am direktesten lässt sich ein neues Gen in eine Zelle einschleusen, indem man die gereinigte DNA unter dem Mikroskop mit einer Kanüle einfach in den Zellkern einer Eizelle injiziert und hofft, dass es in das Genom eingebaut wird. Bei Mäusen funktioniert das sehr gut.

Man präpariert zunächst DNA mit dem Wachstumshormon-Gen und dem Metallothionein-Gen und einem Promotor. Das Ganze wird dann in ein Plasmid eingebaut und in Bakterien millionenfach vermehrt. Man schneidet sich dann mit Restrictasen das gewünschte DNA-Stück in großer Menge wieder heraus. Heute lässt sich die DNA auch mit PCR vervielfältigen, aber zum Zeitpunkt der Riesenmaus war diese Methode noch nicht greifbar.

Für die Injektion verwendet man ein Spezialmikroskop mit 100- bis 200-facher Vergrößerung. Die Zellstrukturen des Embryos sind hier kontrastreich zu erkennen. 8–12 Stunden nach der Befruchtung sieht man die beiden runden Vorkerne (Pronuclei) deutlich. Der vom Vater ist deutlich größer als der mütterliche.

Mit einer Ansaugpipette hält man nun eine Zygote sanft fest. Eine Mikroinjektionsnadel sticht die Eizelle an und injiziert 50 bis 500 Gen-Kopien in den männlichen Vorkern. Nicht alle Embryonen überleben das, aber im Allgemeinen sind 60–80 % danach lebensfähig.

Nun muss eine Mäuse-Amme her, eine Leihmutter! Weibchen paart man dafür mit sterilisierten Mäusemännern. Sie sind nun scheinträchtig, treten in den Hormonzyklus einer Schwangerschaft ein, tragen aber keinen eigenen Embryo.

Die implantierten Embryos entwickeln sich in der Amme zu normalen Feten. Die Neugeborenen bleiben noch drei Wochen bei der Leihmutter, bis sie alt genug zur Entwöhnung sind.

Ist die neugeborene Maus transgen? Trägt sie die eingespritzte DNA nun integriert in ihrem Genom? Vermehrt sich die DNA bei jeder Zellteilung während des Wachstums des Embryos?

Eine Gewebeprobe, aus dem Mäuseschwänzchen gezogen, gibt Antwort darauf. Die PCR zeigt im Normalfall, dass immerhin rund 27 % der Mäusekinder die fremde DNA integriert haben, dass die DNA aktiv ist und mit ihren Geschlechtszellen auch an Nachkommen weitergegeben wird.

Die Riesenmaus wuchs bei Exposition des Embryos mit geringen Zinkmengen so stark, weil die Leberzellen sowohl das Metallothionein als auch das Ratten-Wachstumshormon bildeten. Das Anschalter-Gen des Metallothioneins hatte tatsächlich beide Gene aktiviert. In der Leber konnte die Hormonausschüttung nicht mehr wie im Gehirn kontrolliert werden. Der Hormon-Überschuss stimulierte die Entwicklung der Maus ununterbrochen.

Die Maus (*Mus musculus*) ist dem Menschen physiologisch erstaunlich ähnlich. Allerdings stehen uns Schweine physiologisch noch näher! (s. unten bei Xenotransplantation). Da Mäuse leicht zu züchten und zu halten sind, werden Maus-Modelle in der Medizin zur Erforschung humaner Krankheiten genutzt.

Wie »macht« man eine Riesenmaus? Auf der vorigen Seite wird das in der Box ausführlich geschildert, weil es eine universelle Grundtechnik für transgene Tiere beinhaltet.

Die Idee für die Riesen-Maus war schlichtweg genial: Man injiziert das Gen für das Wachstumshormon mit einem Trick in eine undifferenzierte Maus-Eizelle und integriert es bei Erfolg in das Genom des Embryos. Das Gen wird dabei so an ein anderes Gen zusammen mit dessen »Anschalter-Gen« (Promotor) gekoppelt, dass es später nicht (wie eigentlich vorgesehen) im Mäusehirn gebildet und dort kontrolliert und (entsprechend vom Gehirn gesteuert) abgegeben wird, sondern in einem anderen Gewebe, z. B. in der Leber, und unkontrolliert.

Gesagt, getan! Es war ein voller Erfolg: Das Mäuschen wuchs und wuchs, ohne Kontrolle der Hypophyse und war schließlich doppelt so schwer wie unbehandelte Altersgefährten.

Weltweit sind heute schon 2000 transgene Mäusestämme für wissenschaftliche Forschung erhältlich. Das erleichtert die Analyse der Funktion des menschlichen Genoms. Mäuse sind gute Modelle zur Untersuchung menschlicher Krankheiten: Arthritis, Alzheimer-Krankheit, Herz-Kreislauferkrankungen.

Milch von Mega-Kühen?

»Wenn wir größere Mäuse machen können, können wir auch größere Kühe haben«, äußerte ein Wissenschaftler. Bei Rindern steht aber nicht die Größe im Zentrum des Interesses, immerhin würde dies ja auch größere Stallungen erfordern. Entscheidend sind vielmehr Milchleistung, schnelles Wachstum, Fruchtbarkeit und Krankheitsresistenz. Sicher wird künftig die Zusammensetzung der Kuh-Milch verändert: Beispielsweise könnte das Phosphorprotein Casein verstärkt produziert werden. Auf diese Weise könnte mehr Käse aus der gleichen Menge Milch produziert werden. Außerdem könnte man Milchzucker-freie Milch produzieren. Besonders Millionen Menschen der Dritten Welt mit Lactose-Intoleranz würden von Lactose-freier Milch profitieren. Resistenz gegen Krankheiten, z. B. gegen Mastitis (bakterielle Entzündung des Euters) würde den Einsatz von Antibiotika (die wir in der Milch wiederfinden) deutlich vermindern.

Einen spektakulären Biotech-Erfolg gab es bereits mit ausgewachsenen Milchkühen, denen durch Bakterien produziertes Rinderwachstumshormon injiziert wurde: Sie steigerten nach Angaben einiger Wissenschaftler ihre Milchleistung um 10 bis 25 %! Dabei verbrauchten diese Kühe nur 6 % mehr Futter. Das Hormon steigert also die Milchproduktion ohne nennenswerten finanziellen Mehraufwand. Gentechnisch erzeugtes Rinder-Wachstumshormon (*recombinant bovine somatotropin*, rBST) ist durch die amerikanische *Food and Drug Administration (FDA)* zugelassen und als »sicher für menschliche Ernährung« klassifiziert worden. Ungeklärt sind allerdings die Langzeitwirkungen der Hormonbehandlung. Schon ohne diese Behandlung soll die Gesundheitssituation vieler Hochleistungskühe problematisch sein. Auch wenn das Bild von den »ausgebrannten Hormonkühen« überzeichnet ist, steht ein abschließendes Urteil noch aus. Die Milchschwemme in Europa tut ein Übriges, um auf dem Alten Kontinent die Skepsis zu nähren. Die teilweise erbitterte Kontroverse über die Hormonbehandlung könnte nun bald beendet sein: Das Wachstumshormon-Gen wird in Rinder übertragen und muss nicht mehr gespritzt werden. Die transgenen Kühe produzieren es selbst.

Interessant ist auch der Einsatz von Wachstumshormonen bei Schweinen: Hier steigert Wachstumshormon den Fleischansatz auf Kosten des Fettes. Dabei ist allerdings ein Mindestfettgehalt immer notwendig, denn Fette sind (dummerweise!) Träger der meisten Geschmacksstoffe.

Wäre es nicht phantastisch, transgene, muskelstrotzende und fettarme Schweine zu fabrizieren? Es gelang tatsächlich ein Gentransfer, aber mit viel geringerer Effizienz als bei der Maus. Bislang war es eine Enttäuschung: Bei Schweinen ergibt eine Überproduktion von Wachstumshormon zwar eine höhere Wachstumsgeschwindigkeit mit geringerem Fettansatz, gleichzeitig sind aber auch Nierenerkrankungen, Hautveränderungen und Gelenkentzündungen zu beobachten.

Die transgenen Schweinchen waren nicht besonders fruchtbar – wen wundert's bei den gerade geschilderten Symptomen? Und besonders lustig ist das oben geschildertes Labormäuse-Liebesleben ja auch nicht gerade.

Fischers Fritze fabriziert fabelhafte Fische

Der Fischverzehr steigt rasant an. Pro Jahr werden etwa 80 Millionen Tonnen Fisch gefangen. Viele Fischbestände sind inzwischen bedroht und die Fangmengen sinken.

Wie wäre es mit Riesen-Fischen in Fischfarmen? Zur Zeit werden schon etwa 40 Millionen Tonnen Fisch jährlich in Aquakultur gezüchtet.

Jungen Regenbogen-Forellen wurde gentechnisch hergestelltes Forellenwachstumshormon (*salmon growth hormone*) injiziert. Das Resultat: Die Fische wuchsen zu doppelter Größe heran. Das Fangen Tausender Forellen und Injizieren des Hormons macht natürlich wenig Spaß und ist teuer. So versuchte man sich also an transgenen Forellen – mit Erfolg! Fische haben riesige Eizellen, und die Injektion des Wachstumshormon-Gens war daher nicht besonders schwierig.

Das kleine...

... und das große LATINUM

Kein Angler-Latein: Die transgene Pacific-Forelle ist etwa 10-mal größer als der normale Fisch, einzelne Forellen waren sogar 37-mal größer!
Die nicht manipulierte Forelle sieht dagegen wie ein Zwerg aus.

Vor 20 Jahren gefror im kalten Neufundland versehentlich ein Tank
mit Flundern – erstaunlicherweise überlebten die Fische. Später entdeckte
man ein *antifreeze* (Anti-Frost)-Protein, das die Anpassung an eiskaltes
Wasser bewirkt und bestimmte Fische vor dem Erfrieren schützt. Als
auch das für dieses Protein codierende Gen gefunden war, versuchten
Wissenschaftler, es auf Lachse zu übertragen. Man hoffte, auf diese Weise Lachse auch bei Temperaturen um den Gefrierpunkt züchten zu können.

Starke generelle Bedenken gibt es allerdings von Umweltfachleuten
gegen transgene Fische: Man kann nicht garantieren, dass sie nicht doch
aus Fischfarmen entwischen und sich unkontrolliert verbreiten. Transgene Rinder und Schweine »verwildern« dagegen nicht so einfach.

In Japan und demnächst auch in den USA gibt es (für nur 5 US-Dollar) einen von Singapurer Forschern entwickelten modischen, transgenen
Zebrafisch zu kaufen, der unter UV-Licht fluoresziert. Er heißt »GloFish«
und ist das erste transgene Haustier. GloFish trägt das Grüne Fluoreszenz-
Protein (*Green fluorescent protein*, GFP) der Leucht-Qualle in seinem Erbgut.*

Auch das »Genäffchen« ANDi, der erste im Jahre 2000 geschaffene
transgene Primat, trägt die Quallen-Gene. ANDi ist eine Umkehrung
der Abkürzung für »*inserted DNA*« (eingebaute DNA). Das GFP dient
hier als »Reporter-Protein«, um aktivierte Gene aufzuspüren. Das Gen
wurde zwar erfolgreich übertragen, aber nicht aktiviert – kein großer
wissenschaftlicher Triumph.

*) Bei »GloFish« handelt es sich um den tropischen
Zebrafisch (*Danio rerio*), der zusätzlich die Fluo-
reszenz-Gene einer Leucht-Qualle (*Aequorea victoria*)
trägt. Die wunderschöne Qualle besitzt 6000–7000
lichterzeugende Zellen. Während normale Zebra-
fische schwarz-silbern sind, soll der manipulierte
»GloFish« schon bei geringstem Lichteinfall in
grellem Rot leuchten. Ursprünglich wurden die
Leuchtfische von der National-Universität in
Singapur entwickelt, um Umweltverschmutzungen
in Gewässern zu ermitteln. Eine frühere Form der
manipulierten Fische hat sich nur dann grün oder
rot verfärbt, wenn das Wasser, in dem sie
schwamm, Giftstoffe enthielt.

Bei Schweinen ist es 2003 dagegen gelungen: 26 Ferkel schimmern grünlich im Stall des Münchner Reproduktionsbiologen Eckhard Wolf und des Pharmakologen Alexander Pfeifer. Als Transportvehikel für die Quallen-Gene wurden Lentiviren verwendet.

... zum Mäusemelken auf die Gen-Pharm

»Und warum kann man Mäuse nicht melken?« pflegte mich mein Vater als Kind zu fragen. Lapidare Antwort: »Weil kein Eimer drunter passt!«

Bei normalen Mäusen lohnt der Aufwand sicher nicht, wohl aber bei gentechnisch manipulierten, also transgenen Mäusen. 1987 produzierten Mäuse erstmals menschlichen Gewebeplasminogenaktivator (t-PA), den Retter bei Herzinfarkt, und gaben ihn mit ihrer Milch in hoher Konzentration ab.

Um fremde Genprodukte wie t-PA unkompliziert über die Milch gewinnen zu können, wurde das Promotor-(Anschalter-)Gen für Saures Molkeprotein, das häufigste Eiweiß der Mäusemilch, mit dem isolierten Gen für menschliches t-PA verbunden. Tatsächlich bildete sich das

menschliche t-PA ausschließlich im Milchdrüsengewebe der transgenen Mäuse und wurde aktiv in die Milch abgegeben. Im Blut der Mäuse fand sich dagegen kein menschliches t-PA.

»Ein Schutz der Mäuse vor Herzinfarkt war mit dem Experiment ohnehin nicht beabsichtigt«, erklärten die Wissenschaftler. Wichtig aber ist, dass das fremde Genprodukt den Tieren nicht schadet.

Jede einzelne Maus, die mit einer speziellen Mäusemelkmaschine in 15 min gemolken wurde, lieferte pro Tag 4 ml Milch. Eine Mäusemelkmaschine ... wenn das mein Vater erlebt hätte!

Damit beginnt das »Gen-Pharming« Wirklichkeit zu werden. Billige Nagetierfarmen können statt teurer Bioreaktoren für Säugerzellkulturen Gentechnikprodukte erzeugen. Bei aller Begeisterung dürfen ethische Bedenken allerdings nicht unbeachtet bleiben.

Einfacher als Mäuse zu melken ist es natürlich, transgene Rinder, Schafe oder Ziegen zur Milchproduktion zu nutzen. Verschiedene Pharmaprodukte wurden so schon hergestellt, zum Teil mit Ausbeuten von 35 g/l Milch! Die Produkte können aus der Milch isoliert oder direkt mit der Milch getrunken werden. Eine gute Milchkuh kann etwa 10 000 Liter Milch pro Jahr liefern. Damit wäre der gesamte Bedarf der USA (120 g) am Blutfaktor VIII (für die Behandlung der Bluterkrankheit) gedeckt! Allerdings ist diese Produktionsmethode (noch) nicht zugelassen.

Es bleibt abzuwarten, wer das Rennen macht in der »Gen-Pharm«: transgene Tiere (emotionsbeladen für uns Tierfreunde) oder ihre stummen Pendants, transgene Pflanzen.

Stammzellen, der Jungbrunnen

Die Ursache dafür, dass wir in 5 Jahren nicht mehr der oder die Alte sind (siehe Kapitel 2), beruht auf der Aktivität von Stammzellen. Stammzellen erneuern unsere Körperzellen ständig. Nur Muskel- und Nervengewebe haben Probleme mit der Erneuerung. Deshalb glaubte man bisher, dass sich das Hirngebiet nach Schlaganfall oder der Herzmuskel nach Herzinfarkt nicht regenerieren können. Es scheint aber doch auch dafür Stammzellen zu geben.

Wie machen das die Stammzellen? Sie können sich vielfach teilen und nicht nur sich selbst am Leben halten, sondern neue spezialisierte Körperzellen bilden. Im Knochenmark teilen sich Stammzellen des Blutsystems auf Körpersignale hin (z. B. Erythropoietin, EPO, als Folge von Blutverlust) und bilden eine Tochterstammzelle und eine neue Blutzelle.

Gewebsstammzellen sind also »Urzellen«, die ständig neue spezialisierte Zellen dort bilden, wo Bedarf besteht. Daneben findet man auch Stammzellen im frühen Embryo, 5 bis 10 Tage nach der Befruchtung. Die Forschung mit »embryonalen Stammzellen« (ES) führte ab 2000 zu einer erbitterten Diskussion in Medien und Parlamenten: Aus ihnen können prinzipiell *alle* Zelltypen entstehen, sie sind *pluripotent*.

Wenn man gezielt Stammzellen in einen kranken Organismus transplantiert, können diese vor Ort das nötige Ersatzgewebe bilden!

Bei Ratten etwa regeneriert sich verletztes Herzgewebe nach Implantation embryonaler Stammzellen. Auch beim Menschen ist das bei so behandelten Herzinfarktpatienten in Deutschland gelungen. Kein Wunder also, dass sich jedermann für die »Alleskönner« interessiert.

Inzwischen kann man gezielt bestimmte Zelltypen aus ES oder Gewebestammzellen züchten. Beispielsweise wird versucht, Langerhans'sche Inseln der Bauchspeicheldrüse aus embryonalen Stammzellen zu gewinnen. Diabetiker könnten, statt Insulin zu spritzen, durch Unterhaut-Depots von Stammzellen mit neuen Zellen versorgt werden.

Gewebsstammzellen haben ein geringeres Entwicklungspotential als embryonale Stammzellen. Ihre Vermehrbarkeit und Lebensdauer ist begrenzt. Aber auch embryonale Stammzellen haben Nachteile: Ihre

Gewinnung ist ethisch problematisch, weil dazu ein Embryo verwendet werden muss. Außerdem kann es beim Empfänger zu Abstoßungsreaktionen kommen und zu bösartigen Wucherungen.

All das ist kein Problem von erwachsenen Stammzellen, den Gewebsstammzellen. Man kann sie gefahrlos dem Spender entnehmen und später auch gefahrlos wieder auf ihn übertragen, ohne eine Abstoßung befürchten zu müssen. Vor allem kann man Eigenspenden vornehmen. Sie tragen allerdings die angeborenen oder erworbenen Defekte des Spenders, sind dafür aber ethisch unbedenklich und können aus dem Knochenmark durch Punktion extrahiert werden. Auch Plazenta- und Nabelschnurblut ist reich an Stammzellen. Es gibt Firmen, die schon heute anbieten, Nabelschnurblut über lange Zeit zuverlässig einzufrieren, um es bei Bedarf für den Spender, und nur für ihn, zu verwenden. Embryonale Stammzellen sind dagegen universell einsetzbar.

Es gibt drei Möglichkeiten, embryonale Stammzellen zu gewinnen:
- Erstens, aus »überzähligen« Embryonen bei der künstlichen Befruchtung. Es gibt Hunderttausende künstlicher Befruchtungen weltweit (siehe weiter unten).
- Zweitens, aus abgetriebenen oder spontan abgegangenen Embryonen und Föten. Man bezeichnet diese als fötale Stammzellen.
- Drittens, durch »therapeutisches Klonen«, also durch Zellkerntransfer in eine entkernte Eizelle, so entstand das Schaf Dolly (siehe unten).

In Deutschland ist durch das Embryonenschutzgesetz nur die Erzeugung embryonaler Stammzellen aus abgetriebenen oder abgegangenen Embryonen und Föten erlaubt, denn bei den anderen zwei Varianten wird ein entwicklungsfähiger Embryo zerstört.

Knockout-Mäuse

Warum sind Mäuse so beliebt im Labor? Trutz Podschun meint in seinem Buch »Sie nannten sie Dolly« (Wiley-VCH), auch mit Elefanten ließen sich theoretisch Labor-Inzuchtstämme herstellen. Eine kleine Rechnung zu Elefanten und Mäusen: Geschlechtsreif ist »Elli« erst mit 15 Jahren, die Tragezeit mit Einzelbaby beträgt 22 Monate, die Still-

Biologische Hängepartie

zeit 5 Jahre, in dieser Zeit keine Empfängnis. Daher können Elefanten in den 60 Jahren ihres Lebens höchstens 5 bis 10 Nachkommen haben.

Die Maus dagegen: Bis zu 8-mal jährlich 3 bis 8 Mäusekinder. In 4–6 Wochen sind sie geschlechtsreif und leben etwa 2,5 Jahre. Eine Maus kann bis zum Ableben also 150 Nachkommen haben. Man erhält 160 Mäusegenerationen in nur einer Elefantengeneration!

Mir fiel spontan ein anderer »kleiner« Vorteil der Maus ein: Wenn man selber als Student mit Mäusen gearbeitet hat und eine (natürlich wieder mal aus Unachtsamkeit) entwischt war, fing man sie ein und hob sie am Schwänzchen wieder in den Käfig. Man versuche das mal bei ausgerissenen Elefanten.

Die haarlose »Nackte Maus« für Hautverträglichkeitsprüfungen ist eine so genannte »*Knock-out* Maus« und ein Gentechnik-Horrorbild für die Medien gewesen. Man vergisst aber, dass man bei der Erforschung wichtiger menschlicher Krankheiten ohne diese SCID- (Immunschwäche-), Onco- (Krebs-) und Bluthochdruck-Mäuse nicht weitergekommen wäre. Bei diesem »*Gen-targeting*« (engl. *target*, Ziel) schaltet man gezielt einzelne Gene aus, um dann im Erscheinungsbild (Phänotyp) zu beobachten, welche Rolle das Gen gespielt hat. Da wir wohl 99 % entsprechende menschliche Gegenstücke zu den Mausgenen besitzen, ist das ungeheuer informativ.

Ein nicht-funktionales Gen (»knock-out-Gen«) wird dafür in embryonale Stammzellen übertragen. Das eingeführte Gen assoziiert sich physisch mit dem entsprechenden Gen im Chromosom. Dann erfolgt ein bisher wenig verstandener Austausch (homologe Rekombination). Die so manipulierten embryonalen Stammzellen werden in einen frühen Mausembryo injiziert, in der Hoffnung, dass sie sich integrieren. Die Mäuse werden dann vermehrt, um zu sehen, ob das Knock-out-Gen weitergegeben wird. Solche Mäuse haben beispielsweise die Erforschung der menschlichen Cystischen Fibrose* dramatisch weitergebracht. Es ist klar einzusehen, dass dieser Ansatz auch geeignet wäre, Krebsgene »auszuknocken«.

Schwein haben: Xenotransplantation

Der Bedarf an zu transplantierenden Organen steigt gewaltig. In den USA warten 45 000 Menschen unter 65 auf eine Herztransplantation. Demgegenüber stehen nur 2000 geeignete Spender-Herzen. Der Bedarf steigt, die Spendebereitschaft stagniert. Man versucht deshalb, »xenologe« Organe aus Tieren zu gewinnen oder aber Organe in Zellkultur zu ziehen.

Das Schwein ist am besten geeignet, Organe für den Menschen zu liefern (Größe, Physiologie, Anatomie). Das Grundproblem ist aber die immunologische Abstoßungsreaktion: Die Antikörper des Menschen reagieren auf die Antigene an der Oberfläche des Schweine-Organs wie auf ein zu bekämpfendes Fremdorgan. Gentechnologisch wird nun diese Immunabwehr ausgeschaltet. Das erste transgene Schwein »Astrid« wurde im September 1992 geworfen.

Transgene Schweine produzieren menschliche Regulatoren der Immunabwehr, so dass das Organ nicht sofort als »fremd« erkannt wird.

*) Die Cystische Fibrose (oder Mukoviscidose) ist in
Europa die am weitesten verbreitete Erbkrankheit.
Etwa eines unter 2000 Neugeborenen ist betroffen.
Jeder Zwanzigste trägt das defekte Gen. Die
Patienten produzieren in der Lunge große Mengen
Schleim. Das führt zu Atemschwierigkeiten sowie
zu Anfälligkeit für Lungeninfekte. Eine Heilungs-
methode gibt es bislang nicht.

Bei den ersten transgenen Schweinen, die gezielt für Xenotransplantation von der US-Firma PPL Therapeutics entwickelt wurden, wurde das Gen der alpha-1,3 Galactosyltransferase »stillgelegt«. Dieses Gen codiert ein bedeutendes Enzym, das Zucker in der Zellmembran der Schweine aufbaut.

Immerhin 30 bis 60 Tage überlebten Schweineherzen in Menschenaffen. Nicht-transgene Kontrollherzen wurden innerhalb von Minuten zerstört. Die Empfänger mussten dazu auch noch mit Immunsuppressiva (mit Cyclosporin) behandelt werden. Die deutsche Fraunhofer Gesellschaft sagt eine breite Anwendung der Xenotransplantation aber erst in 15 bis 20 Jahren voraus, da es noch einige Risiken zu überwinden gibt.[*] Allerdings wurden bisher alle Prognosen schnell von der Realität überholt.

[*] Indirekte Risiken könnten darin bestehen, dass Tier-Viren (z. B. PERV, *porcine endogenous retrovirus*), die harmlos für Schweine sind, durch transplantierte Organe auf den Menschen übertragen werden. Und wie jemand reagiert, dem man romantisch sein Herz schenkt, und er/sie findet dann heraus, dass es ein Schweineherz war, ist noch unerforscht ...

Eine weniger »gefährliche« Möglichkeit ist das *Tissue* (Gewebe) *Engineering*. Dabei werden zum Beispiel Knorpelzellen der menschlichen Nase auf einem polymeren Gerüst in Nährlösung gezüchtet. Man kann tatsächlich daraus Nasen formen und dann transplantieren! Der französische Vorläufer der Aufklärung, der Freigeist und duellierfreudige Offizier Cyrano de Bergerac (1619–1655) hätte von dieser neuen Möglichkeit sehr profitieren und sich viel Kummer ersparen können.

Und die Krönung: das Humangenom

Im Oktober 1990 wurde das größte biologische Projekt aller Zeiten gestartet. Insgesamt sollen dafür etwa 3 000 000 000 US-Dollar an Fördermitteln aufgebracht werden. Deutschland beteiligt sich mit jährlich 40 Millionen DM seit 1995.

Rund um die Uhr arbeiteten Biotechnologen und Molekularbiologen, um die etwa 3,4 Milliarden Basenpaare, die auf 23 menschlichen Chromosomenpaaren verteilt sind, zu kartieren. Bei den 23 Paaren stammt jeweils ein Satz von einem Elternteil: 22 autosomale Chromosomenpaare und ein Sex-Chromosomenpaar (weiblich XX oder männlich XY).

Die 3400 Millionen Basenpaare enthalten eine unglaubliche Informationsmenge, äquivalent zu 200 der super-dicken New Yorker Telefonbücher zu je 1000 Seiten. Das kleinste Chromosom (das für den »winzigen Unterschied« Y) hat 50 Millionen, das größte (No. 1) 250 Millionen Basenpaare. Im Vergleich dazu brauchen »Modellorganismen« wie die Taufliege *Drosophila* »nur« 10 Telefonbücher, Hefe gar nur 1 Buch und *Escherichia coli*-Bakterien 300 Seiten im Telefonbuch Manhattans.

Etwa 6000 Krankheiten werden jeweils durch ein einziges schadhaftes Gen hervorgerufen. Wenn im genetischen Text ein Wort falsch buchstabiert wird, produziert die Zelle nicht das korrekte Eiweiß oder eine falsche Menge des Proteins. An anderen komplexen Krankheiten sind mehrere Gene, oft Dutzende, beteiligt: Herzinfarkt, Arteriosklerose, Asthma, Krebs. Dazu kommt die Wechselwirkung mit Umweltgiften (Schadstoffen) oder Ernährung.

Forscher gehen davon aus, dass bei Volkskrankheiten wie Krebs und Asthma durch die Kenntnis des Humangenoms völlig neue Behandlungs- und Präventionsstrategien entwickelt werden können.

Die Idee, das gesamte menschliche Erbmaterial zu kartieren, wurde noch Mitte der achtziger Jahre für unmöglich gehalten. Damals war lediglich das gesamte Genom eines winzigen Virus kartiert.

Robert Sinsheimer, Kanzler der University of California in Santa Cruz, versammelte 1985 auf der Suche nach einem biologischen Großprojekt die einflussreichsten Genomforscher auf seinem Campus. »Mutig und aufregend, aber nicht machbar!« lautete die Schlussfolgerung. Walter Gilbert (der später den Nobelpreis für seine DNA-Sequenzierungs-Methode bekam) gab aber nicht auf. Er fand einen mächtigen Verbündeten: DNA-Entdecker James D. Watson (siehe Kapitel 3).

Nach dem Abflauen des Kalten Krieges suchte das amerikanische Energieministerium (*Department of Energy, DOE*) nach neuen Aufgaben: »Gene statt Bomben« hieß die Devise. Der erste prall gefüllte Geldbeutel stand zur Verfügung. Und doch zweifelten viele Forscher noch an dem Sinn und Nutzen des Projektes.

»Unglaublich langweilige Forschung im industriellen Maßstab« drohte. Nobelpreisträger Sydney Brenner schlug im Scherz vor, die DNA-Sequenzierung an Gefängnisinsassen auszugeben: je schwerer das Verbrechen, desto größer das zu bearbeitende Chromosom!

Eine weitere Befürchtung: Es würde kaum noch Geld für andere Bio-Forschung übrig bleiben. Und: Was soll man mit einer Abfolge von 3 Milliarden Buchstaben anfangen, die wahrscheinlich zu 97 % keine (direkte) Funktion hat? War das Energieministerium überhaupt kompetent? Das *National Institute of Health (NIH)*, die staatliche Dachorganisation der biomedizinischen Forschung der USA, zögerte jedenfalls.

Ein spezielles Komitee der *American Academy of Sciences* (AAS), zusammengesetzt aus Kritikern und Befürwortern, empfahl schließlich ein schrittweises Vorgehen: Zuerst sollte eine grobe Karte des Genoms erstellt werden. Außerdem sollten die Genome verschiedener einfacher Organismen, von *Escherichia coli*, von der Hefe *Saccharomyces cerevisiae* und des Wurmes *Caenorhabditis elegans*, parallel angegangen und dabei neue Techniken erprobt werden.

Geld wurde vom US-Kongress bewilligt, nun wollte auch das NIH wieder dabei sein und richtete 1988 eine Leitstelle für Genomforschung ein. Watson wurde Oberkommandierender. Das NIH war mit diesem Coup wieder an die Spitze der Genomforschung gelangt.

Publikumsliebling »Jim« Watson verfolgte eine Doppelstrategie: Neue Kartierungs-Techniken entwickeln und schnell Krankheitsgene orten! 1989 wurde die *Human Genome Organisation* (HUGO) gegründet, eine

Weltorganisation mit Mitgliedern in 30 Ländern, die alle Aktivitäten koordiniert, um unnötige Konkurrenz und Doppelarbeit zu vermeiden. Alles schien harmonisch, bis ein gewisser Craig Venter auf der Bühne erschien. Venter, selber noch beim NIH angestellt, wollte keine Zeit verschwenden mit »Müll« (dem nicht funktionellen Teil der DNA), sondern gleich die möglicherweise profitablen Gene herausfischen und patentieren.

»Blanker Wahnsinn«, war Watsons Reaktion. Er zerstritt sich mit dem NIH und gab 1992 seinen Job beim Genomprojekt auf. Auch Craig Venter verließ das NIH, allerdings in entgegengesetzte Richtung: Eine Venture Capital-Gesellschaft bot ihm 70 Millionen Dollar an, um seine Pläne umzusetzen. Er schlug ein, in doppeltem Sinne.

Konkurrenz belebt das Geschäft: Staatliche gegen industrielle Forschung am Allerheiligsten, dem menschlichen Erbgut!

Gen-Karten und Genom-Poker

1995 erklärte Venter, dass er mit der John Hopkins University zum ersten Mal das gesamte Genom eines frei lebenden Lebewesens kartiert hätte: *Haemophilus influenzae*, ein Bakterium. Sie hatten in nur einem Jahr mit der *shot gun* (Schrotflinten)-Technik einen Erfolg gelandet. Das NIH hatte diese Methode als unzuverlässig und »nichtförderwürdig« abgelehnt.

1996 konnten die »Staatsforscher« das komplette Genom der Bäcker-Hefe (*Saccaromyces cerevisiae*) vorstellen. Venter konterte im Mai 1998, er könne mit seinem neuen Unternehmen Celera Genomics mit Hilfe der umstrittenen Schrotflintentechnik für nur 300 Millionen Dollar das gesamte menschliche Genom sequenzieren, und das in nur drei Jahren! Watsons Nachfolger Francis Collins nahm das bitterernst. Er kündigte neue Ziele an: Im Frühjahr 2001 den »Entwurf« des Genoms (90 % der Gesamtsequenz) und 2003 die Gesamtsequenz, zwei Jahre früher als geplant.

Venter schoss ein Jahr später mit dem kompletten Genom der Taufliege *Drosophila* zurück. Im Januar 2000 hatte Celera angeblich 90 % des Humangenoms kartiert. Das öffentliche Projekt gab zwei Monate später bekannt, 2 Milliarden Basenpaare entschlüsselt zu haben.

Der Druck auf die Genom-Streithähne wuchs. Das DOE vermittelte, und beide Parteien vereinbarten, die jeweiligen Sequenzversionen gleichzeitig zu veröffentlichen. Das geschah am 26. Juni 2000: Craig Venter, Bill Clinton und Francis Collins gaben eine Pressekonferenz. Es herrschte eine Stimmung wie bei der Mondlandung. Der Druck von Clinton und Blair von britischer Seite hatte offenbar kurzfristig gesiegt.

Aber nur 5 Monate später weigerte sich Venter, seine Version in einer öffentlichen Datenbank zugänglich zu machen. Im Februar 2001 veröffentlichte dann die amerikanische Zeitschrift »Science« die Ventersche Karte des humanen Genoms und das britische Journal »Nature« die des öffentlichen Projektes.*

Aber nicht nur Finanzierung und Öffentlichkeitsarbeit, auch die grundsätzlichen Strategien unterschieden sich. Die im staatlichen Genomprojekt organisierten Forscher »zerhackten« zunächst das Genom in handliche Portionen und sortierten sie wieder, bevor sie begannen, die DNA-Portionen zu sequenzieren.

Venter ließ ebenfalls zuerst das Genom zerschneiden, sequenzierte dann aber zunächst die DNA-Stücke, bevor erst ganz am Ende alle Fragmente wieder zusammenfügt wurden.

Streit gab und gibt es schließlich auch um die Frage, ob die gefundenen menschlichen Gene patentiert werden können oder ob das Genom als öffentliches und damit frei zugängliches Gut zu betrachten ist.

Nebenbei hielt sich hartnäckig das Gerücht, dass Celera hauptsächlich die DNA eines einzelnen Erdenbürgers sequenzierte: Craig Venters DNA natürlich!

Es stellte sich übrigens heraus, dass die großartigen privaten »Schrotschützen« nicht ohne Zusatzinformationen der öffentlichen Forscher auskamen. Der Celera-Supercomputer benutzte nämlich Teilsequenzen der Konkurrenz. Eigentlich ergänzen sich beide Feinde, wie so oft im Leben.

---

*) Der »computergestützte« Leser dieses Buches kann jederzeit im Internet die Sequenzen einsehen: www.ncbi.nlm.nih.gov oder www.ensembl.org. Man kann Bilder der Chromosomen abrufen (Karyotyp), und wenn man neugierig nach dem (erstaunlich kurzen) Y-Chromosom fragt, kommt die Auskunft (November 2003): Länge 50 286 555 Basenpaare, bekannte Gene 88, neue Gene 35, SNPs 36 449 (Erklärung siehe weiter unten) und alle Details.

Junk-DNA?

»Das männliche Y-Chromosom, das für den so wichtigen winzigen Unterschied sorgt, besteht fast ausschließlich aus *junk*-DNA«, stichelte James Watson gegen das zumeist männliche Auditorium seiner Reden. Menschliche Gene sind auch sonst Oasen (drei Prozent!) in der riesigen Wüste nicht-codierender DNA (das heißt DNA, die keine Anweisung für Eiweißproduktion enthält, eben in Ermangelung eines besseren Ausdrucks »junk«).

3,4 Milliarden Buchstaben des Genoms müssen nach kodierenden Sequenzen abgesucht werden, eine Aufgabe der Bioinformatik. Es ist hier nicht der Platz, das genau zu erklären, nur soviel:

Enttäuschenderweise besitzt die Krone der Schöpfung »nur« 30 000 bis 40 000 Gene. Interessant ist ein Vergleich: Bäckerhefe hat 6000 Gene, der Fadenwurm *Caenorhapditis elegans* 18 000.

Bei Darmbakterien sind 78 % der DNA kodierend, beim Menschen: 3 %! Wenn wir den obigen Manhattan-Telefonbuchvergleich bemühen: 78 % der 300 Bakterien-Seiten, also 234 Seiten, sind jetzt »sinnvoll« lesbar und enthalten Information. Beim Menschen sind dagegen die genetischen Informationen, die insgesamt 6000 Seiten entsprechen, auf 200 000 Seiten verteilt.

Was steckt dahinter? Es sind ganz sicher nicht geniale Informationen von Außerirdischen, wie einige *Science-Fiction*-Autoren spekulieren oder der Sitz der Seele oder des chinesischen *CHI*, wie meine Frau (immerhin ordentliche Chemikerin) in den Introns vermutet. Es sei doch auffällig, dass, je höher das Lebewesen entwickelt sei, um so mehr »junk DNA« gefunden würde. Ich wollte es auch nur mal aufgeschrieben haben für späteren Nachruhm, denn meistens hat meine Frau im Leben recht behalten ... seien wir gespannt auf die neuesten Forschungen!

Das Humangenom-Projekt geht weit über die Erforschung genetischer Krankheiten hinaus. Neue Ansatzpunkte für Medikamente werden gefunden (Pharmacogenomics, siehe weiter unten). Krebs soll endlich heilbar werden.

Gentherapie

»Einen lebenden Beweis, dass heute noch Wunder geschehen können«, nannte der Vorsitzende des Wissenschaftsausschusses im US-

Repräsentantenhaus George Brown die Geschichte der kleinen Ashanti De Silva.

Im September 1995 trat sie medienwirksam vor dem Ausschuss auf. Als Zweijährige hatte sie am 14. September 1990 die erste Gentherapie der Geschichte erhalten. Sie litt an extremer Immunschwäche und musste in Sterilräumen eines Krankenhauses aufwachsen, ein so genanntes »bubble-baby«. Schon eine einfache Grippe hätte sie umgebracht. Ihr fehlte ein einziges Gen, sie war Trägerin des ADA-Syndroms (Adenosindeaminase). Die weißen Blutzellen benötigen das ADA-Enzym zum Wachsen und Teilen. Ohne dieses Gen fehlt dem Patienten ein Großteil seines Immunsystems.

Man kann die Krankheit allerdings wie bei der Diabetes durch Gabe von ADA behandeln. Es gibt weltweit nur etwa 100 Patienten. Die Behandlung kostet rund 40 000 Dollar pro Monat.

In dem *ex vivo* (außerhalb des Körpers)-Experiment wurden Ashanti eigene T-Lymphocyten transfundiert, in die zuvor das intakte ADA-Gen transferiert worden war.

Sensation: Die Patientin konnte das Krankenhaus schon kurz danach verlassen und ging schließlich normal zur Schule. Etwa die Hälfte ihrer Blutkörperchen enthielten das neue ADA-Gen. Ein Super-Start für die Gentherapie.[*]

Von einer Standard-Therapie für diese seltene Krankheit ist man aber noch meilenweit entfernt. ADA war ein vergleichsweise leichter Fall: Nur *ein* defektes Gen musste durch seine natürliche Variante ersetzt werden. Bei anderen Erkrankungen, wie Krebs, müssen *viele* fehlende und mutierte Gene ersetzt werden. Krebs entsteht als mehrstufiger Prozess mit mehreren mutierten Genen. Alle betroffenen Gene müssen schließlich gleichzeitig verändert und ausgefallen sein. Dies geschieht durch eine Verkettung unglücklicher »Zufälle« bzw. DNA-«Unfälle«. Es gibt allerdings auch familiäre, also genetische Veranlagungen. Der schon mehrfach erwähnte Napoleon starb wie sein Vater, sein Großvater und seine drei Geschwister an Magenkrebs. Auch Brustkrebs tritt gelegentlich ge-

[*] Der Erfolg war da, leider aber nicht ganz eindeutig: Bei einer weiteren Patientin hatte das ADA-Gen seinen Weg nur in 1 % der Blutkörperchen gefunden. Auch wurde bei der kleinen Ashanti die ADA-Behandlung direkt mit dem Enzym die ganze Zeit aus ethischen Gründen parallel zur Gentherapie ausgeführt. Das könnte ebenso geholfen haben.

häuft in Familien auf. Dafür sind die Gene BRCA1 und BRCA2 verantwortlich. Schon bei alleinigem Ausfall des BRCA1-Gens steigt das Risiko, an Brustkrebs zu erkranken.

Gen-Therapien gibt es wegen der Vielstufigkeit der Krebs-Entstehung noch nicht. So viele Gene gleichzeitig kann man noch nicht beeinflussen. Am ehesten kommt man hier über die Stärkung des Immunsystems und von Reparatur-Enzymen zum Ziel.

Nach Meinung von DFG-Präsident Ernst-Ludwig Winnacker haben auch die Gentherapeuten vor allem in den USA bisher auf die falschen Pferde gesetzt, auf Viren als Transporteure.»Im Grunde hat man es sich zu einfach gemacht und den verlorenen Schlüssel unter der Straßenlaterne gesucht, weil es dort mehr Licht gab.«

Der Knackpunkt ist die Entwicklung wirkungsvoller Verfahren, um die Gene in die Zellen zu schmuggeln. Bisher hat man dies mit bestimmten, harmlosen Viren versucht. Bei den »Genfähren« konzentriert man sich auf Retroviren (Viren mit Einstrang-RNA), zu denen auch das HIV und das SARS-Virus gehören. Retroviren verknüpfen ihr eigenes Erbgut mit dem der infizierten Zelle. Das ist bestechend, allerdings auch nicht gut steuerbar.

Neue »Genfähren« werden erprobt, die Talsohle der ersten Schnellschüsse ist offenbar durchschritten. Diese Genvektoren müssen dem Patienten direkt injiziert werden können, sie sollten an einer sicheren Stelle im Chromosom eingebaut werden oder das defekte Gen direkt ersetzen. Schließlich muss das neue Gen auf physiologische Veränderungen reagieren: also bei einem Diabetiker auf steigenden oder sinkenden Glucosespiegel, so wie die natürlichen Gene. Moderne Gentherapie ist dann nicht mehr als eine moderne Anwendungsform eines Arzneimittels. Wir werden es erleben!

Pharmacogenomics

»Weniger als die Hälfte der Patienten, denen teuerste Medikamente verschrieben wurden, haben einen Nutzen davon!« schockte Allen Roses, Vize-Präsident für Genetik bei der Weltfirma GlaxoSmithKline (GSK) Anfang 2003 in London das Publikum. Ist dies in der Pharmaindustrie ein offenes Geheimnis, so war es das erste Mal, dass einer der Chefs davon öffentlich plauderte. Medikamente gegen Alzheimer-Krankheit wirken in weniger als einem von drei Patienten, die gegen Krebs gar nur in jedem Vierten. Arzneien gegen Migräne, Osteoporose und Arthritis funktionieren nur bei der Hälfte der Patienten.[*] »Das passiert, weil die Empfänger Gene haben, die mit den Medikamenten interferieren. Die überwiegende Mehrheit der Arzneimittel, mehr als 90 %, arbeiten nur bei 30–50 % der Patienten«, erklärte Roses. Er ist Fachmann für »Pharmacogenomics«.

Es weiß eigentlich jeder: Das gleiche Medikamente wirkt bei verschiedenen Menschen oft unterschiedlich. Der Arzt verschreibt natürlich seine Mittel nur auf der Grundlage der jeweiligen Krankheit. Könnte er aber zusätzlich die genetische Veranlagung berücksichtigen, käme dies einer Revolution in der Medizin gleich. Auch Nebeneffekte von Arzneimitteln würden so verringert. Wenn die Genomforscher zum Beispiel eine Gruppe von Genen identifizieren, die eine Rolle bei Lungenkrebs spielen können, kann man diese bei Gesunden und Krebspatienten vergleichen. Die Differenzen (Polymorphismus) zwischen den beiden Gensequenzen können ein Maß für die Wahrscheinlichkeit sein, an Krebs zu erkranken.

Oft sind es nur einzelne Basenpaare, die mutiert sind, z. B. von A zu G oder von T zu C (*single nucleotide polymorphism*, SNP)[**]. Auf dem männlichen Y-Chromosom sind es (Stand: November 2003) 36 449 SNPs. 2 Millionen SNPs sind bereits in Datenbanken erfasst. Man nennt sie auch liebevoll »*snips*« (Schnipsel).

Die Information kann nun für diagnostische Tests benutzt werden: Menschen mit höherem Krebsrisiko werden so gewarnt. Außerdem lässt sich herausfinden, welches Arzneimittel bei welchem Patienten am besten wirkt. Das β-2AR-Gen bestimmt beispielsweise, wie gut Asthmapatienten auf Albuterol ansprechen. Albuterol öffnet den Atemweg durch Entspannen der Lungenmuskeln. Von diesem Gen gibt es beim Men-

---

[*] Die (erschreckend geringe) Effizienz von Arzneimitteln (nach Allen Roses): Alzheimer-Krankheit
30 %, Analgetika 80 %, Asthma 60 %, Herz-
Arhythmien 60 %, Depression (SSRI) 62 %, Diabetes 57 %, Hepatitis C (HCV) 47 %, Inkontinenz
40 %, Migräne (akute) 52 %, Migräne (Prophylaxe)
50 %, Onkologie 25 %, Rheumatoide Arthritis 50 %,
Schizophrenie 60 %.

[**] Im Beispiel der Box »RPFL-Analyse« hatte die Person »Renneberg« eine (allerdings ungefährliche, da
nur nicht-codierende DNA betroffen ist) Mutation
an einer Stelle, die »Bofinger« nicht besaß, ein A
statt eines G.

schen 4 bis 5 verschiedene Variationen (Allele). Das erklärt, warum bei etwa 25 % der Asthmapatienten Albuterol nicht gut funktioniert.

Fachleute sagen voraus, dass Ärzte in 5–10 Jahren Genom-Informationen nutzen können, um maßgeschneiderte Verschreibungen ohne Nebeneffekte zu machen. Eine Genomanalyse wird dann für 500 US-Dollar zu haben sein. Um 2040 erwartet man, dass Ärzte fast völlig auf der Basis des Patienten-Genoms arbeiten. Ich bin dann 89 und freue mich schon darauf!

Inzwischen freuen sich auch andere auf diese Informationen: Versicherungen, Firmenleitungen und Regierungen sowie deren Geheimdienste.

Daraus folgende ethische Konsequenzen stellt Prof. Jens Reich in seinem Buch »Es wird ein Mensch gemacht« dar:

Aus den Datenbanken im Internet können wir nur etwas über die ca. 99,9 % unseres Genoms erfahren, die wir mit allen anderen Menschen gemeinsam haben. In diesen Datenbanken findet man alle 46 Chromosomen und auf diesen alle Gene, die jeder Mensch besitzt. Zusätzlich man kann alle bekannten Genprodukte ermitteln, aus denen unser Körper besteht.

Die 0,1 % des eigenen Genoms, die nicht identisch mit dem anderer Menschen sind, stellen unser privates, einmaliges Genom dar. Größtenteils unerfüllbare Wunschvorstellung bleibt es allerdings, aus diesen 0,1 % abzulesen, wie groß und intelligent ich bin, welche Augenfarbe ich habe, was meine Lieblingsspeisen sind und wie es um meine sportliche und musikalische Begabung steht.

Viele Eigenschaften im Menschen sind zwar schon vor der Geburt angelegt, realisieren sich aber abhängig von den Lebensumständen unterschiedlich. So werden Größe und Gesundheit durch die Ernährung mit beeinflusst, die Intelligenz lässt sich in den ersten drei Lebensjahren entscheidend fördern. Dagegen kann ein Klaviertalent unentdeckt bleiben, wenn der Mensch niemals in seinem Leben einen Klavierdeckel aufklappen darf oder nicht bereit ist, ausdauernd am Klavier zu üben. Auch die Zuckerkrankheit entwickelt sich in den meisten Fällen erst unter den Ernährungs- und Lebensbedingungen der modernen Konsumwelt (siehe Kapitel 7).

Außerdem gilt: Alle diese Eigenschaften werden nicht von einem Gen verursacht, sondern es sind im Gegenteil meist mehrere Gene, manchmal sogar etliche tausend Gene dafür verantwortlich. Doch im Allgemeinen kann man nur im Tierversuch herausfinden, welche Gene für welche

Eigenschaften verantwortlich sind. Und da Mäuse nun einmal nicht Klavier spielen und sicher andere Schönheitsideale als wir Menschen haben, ist es schwer möglich, auf diese Weise die Genkombinationen für Musikalität oder Schönheit zu entdecken. (Ende der Zusammenfassung des Verfassers aus Jens Reichs Buch)

Man weiß bisher wenig über die Funktion der einzelnen Gene und kann aus dem privaten Genom so gut wie nichts über sich selbst erfahren. Ist dann die ganze Aufregung über »den gläsernen Menschen« haltlos?

Vor dem Arbeitsvertrag der Gentest?

3,2 Milliarden Buchstaben enthält unser Genom. Wollte man das »Buch des Lebens« laut vorlesen, mit der Geschwindigkeit von einem Buchstaben in der Sekunde, pausenlos 24 Stunden täglich und 365 Tage im Jahr, müsste man es 100 Jahre lang rezitieren! Übrigens wird pro »Buchstabe« etwa 1 US-Dollar für die Entschlüsselung ausgegeben.

Ein Kind wird geboren. Die Hebamme entnimmt einen Tropfen Blut und gibt ihn in den Analysator. Wenig später verliest die Ärztin den frischgebackenen Eltern emotionslos das Ergebnis des Automaten:

»Neurologische Kondition: 60 % Wahrscheinlichkeit!
Manische Depression: 42 %.
Aufmerksamkeitsdefizit: 89 %.
Herzstörung: 99 %!
Frühes Todespotential: ... 30,2 Jahre!!!«

Schock bei den Eltern! Der Columbia Pictures-Spielfilm »GATTACA« von 1997 zeigt ein Horrorszenarium der Zukunft: Sofort nach der Geburt wissen die Eltern des Helden aus der Analyse eines Tropfens Babyblut, dass er mit 30,2 Jahren am Herzinfarkt sterben wird. Fortan wird er besonders vorsichtig aufgezogen und von allen Gefahren ferngehalten. Und er schafft es natürlich, das System auszutricksen (sonst käme der Film nicht aus Hollywood), muss aber selbst von seiner Computertastatur im Büro ständig winzigste Hautteilchen absaugen, die ihn den DNA-Fahndern verraten würden. Im Film werden alle Menschen fast pausenlos mit DNA-Tests kontrolliert.

Ein ironisch-böses Horrordetail: Eine junge Dame erscheint am Schalter des DNA-Service. Ihr wird eine Speichelprobe mit Wattebausch entnommen. »Wie alt?« fragt der DNA-Service-Angestellte. Junge Dame: »Ich?«»Nein, die Probe!«»Ich habe ihn zwar vor 5 Minuten geküsst, … aber er ist ein richtig Guter!« Angestellter: »Ich werde mein Bestes tun!« und überreicht ihr Minuten später ein Papierrolle mit DNA-Daten des Küssers. Ob es zum nächsten Rendevous kommt, erfahren wir nicht. Und heute? Darf ein Arbeitgeber vor Vertragsabschluss einen Gentest verlangen? Kann eine Krankenversicherung das tun? Jens Reich diskutiert Positionen von Befürwortern und Kritikern in seinem Buch. Endgültig geregelt ist das momentan nicht. Man kann nicht zum Gentest gezwungen werden. Bei der Suche nach Gewalttätern wird zum DNA-Test aufgefordert, und sicherlich ist nicht auszuschließen, dass genügend psychischer Druck auch in anderen Zusammenhängen schließlich zur Selbstauskunft zwingt.

Was die Daten betrifft, die z. B. für medizinische Diagnose- oder Forschungszwecke in gegenseitigem Einverständnis erhoben werden, so müsste deren anderweitige Anwendung ausdrücklich verboten werden. Es muss klar sein, dass weder ein Vertragspartner solche Auskunft verlangen, noch ich selbst sie für meine Zwecke irgendwo einsetzen darf. Diese Daten müssen für alle anderen Zwecke außer dem genannten nicht-existent sein.

Im übrigen möchte ich betonen: Es ist nicht möglich, aus DNA-Profilen Persönlichkeitsprofile abzulesen. Jeder Mensch besitzt 1000 Milliarden Nervenzellen, und jede von ihnen knüpft wiederum 1000 Verbindungen mit anderen Nervenzellen. Dieses individuell ganz spezifische Geflecht kann unmöglich in den 3 Milliarden DNA-Buchstaben kodiert sein.

Gen-Daten allein sind sicher nicht so kreuzgefährlich. Aber man kann sie ja kombinieren. Mit Gesundheitsdaten. Mit den Internetadressen, die man besucht und die jemand registriert. Mit meinem Kaufverhalten. Mit der Detailaufstellung meiner Telefonkontakte. Mit Kontobewegungen. Mit den Ortsbewegungen, die die Abbuchungen auf der Kreditkarte dokumentieren.

Angenommen, ich will eine private Krankenversicherung abschließen. Da möchte ich sicher verhindern, dass der Versicherer mich vorher genetisch durchleuchtet und feststellt, dass ich zu dieser oder jener Krankheit neige, die irgendwann vielleicht einmal ausbricht und in diesem Falle große Behandlungskosten verursacht. Konsequenz: »Nein, wir nehmen Sie nicht auf.« Oder sie sagen: »Sie müssen eine höhere Prämie bezahlen.«

Das wäre ein klarer Fall von genetischer Diskriminierung wegen eines Merkmals, für das man absolut nichts kann und das noch nicht einmal sichtbar geworden ist. Wenn man zu dem Zeitpunkt, an dem man die Versicherung abschließen will, bereits zuckerkrank ist, dann ist es ja einzusehen, dass die Versicherung einem nicht einfach die teuren Arztkosten bezahlt. Schließlich ist sie nicht dafür da, ein vorhandenes Ereignis zu versichern, sondern vielmehr ein zukünftiges Risiko.

Klonen – massenhafte Zwillingsproduktion

Wer sich dieses Buch nur wegen des Klonens seiner Katze oder seines Katers gekauft hat, kann hier anfangen zu lesen. Ein Trost für systematische Leser: Zum vollen Verständnis wird der echt Interessierte dann sicher doch zum Anfang zurück müssen.

»Klonen« hat einen unheimlichen Klang. Dabei bedeutet das griechische Wort »klon« nur soviel wie Schößling oder Zweig. Jeder Gärtner klont, wenn er einen Zweig bewurzelt oder einen Obstbaum pfropft. Asexuelle Reproduktion nennt das der Biologe. Blattläuse sind übrigens Meister des Klonens. Jeder weiß auch, dass männliche Honigbienen, die Drohnen, aus unbefruchteten Eiern schlüpfen und man Regenwürmer durchtrennen kann, die dann als Zwillinge weiterleben. Je höher die Lebewesen entwickelt sind, desto geringer ist jedoch die Chance zur asexuellen Fortpflanzung.

Vermutlich war die geschlechtliche Fortpflanzung ein entscheidender Vorteil in der Evolution für die Anpassung an neue Umweltbedingungen. Die durch Partnerwahl erzwungene Konkurrenz sichert eine Auslese der am besten angepassten Individuen. Außerdem wird das Erbmaterial bei der Bildung der Keimzellen umsortiert. Es bietet endlose Variationsmöglichkeiten, was beim Klonen nicht der Fall ist. Die nach Charles Darwin und Alfred Wallace entscheidenden Evolutionsfaktoren Variation und Auslese werden offenbar bei der geschlechtlichen Fortpflanzung besser bedient.

Genetisch identische Individuen können aber auch bei der sexuellen Fortpflanzung entstehen: eineiige Zwillinge. Beim Menschen geschieht das allerdings nur mit einer Häufigkeit von 0,3 %. Ein Klon ist genetisch gesehen nichts anderes als ein Zwilling, der mit Verspätung ins Leben tritt.

Wird es also möglich sein, Klone von Tieren und dann auch von Menschen zu erzeugen?

Salamander und Frösche

Der deutsche Embryologe Hans Spemann (1869–1941) experimentierte mit Salamander-Embryos im 16-Zell-Stadium. Er brachte Einzelzellen mit Zellkern zur Teilung und Bildung eines neuen Embryos und schlug ein Experiment vor: Kerne von entwickelten Körperzellen könnten eine normale Entwicklung im Zellsaft des Eies in Gang bringen. Heute nennt man das »Kerntransfer in eine entkernte Eizelle«.

Erstmals gelang dies 1952 Robert Briggs und Thomas King am Krebsforschungsinstitut in Philadelphia. Sie ersetzten den Kern einer eben befruchteten Eizelle durch den Kern einer Blastulazelle des Leopardenfrosches. Das so aktivierte Ei begann, sich zur »vaterlosen« Kaulquappe zu entwickeln. Mit Zellkernen von reifen (somatischen) Zellen funktionierte das jedoch nicht.

Viel berühmter wurden jedoch die südafrikanischen Krallenfrösche (*Xenopus*) des englischen Biologen John Gurdon Anfang der sechziger Jahre. Er stach unter dem Mikroskop mit einer fein ausgezogenen Glaskapillare die Darmwandzelle einer Kaulquappe vorsichtig an und saugte den (diploiden, mit 2 Chromosomensätzen versehenen) Kern dieser reifen Zelle in seine Kapillare. Anschließend stach er mit der gleichen Kapillare die Eizelle eines erwachsenen Frosches an. Der haploide Zellkern (mit einem Chromosomensatz) der unbefruchteten Eizelle war zuvor durch ultraviolette (UV) Strahlung vollständig zerstört worden.

Die Erfolge waren zunächst bescheiden, nur einige von hundert der so konstruierten diploiden Eizellen verhielten sich wie eine befruchtete Eizelle, begannen mit Zellteilungen und endeten als Kaulquappen und komplette Fröschlein. Es gab darunter auch missgebildete und kranke Tiere.

Immerhin, das Prinzip funktionierte! Eine reife Körperzelle hat also die volle Information zur Bildung eines Organismus und kann diese unter günstigen Umständen auch in ein Entwicklungsprogramm umsetzen. Die koordinierte Benutzung dieser Information ist aber sehr komplex und gelingt nur selten.

Jahrzehnte versuchte man danach vergeblich, Säugetiere zu klonen. Mäuseversuche in den siebziger Jahren misslangen. Das Volumen eines Säugetier-Eies ist 4000-mal kleiner als das Volumen eines Frosch-Eies. Ein Mäuse-Ei hat nur ein zehntel Millimeter Durchmesser.

1986 gab es einen Durchbruch in Cambridge: Der dänische Biologe Sten Willadsen entkernte Schaf-Eizellen. Er führte Kerne einzelliger Schaf-Embryonen in die kernlosen Eizellen ein und es entwickelten sich Embryonen. Versuche mit Kernen reifer Körperzellen scheiterten jedoch.

Hello, Dolly

Dann kam »Dolly«. Mitte der neunziger Jahre entnahmen Mitarbeiter von Ian Wilmut und Keith Campbell am schottischen Roslin Institut für Tierzucht dem erwachsenen Finn-Dorset-Schaf »Tracy« Euterzellen und züchteten sie in Zellkultur. Tracy erlebte die Geburt von Dolly nicht mehr, sie war bereits tot, als ihre Zellkerne in entkernte Eizellen einer anderen Schafrasse injiziert wurden. Eizelle und Kern wurden in Nährlösung stimuliert und tatsächlich begann eine Embryo-Entwicklung. Dolly erblickte schließlich das Licht der Welt, eine Weltsensation am 5. Juli 1996.

Dolly war der lebende Beweis dafür, dass man erwachsene Säugetiere klonen kann, dass eine normale Körperzelle alle Spezifizierungen in ihrer Entwicklung »vergessen« kann und so tut, als sei sie eine »omnipotente«, befruchtete Eizelle. Der kurze Brief in »*Nature*« widerlegte eines der hartnäckigsten Dogmen der gesamten Biologie. Selbst nach Dollys Geburt nahm der Zweifel einiger Fachkollegen noch kein Ende.

Dolly war die Folge eines glücklichen Zufalls: Von 277 Versuchen entwickelten sich nur 29 in Embryos, die transferiert werden konnten. Die wenigen trächtigen Muttertiere hatten frühe Fehlgeburten. Dollys Mama war eine glückliche Ausnahme. Später wurde Dolly auch noch selber Mama, auf »natürlichem« Wege: Am 13. April 1998 kam Bonny zur Welt – springlebendig und gesund.

Dolly war übrigens nicht das einzige geklonte Schaf, sie hatte Vorläufer: Die Welsh-Mountain-Mutterschafe Megan und Morag wurden 1995 direkt aus den Kernen von Embryo-Zellen geklont: Taffy und Tweed. Die beiden Black-Welsh-Böcke klonte man zur gleichen Zeit wie Dolly, aber aus kultivierten fötalen Zellen. Diese Vorläufer hatten gezeigt, dass man mit kultivierten Zellen arbeiten kann. Das Dolly-Wunder war, dass *erwachsene* Köperzellen der Spenderin verwendet wurden!

Weil Du ein Klon bist, musst Du früher sterben

Inzwischen ist der Star im Schafhimmel, gestorben nach 6 ½ Jahren des Ruhmes an einer Lungenkrankheit.

Solche Lungenkrankheiten sind typisch für ältere Schafe. Ihre Spendermutter war bei der Zellkernentnahme 6 Jahre alt gewesen. Es entzündete sich sofort eine Diskussion über die Lebenserwartung geklonter Tiere.[*]
Im Januar 2002 hatte man bei Dolly bereits Arthritis festgestellt, eine Alterserkrankung der Gelenke.

---

[*] Die einzige systematische Studie vor Dolly war an geklonten Mäusen am *National Institute of Infectious Diseases* in Tokyo gemacht worden. Sie starben vorzeitig. Die 24 geklonten Kälber der Klonfirma Advanced Cell Technology sind noch zu jung, um die Effekte zu sehen. Im Februar 2003 starb Australiens erstes Klonschaf im Alter von 2 Jahren und 10 Monaten an unklaren Symptomen.

Am trauernden Edinburgher Roslin Institut sagte Dr. Harry Griffin: »Schafe können 11 bis 12 Jahre leben. Eine vollständige *post mortem*-Untersuchung wird durchgeführt und alle bedeutenden Befunde berichtet werden.« Danach geht Dolly ans National Museum of Scotland in Edinburgh, wo sie ausgestopft und ausgestellt wird: Stolz Schottlands!

Inzwischen hat man festgestellt, dass einige geklonte Tiere kürzere Telomere als normale Altersgenossen haben. Das sind DNA-Stücke, die die Chromosomenenden schützen (wie die Plastikenden an Schnürsenkeln). Sie werden bei jeder Zellteilung kürzer und deshalb als Maß für das Alter von Zellen angesehen (irgendwann passt der Schnürsenkel nicht mehr durch die Öse). Man arbeitet intensiv daran, Telomerase in alternde menschliche Zellen zu bringen. Dieses Enzym erhöht die mögliche Zahl der Zellteilungen von rund 50 auf 300, allerdings bisher nur in Zellkultur. Ein weiterer Jungbrunnen in Sicht?

Die Schwierigkeiten beim Klonen sind aber nicht nur auf unvollkomme-ne Technik zurückzuführen, sondern haben auch biologische Ursachen: Der Zellkern stammt aus einer voll entwickelten Körperzelle. Bestimm-te Gen-Abschnitte sind hier blockiert. Eine Inselzelle (für die Produktion des Hormons Insulin) muss beispielsweise nicht Substanzen einer Ner-venzelle herstellen. Eine Nervenzelle dagegen braucht kein Insulin.

Ian Wilmut hatte bei Dolly die Blockade aufgehoben, indem er die entnommenen Körperzell-Kerne in einem nährstoffarmen Medium hun-gern ließ. Vermutlich wurde dabei die Verpackung der DNA wieder in einen Urzustand versetzt. Die blockierte DNA wurde »reprogrammiert«. Der Spenderzellkern ist meist nicht mehr »taufrisch«. UV-Strahlung, reaktive Sauerstoffradikale und Gifte haben oft einige Stellen des Ge-noms beschädigt. Beim Menschen kommen dazu noch Alkohol, Medi-kamente, Röntgenstrahlen und Holzkohle-Grillwürstchen hinzu. Letz-tere stehen eigentlich nicht auf dem Speiseplan von Pflanzenfressern, aber BSE hat ja gezeigt, was so alles an britische Rinder verfüttert wurde (z. B. Schafkadaver mit der Gehirnkrankheit Scrapie!)

Normalerweise »stören« solche Schäden die Körperzelle nicht, da sie diese defekt gewordene Information nicht braucht. Erst die Repro-grammierung und Neuentwicklung als Klon bringt den Schaden ans Licht. So wäre es auch möglich, dass der Klon vorzeitig altert.

Schließlich funktioniert das Zusammenspiel zwischen entkernter Ei-zelle und eingeimpftem Zellkern nicht fehlerfrei. Das Zellplasma der Eizelle steuert mit bestimmten Wirkstoffen die Funktion des zugehöri-gen Zellkerns. Wenn er nicht richtig reprogrammiert ist, gibt es Miss-verständnisse. Bei der normalen Befruchtung werden väterliche Chro-mosomen kurz nach dem Eindringen in die Eizelle chemisch verändert (demethyliert, CH_3-Gruppen werden entfernt). Das bringt die Eizelle in einem späteren Stadium nicht mehr zuwege, weil sie es normalerweise nicht braucht.

Der Verfasser teilt unter anderem deshalb die »KOPIE-Euphorie« der Massen-Medien nicht: Die jetzigen Klone sind eben KEINE identische Kopien! Dolly hat wie alle Tierklone von der Spendermutter eine ent-kernte Eizelle erhalten, benutzt aber das Zellplasma der Eizell-Spenderin. Hier ist DNA in den »Kraftwerken« der Zelle, den Mitochondrien, ent-halten. (Sie ist wichtig und kann immerhin zum DNA-*Fingerprinting*, siehe Kapitel 7, benutzt werden!)

Also ist Dolly das Produkt aus Kern-DNA plus Mitochondrien-DNA der Eizelle und zusätzlich beeinflusst durch Hormone der Leihmutter. Jeder weiß, dass die Geschehnisse während einer menschlichen Schwangerschaft das spätere Baby vielfältig beeinflussen können.

Man nehme Deine Katze ...

Wie geht das Klonen nun bei unserer Katze? Es gibt mehrere »Eltern«-Varianten:

1. Eine weibliche Katze kann eine Eizelle spenden. Dieser wird der Zellkern entfernt und in eine ihrer Körperzellen eingebracht. Der so entstandene Embryo wird der gleichen Katze eingesetzt. Sie ist Eizellspenderin, Körperzellspenderin und Amme zugleich. Also ein Elter.
2. Der Körperzellkern kann von einer anderen (männlichen oder weiblichen) Katze stammen, und die Eizelle wird der Eizellspenderin wieder eingepflanzt. Also zwei Eltern.
3. Eizelle und Körperzelle stammen von verschiedenen Katzen, die Amme ist eine dritte Katze: drei Eltern.

Dann passiert es eigentlich genau wie bei Dolly. Schritt für Schritt:

- Der Katze werden Körperzellen entnommen, die man in Nährstofflösung »hungern« lässt. Ihre Zellkerne werden dann chemisch oder mechanisch entnommen.
- Eine Spenderkatze produziert durch Hormonbehandlung statt einer gleich mehrere Eizellen (Superovulation). Diese werden durch Punktion entnommen (wie bei der künstlichen Befruchtung) und entkernt. Zurück bleibt nur der »Zellsaft« (der aber doch noch wichtige DNA enthält, siehe oben!)
- Der Spenderkern wird in die entkernte Eizelle eingebracht. Das kann mit Mikropipetten oder durch feine Stromimpulse geschehen. Die Eizelle hat nun einen diploiden (doppelten) Chromosomensatz).
- Die Eizelle wird mit feinsten Stromimpulsen zur Teilung angeregt. Im 8-Zellstadium kann der Embryo auf Erbschäden untersucht werden.
- Einer »Ammenkatze« wird der wachsende Embryo in die Gebärmutter eingesetzt. Sie trägt den Embryo aus.

Wenn es eine Kätzin ist, wie unsere Lisa aus dem Hongkonger Tierheim, kann statt einer neuen Amme aber auch unsere Zellkern-Spender-Katze selbst als Leihmutter dienen. Theoretisch klont sich Lisa damit selbst. Das Katzeklon-Baby wäre Lisa dann wohl am ähnlichsten (siehe oben). Wenn dagegen unser eitler Siam-Kater Moritz geklont werden soll, wäre er vollständig auf die Hilfe von Katzendamen angewiesen. (Wieder ein Beweis dafür, dass Frauen zwar ohne Männer, Männer aber nicht ohne Frauen leben können!)

Lisa kann dagegen Zwillingsschwester, Eizellmutter und die Leihmutter eines Klons sein – ein weiterer Grund für ihren erheblichen Stolz. Soweit die Theorie, nun die Praxis!

Die Geschichte von CC: Carbon Copy

Die dreifarbige Katze CC oder *Carbon Copy* (Durchschlag) wurde 2001 zwei Tage vor Heiligabend (offenbar einem magischen Datum für Biotechnologen) geboren. Texanische Forscher um Mark Westhusin erklärten, dass erstmals in der Geschichte eine Katze geklont worden war.

Die US-Firma *Lazaron Bio Technologies* (Baton Ronge, Louisiana) beantwortet auf ihrer Website Fragen zum Katzenklonieren (http://lazaron.com/lazaronllc/catclonan.html). (Das Folgende ist gekürzt und grob von mir übersetzt, der Verfasser.)

Frage: Wann ist das Katzenklonen kommerziell verfügbar und wie viel wird es kosten?

Antwort: Viele Gruppen und Firmen arbeiten daran; die kommerzielle Nutzung steht kurz bevor, kann aber nicht exakt vorausgesagt werden. In 2000 schätzte eine PET CLONING Firma, dass es 200 000 US-Dollar pro Tier kosten würde. Die Texanische Erfolgsgruppe schätzte es in 2002 auf 20 000 Dollar. Wenn also unser Wissen zunimmt, fallen die Preise.

Frage: Warum ist CCs Farbmuster nicht identisch mit dem der Zellkern- und Eizellenspenderin *Rainbow*?

Antwort: Das Farbmuster ist eigentlich sehr ähnlich zu *Rainbow*. Fell und Muster sind natürlich nicht der Amme (»Surrogatmutter«) ähnlich, weil es ja genetisch völlig verschiedene Katzen sind. Allerdings kann das Farbmuster des Klons auch nicht als exakt identisch mit der Spenderkatze erwartet werden! Das Farbmuster ist nämlich das Ergebnis sowohl von Gen- als auch von Umwelteinflüssen. Zum Beispiel beeinflusst die

Position des Embryos im Uterus der Amme, welche spezifischen Haarfollikel von den Farbstoff produzierenden Zellen erreicht werden. Auch andere Umweltfaktoren können zu kleinen Unterschieden zwischen Klon und Spender beitragen, so kann die Nahrung der Amme ebenfalls die Geburtsgröße des Babys beeinflussen.

Man sollte sich daran erinnern, dass ein Klon zwar genetisch identisch zum Spender ist, aber eben nicht das gleiche Tier! Es gibt also Unterschiede im Aussehen, wenn auch keine dramatischen.

Frage: Die Texaner haben so genannte *Kumulus*-Zellen benutzt, um CC zu klonen. Warum?

Antwort: Kumuluszellen umgeben die Eizelle während der Eireifung im weiblichen Eileiter. Sie nähren das Ei vor und direkt nach dem Eisprung. Die texanischen Forscher glauben, dass Kumuluszellen besser als Fibroblasten geeignet sind. Zuerst wurden 82 geklonte Embryos (aus Hautfibroblasten-Zellkernen) produziert und in sieben Ammen implantiert. Kein Erfolg! Dann wurden *Rainbows* Kumuluszellen benutzt und geklonte Embryos erzeugt. Diese Embryos wurden in die Amme verbracht, und 66 Tage später wurde CC geboren.

Frage: Müssen also Kumuluszellen für das Katzenklonen benutzt werden?

Antwort: Nein, CC ist nur die erste geklonte Katze. Die sechs anderen geklonten Tiere (Schafe, Ziegen, Rinder, Schweine, Mäuse und der Gaur) wurden aus den Zellkernen tiefgefrorener und dann natürlich aufgetauter Hautfibroblasten-Zellen gewonnen. Wir glauben, dass auch für Katzen die Hautzellen am besten wären.

Ende des Interviews. Soweit ein erster Bericht zum Katzenklonen. Passen Sie gut auf, dass Ihr netter Nachbar nicht bald einen Klon Ihrer wunderschönen, einzigartigen Katze hat. Ein paar Hautzellen genügen schon!

... und der Mensch? Klonen, IVF und PID

So weit, so gut: Katzen und Mäuse, Rinder, Schafe und Ziegen. Entgegen sensationeller Erklärungen von esoterischen Sekten ist das Menschenklonen durch Transfer einer reifen Körperzelle in ein »leeres« Ei technisch nicht ausgereift. Man denke nur an die hohe Missbildungsrate! Es wäre (auch für die Wissenschaftler) katastrophal, wenn missgebildete Babies »erzeugt« würden.

In Deutschland ist es zudem durch das Embryonenschutz-Gesetz verboten. Der Bioinformatiker, Arzt und Bioethiker Jens Reich wägt Chancen und Gefahren des Menschenklonens ausführlich ab:

Über das Klonen von Tieren will ich nicht moralisch streiten, obwohl ich auch da Probleme sehe. Aber beim Menschen finde ich es obszön, und zwar aus zwei prinzipiellen Gründen: dem technischen Vorgang des Machens von Menschen und der dahinter stehenden Absicht, einen Menschen nach eigenem Bilde zu schaffen.

Betrachten wir drei Fälle:

Ein homosexueller Mann möchte ein eigenes, mit ihm verwandtes Kind aufziehen, ohne üble Nebenabsicht, in vollem Bewusstsein seiner Verantwortung und mit aller Liebe und Zuwendung.

Dazu braucht er ein halbes Dutzend Frauen als Eizellspenderinnen und eine Hundertschaft Leihmütter, damit in einem von 277 Versuchen ein nicht missgebildetes Kind zur Welt kommt. Die Zahl bezieht sich auf den wissenschaftlichen Bericht über das Klonen von »Dolly«.

Lassen wir einmal die technische Unvollkommenheit beiseite. Wir können ja annehmen, dass das Klonen eines Tages eine Fehlerrate aufweist, die nicht höher ist als bei der allgemein akzeptierten künstlichen Befruchtung. Dann bleibt es dabei, man müsste Leihmütter haben, also Frauen, die Kinder austragen, die nicht ihre eigenen sind. Und das ist zumindest in Deutschland verboten.

Betrachten wir, um die Dienste der Frauen aus dem Spiel zu lassen, nicht einen schwulen Mann, sondern eine lesbische Frau, die sich ein mit ihr verwandtes Kind wünscht und dafür nicht auf eine anonyme Samenspende zurückgreifen möchte. Sie kann einen Zellkern ihres Körpers hergeben, die nötigen Eizellen spenden und ihren Klon selbst austragen. Sie würde die technische Hilfe bezahlen. Kein Mensch wird entwürdigt, keiner getötet. Es wird ein Mensch geboren und mit Liebe aufgezogen, freilich unterstützt durch moderne Technik.

Oder nehmen wir ein Ehepaar, das sich sehnlichst eigene Kinder wünscht und feststellen muss, dass der Mann unfruchtbar ist. Die Frau möchte unbedingt die Erfahrung von Schwangerschaft und Geburt machen, auch wollen beide ein mit ihnen verwandtes Kind – eine Adoption kommt für sie daher nicht in Frage. Dann könnte die Frau z. B. einen Klon ihres Mannes zur Welt bringen. Streng genommen wäre die Frau eine Leihmutter, da das Kind ja nur mit ihrem Mann und nicht mit ihr selbst verwandt ist; allerdings hat die Frau ihre Eizelle dafür gespendet, hat das Kind geboren und zieht es gemeinsam mit ihrem Mann liebevoll auf, es gäbe also keinen Zweifel daran, dass sie die »echte« Mutter des Klons wäre.

Was daran wäre entwürdigend? Das »Machen« ist das Entwürdigende dabei. Es wird ein Mensch hergestellt wie ein industrielles Produkt. Das Hauptproblem ist dieses Herstellen zu einem vorgegebenen Zweck. Man kann nicht verbieten, dass ein Mensch als Arbeitskraft, als Mittel zu einem Zweck, angeworben wird. Aber man darf ihn niemals nur als solches Mittel ansehen oder gar zu einem solchen Zweck herstellen.

Man kann nicht verhindern, dass ein Kind gezeugt wird, damit die Ehe gekittet oder die Erbfolge gesichert wird. Niemals aber darf ein Mensch ausschließlich als Mittel behandelt werden. Er ist stets auch ein Wert an sich, hat Würde unabhängig von jeder Zweckbestimmung.

Hier ist ein Klonbeispiel, das nahe an den eben gebrachten Exempeln angesiedelt ist: Eltern haben ein einjähriges Kind mit Leukämie. Das ist ein tödlicher Krebs der Stammzellen des Knochenmarks. Das Kind wird sterben, wenn es nicht nach einer radikalen Krebsbehandlung eine Knochenmarkspende erhält. Also neue, gesunde Stammzellen, aber gewebeverträglich mit dem übrigen Körper.

Die Eltern wünschen sich ein weiteres Kind, mit aller Liebe, in voller Würde, um seiner selbst willen. Es soll aber zugleich (also nicht »bloß«) einen Zweck erfüllen. Es soll ein Klon des kranken Kindes sein und damit eine voll verträgliche Knochenmarkspende geben können, wenn es geboren wurde. Nichts weiter: Eine kleine Punktion der Beckenkammknochen, und es hat seinem Geschwisterchen das Leben gerettet. Wo ist da Würde verletzt? Man könnte fast sagen, es würde mit seiner Hilfe für das Zwillingskind geadelt.

Ich glaube dennoch, dass wir das moralische Urteil über Menschenklonen nicht an Sonderfällen festmachen können, wo ich einsehe, dass die Motive nicht schlecht sind und die Behandlung nicht entwürdigend ist. Das Problem ist viel allgemeiner. Es liegt darin, dass man mit dem Klonen fundamentale Voraussetzungen menschlichen Zusammenlebens auflösen würde.

Die biologische Grundlage der Einheit der Person ist bislang unverfügbar gewesen. Mit dem Klonen, übrigens auch mit der Manipulation des Genoms eines zukünftigen Menschen, holen wir das in den Bereich des Hergestellten. Wir maßen uns Entscheidungsmacht an über ein zukünftiges Menschenleben.

Aber geschieht das nicht ständig bereits durch das bewusste Zeugen und In-die-Welt-Setzen eines Kindes? Das betrifft das Dasein, aber schreibt nicht das Sosein: Man setzt das Kind in dieses Land und nicht ein anderes; setzt es in diese soziale Umgebung und nicht in irgend eine andere, schreibt eine Fülle von Bedingungen für das Sosein einfach vor, die das Kind akzeptieren muss, ohne dass es gefragt wird. Zudem verlangt man von dem Kind, dass es sich unseren Verhaltensnormen unterordnet und nennt das Ganze Erziehung.

Beim Klonen wird von uns ein Mensch in die Welt gebracht mit der festen Absicht, er soll in entscheidenden Merkmalen genau so werden wie wir oder eine andere bereits existente Person. Man bindet damit Menschen unwiderruflich und in sehr wesentlichen Dingen (nämlich ihrer äußeren und inneren Ausstattung) an unsere Entscheidung an: So sollst du werden und nicht anders! Kein Ausweg. Man schreibt technisch fest, holt ins Reich des Gewollten, was sonst im Reich des Zufalls verharrte. Man teilt Menschen in handelnde Subjekte und behandelte Objekte ein, ohne dass sie sich in irgendeiner Weise dagegen stellen können. Man verletzt die Idee der fundamentalen Freiheit und Selbstbestimmung des Menschen, meint Jens Reich in seinen Dialogen, die Für und Wider erwägen.

Klonen im Alltag: Armes Kind mit 5 Eltern!

Nehmen wir mal Extremfälle an, wenn das Klonen Alltag wäre:
Ein Kind könnte eine verschiedene Zahl von Eltern haben: von einem bis zu maximal fünf!

Ein Elter:
Eine Frau dient als Eizellspenderin, Spenderin des Zellkerns und Leihmutter.

Fünf Eltern:
der biologische Vater (Zellkernspender),
die biologische Mutter (Eizellspenderin),
die Leihmutter,
der soziale Vater (Adoptivvater),
die soziale Mutter (Adoptivmutter).

Ein toller Fall für Erbschafts-Juristen!

Das Klonen würde also bedeutende soziale und moralische Herausforderungen für die Gesellschaft hervorbringen. Einige Soziologen erwarten einen Paradigmenwechsel in der Moral in der Mitte des 21. Jahrhunderts. »Es wird immer wichtiger, dass wir die moralischen Fragen offen diskutieren und dann versuchen, eine sinnvolle politische Lösung zu finden, damit wir gewappnet sind, falls das Klonen von Menschen nicht nur theoretisch denkbar, sondern praktisch durchführbar werden sollte. Ich kann mir nicht vorstellen, dass etwas anderes als ein prinzipielles Verbot des Menschenklonens herauskommen kann. Trotzdem muss man auf den gegenteiligen Fall vorbereitet sein. Wenn nämlich eines Tages ein geklonter Mensch in dein Blickfeld tritt, dann musst du ihn genau so als vollberechtigten Menschen anerkennen wie jeden auf normale Weise gezeugten Menschen.« (Jens Reich)

Das Klonen von Menschen wird zumindest bei Erscheinen dieses Buches im Frühjahr 2004 nicht zum Biotech-Alltag gehören, wohl aber künstliche Befruchtung (*in vitro*-Fertilisation, IVF, siehe Box) und Präimplantationsdiagnostik (PID).

Künstliche Befruchtung ist in allen westlichen Ländern erlaubt und wird vor allem von Paaren mit unerfülltem Kinderwunsch praktiziert. In der Regel werden mehrere Eizellen befruchtet und eingesetzt, um die Chancen auf Schwangerschaft zu erhöhen.

Die Präimplantationsdiagnostik ist in Deutschland gegenwärtig ebenso heftig umstritten wie Klonen, Genfood und Stammzellen. Deshalb noch kurz die Idee der PID:

Wenn das Genom des Embryos untersucht werden soll, muss mindestens eine Zelle aus dem Zellverband entnommen werden. Diese Zelle wird dabei natürlich zerstört. Man wartet in der Regel bis zum dritten Tag nach der Befruchtung, bis zum 8-Zellstadium. Dann entnimmt man eine Zelle (eine zweite zur Sicherung der Diagnose). Diese Zelle hat dann noch alle Informationen (ist also pluripotent). Der Embryo nimmt keinen Schaden, er ist noch nicht kompakt. Was lässt sich feststellen?

Das Geschlecht (XX weiblich, XY männlich) und Abweichungen bei der Zahl der Chromosomen (normal 46) lassen sich leicht bestimmen. Einzelne Chromosomenabschnitte kann man mikroskopisch darstellen, so dass fehlerhafte Bereiche ermittelt werden können. Sogar »Buchstaben«-Defekte werden heute schon identifiziert. Es wäre sogar möglich, den gesamten DNA-Text zu lesen, die Kosten lägen allerdings in astronomischen Höhen. Dies wird sich wohl durch technologische Fortschritte in Zukunft ändern.

In vitro-Fertilisation und Embryotransfer beim Menschen

Es beginnt mit der Gewinnung von Eizellen durch Eileiterpunktion. Die Technik ist weit entwickelt, birgt aber noch Probleme. Die Frau muss sich einer Hormonbehandlung unterziehen, damit mehrere Eizellen im Eierstock heranreifen. Dabei kann es zu Hormonstörungen kommen. Mit Ultraschall wird durch die Bauchdecke festgestellt, ob genügend Eibläschen (Follikeln) herangereift sind. Ebenfalls unter Ultraschall-Sichtkontrolle werden die Follikeln mit einer Spritze entnommen. Dies geschieht meist von der Scheide aus und gegebenenfalls mit örtlicher Betäubung. Es kann zu Infektionen und Blutungen kommen. 8 bis 10 Eizellen werden so gewonnen, die Samenzellen vom Mann durch Masturbation.

Im Labor befruchtet man die Eizelle mit einer Samenprobe. Die Verschmelzung beider Zellen in Nährlösung im Brutschrank geschieht also außerhalb des weiblichen Körpers.

Zwischen dem dritten und fünften Tag, also im Mehrzellstadium, wird der Embryo in die Gebärmutter transferiert (Embryotransfer, ET). Im Erfolgsfall kommt es zur normalen Schwangerschaft. Der Erfolg ist aber nicht die Regel: Nur 10 bis 15 % der Versuche gelingen. Wenn mehrere Eizellen in einem Behandlungsgang befruchtet und eingepflanzt werden, gibt es immer wieder Mehrlingsschwangerschaften. Deshalb dürfen in Deutschland höchstens drei Embryonen gleichzeitig eingesetzt werden, in den USA sind es allerdings sechs.

Die PID-Skeptiker befürchten wohl nicht zu Unrecht, dass nicht schwer beschädigte Embryonen abgetötet werden, also nicht nur negative Selektion, sondern positive Selektion betrieben wird. Es könnte nach Geschlecht und wünschenswerten Eigenschaften ausgelesen werden.

Die Diskussion, ob PID in Deutschland eingeführt werden soll, hält noch an. In anderen Ländern ist PID mit medizinischer Begründung erlaubt.

Wie geht's weiter mit Biotech?

»In Zukunft werden Computer ...
vielleicht nur noch anderthalb Tonnen wiegen.«
(Entwicklung der Computer, Studie von 1949)

Diese Prognose im Hinterkopf wollen wir entsprechend vorsichtig versuchen vorauszusagen, was uns erwartet. Der Verfasser stützt sich hier besonders auf eine Analyse von Oliver Kayser (Freie Universität Berlin).

Die Wertung mag der Leser selbst treffen. Hier sind aus unterschied-lichsten Quellen Prognosen »bunt« zusammengestellt.

- Bei Bier, Wein, Brot und Käse werden zunehmend gentechnisch veränderte Mikroorganismen die Arbeit tun. »Gute alte« Stämme werden verändert, möglichst ohne dass der gute Geschmack leidet, im Gegenteil!

- Die Landwirtschaft wird deutlich weniger Pestizide und Dünger einsetzen, der Landwirt selbst wird nicht mehr so vielen Schad-stoffen ausgesetzt; andererseits wird die Artenvielfalt weiter dras-tisch abnehmen. Die Abhängigkeit von großen »Saatzucht-Dün-ger-Pestizid-Biotech-Konzernen« verstärkt sich – ein Trend der Wirtschaftsentwicklung, an der allerdings nicht neue Technologien Schuld sind.

- Abbaubare Bioplastik und Mikroben als »Saubermänner« werden die Umwelt weniger belasten bzw. reinigen.

- In der Pharma-Branche wird Biotech gewaltigen Einfluss nehmen. Gentechnik, Impfstoffproduktion und Diagnostik revolutionieren die Behandlung auch bisher nichtheilbarer Krankheiten. Rund 150 genehmigte therapeutische Proteine und Vakzine waren im Jahre 2003 erhältlich.

- Völlig neue Biotech-Medikamente entstehen: Soeben wurde ein *antisens*-Oligonucleotid[*] für Cytomegalovirus(CMV)-Infektion der Augen zugelassen (Vitravene®). AIDS-Kranke waren vorher an CMV unheilbar erblindet.

- Die Pharmaceutical Research and Manufacturers of America (PhRMA) fand 369 Medikamente »in der Pipeline«, die 200 poten-tielle Krankheiten heilen sollen: Autoimmunerkrankungen, Asthma, Alzheimer-Krankheit, Multiple Sklerose, Krebs.

- Biotech-Pharmaka haben gegenwärtig 5 % des riesigen Weltpharma-Marktes inne. Dieser Wert wird bis 2050 voraussichtlich auf 15 % steigen.

- In den 80ern kamen 18 neue Medikamente und Vakzine aus der Bio-Industrie, dagegen 33 zwischen 1998 und 1999, bereits 25 in der ersten Hälfte des Jahres 2000.

[*] Speziell erzeugte antisens-Oligonucleotide sind zur natürlichen RNA des Virus komplementär, verbindet sich mit dieser und verbindet eine Ablesung durch das Ribosom.

- Die Zahl der Biotech-Patente wuchs von 3000 pro Jahr Anfang der 90er auf 9000 in 1998 und hat sich somit verdreifacht. Die Zahl der Biotech-Patente wächst seit 1995 jährlich um 25 %.
- Impfungen gegen AIDS und Malaria werden möglich und erfolgreich sein.
- Das explosive Wachstum der Gendiagnostik wird die Erstellung eines persönlichen Genprofils innerhalb einer Stunde für 100 Euro erlauben.
- Hunderte neuer Gen- und Immuntests werden die Sicherheit bei Blutprodukten erhöhen. Preiswerte Bioteststreifen und Biochips werden mehrere Parameter gleichzeitig und in Minutenschnelle testen (z. B. das Risiko von Herzinfarkt und Schlaganfall). Die Tests können auch vom Laien zu Hause ausgeführt werden.
- Personalisierte Medizin und Diagnostik auf Biochips finden industrielles Interesse in den kommenden 10 Jahren. Künstliches Leben und komplexe biochemische Netzwerke werden aber in den nächsten 25 Jahren nicht erwartet.
- Der flache Bildschirm an der Wand könnte biotechnologisch durch neuartige Flüssigkristalle Wirklichkeit werden, deren Grundstoffe Bakterien der Art *Nocardia corallina* biotechnologisch bilden. Aus α-Olefinen und Styren stellte die Firma Nippon Mining optisch aktive Epoxide her, die ferroelektrische Flüssigkeitskristalle mit

100 bis 1000-fach kürzeren Ansprechzeiten als herkömmliche Flüssigkristalle ermöglichen sollen. Die Kristalle sollen für »schnelle« Schalter und extrem flache Fernsehbildschirme verwendet werden.

- Proteomics und Pharmacogenomics werden bisher noch unbekannte Marker entdecken und damit Krankheiten noch vor Ausbruch therapieren.
- Durch Xenotransplantation der Organe transgener Tieren wird der chronische Mangel an Spenderorganen beendet.
- Gewebs-Engineering schafft unter anderem neue Nasen und Haut. Bio-Hybridsysteme stützen Leber- und Nierenfunktionen.
- Stammzellen werden als entscheidende Therapie von Parkinson, Alzheimer-Krankheit, Leukämie und Gendefekten wie Adenosin Deaminase Defizienz (ADA) and Cystischer Fibrose (CF) eingesetzt. Man erwartet allerdings keinen massiven Durchbruch in den nächsten 10 Jahren. Die Diskussion der ethischen und sozialen Implikationen wird fortgesetzt, um die Öffentlichkeit zu überzeugen und Risiken auszuloten, wobei der offenkundige Nutzen für den Patienten sicher die Sympathiewerte der Technologie erhöhen wird. Die ernsten Bedenken aller Seiten müssen dabei vollständig respektiert werden.

FÜR
DIE
UNBEKANNTE
IDEE

- In der ersten Dekade des 21. Jahrhunderts wird die Biotech ein explosives Wachstum zeigen, da immer mächtigere Computer, automatisierte Labortechnik, Kenntnisse des Genoms und der Proteine (Proteom) und des Metabolismus zusammenkommen.
- Immer offenkundiger wird der Nutzen der Biotech für den Einzelnen und die Gesellschaft. Lebensrettende Biotech erreicht immer mehr Menschen. Damit steigt die Akzeptanz.
- Die Entwicklungskosten für ein Medikament belaufen sich gegenwärtig auf 880 Millionen US Dollar, und man benötigt 15 Jahre vom Start bis zum Markt. 75 % der Kosten entstehen durch Fehlschläge. Durch Genom-Technologie hofft man, die Kosten auf 500 Millionen zu senken, mit Zeiteinsparungen von 15 %.
- Im Jahre 2015 sollen 30 % der bisherigen niedermolekularen Medikamente durch Gentechnik-Medikamente ersetzt worden sein.
- Von 2010 an werden transgene Pflanzen und Tiere mit Gen-Pharming wichtige menschliche Eiweiße produzieren.
- Gentherapie und Nanoroboter werden zwischen 2010 und 2018 erwartet.

Wem das immer noch nicht an Visionen ausreicht: Biotech erobert den Kosmos!

Dan Goldin, NASA-Chef Administrator, brachte 1999 in Seattle einen ganzen Ballsaal voller Biotech-Insider dazu, den Atem anzuhalten: »Das 21. Jahrhundert ist die Zeit der Biotech. Die meisten von uns haben noch nicht verstanden, dass wir am Beginn einer biologischen Revolution stehen. Sie sehen nicht, dass Biotech auf Dinge übergreift, die außerhalb der Biologie liegen: dramatische Änderungen bei Elektronik, Computern sowohl via Hardware als auch via Software und multifunktionale Materialien.«

Goldin sieht das Jahr 2030 voraus: Eine Sonde auf der Basis von Bioinformatik und Biomimetik startet ins All. Sie sieht den bisherigen Sonden absolut nicht ähnlich. Die Sonde von der Größe eine Colabüchse wird einen Asteroiden 2 Jahre nach dem Start von der Erde erreichen und dort landen. Sie benutzt ihr DNA-gestütztes biomimetisches System als Blaupause (blue print), um sich evolutionär anzupassen und in komplexere Erkundungs- und Denksysteme zu wachsen. Ihr DNA-Protein-Computer ist schneller und Milliarden male Energie-effektiver als heutige Silizium-Systeme Sie wird auf dem Asteroiden wie ein Parasit »reiten« und dessen Ressourcen anzapfen, bevor sie sich evolutionär in eine interstellare Sonde verwandelt. Eisen, Kohlenstoff und andere Materialien werden benutzt, um ein Biohybrid-Nerven- und Kommunikationssystem aufzubauen. Das Biohybrid-System heilt sich selbst bei Schäden. Es kann sich in Form und Funktion Umfeldänderungen und unerwarteten Problemen anpassen. Nachdem die erste Phase ihrer Mission beendet ist, verlässt die Sonde den Mutterasteroiden und fliegt mit Fast-Lichtgeschwindigkeit in den interstellaren Raum.

Eine zweite Vision: Unsterblichkeit!

Hierzu Jens Reich:»Übrigens ist es eine interessante Diskussion wert, die aber nichts mehr mit Genetik zu tun hat, wie eine Menschheit zu organisieren wäre, wenn die durchschnittliche Lebenserwartung z. B. 200 Jahre betrüge. Wenn also einst Stammzellbäder in Jungbrunnen immer wieder einmal das verschlissene Material regenerieren könnten (so wie heute der Schönheitschirurg die Falten liftet), dann würden bald annähernd 10 Generationen nebeneinander existieren. Kinder dürften nur noch auf ausdrückliche Genehmigung geboren werden, um Überfüllung zu vermeiden. Freiwillig sterben würden nur die Menschen, denen die endlose Existenz zum Überdruss würde. Für alle anderen käme der Schierlingsbecher mit Erreichen der Altersgrenze. Wie Familien miteinander menschliche Wärme halten sollen, ist unerfindlich, wenn Urgroßeltern, Ururgroßeltern, Urururgroßeltern und alle anderen Verwandten bis ins x-te Glied vorhanden wären, wo schon heute die liebevolle Zuwendung zwischen den Generationen praktisch auf die übernächste begrenzt ist (Rotkäppchen und die Großmutter). Wo schließlich die 150-Jährigen die Kreativität hernehmen sollen, die schon heute die 90-Jährigen nur mit Mühe aufbringen, selbst wenn sie gesund sind, ist ebenfalls unerfindlich.

Man kann sagen, dass der Mensch sehr lange leben könnte; aber wie er die Vitalität erneuern soll, wenn er sich nicht als Person erneuert, ist schwer zu verstehen. Die asiatische Philosophie kann die ewige Wiederkehr auch nur als ewige Wiedergeburt denken, wobei dem Individuum die Erinnerung an sein Vorleben abhanden kommt. Und die tiefsten Entwicklungen der abendländischen Philosophie haben zu der Erkenntnis geführt, dass alles Schöne, alles Großartige, alle Erfüllung, alles Glück nur so sein kann, weil es vergänglich ist.«

Mit Biotech also zu den Sternen, aber im Alltag des 21. Jahrhunderts mit beiden Beinen auf der Erde: mit einem Glas Rotwein in der Hand, Tomaten, Käse und Brot auf dem Tisch, Johann Sebastian Bachs Musik im Ohr und dem Enkelkind und einer wohlig schnurrenden wunderschönen Katze auf dem Schoß ... beide nicht-geklont natürlich!

Bioethik

Jens Reich

Warum Bioethik in einem Buch über Biotechnologie? Was überhaupt ist Bioethik?

Ethik muss man von Moral unterscheiden können. Die Morallehre beschreibt die Regeln, Gebote und Verbote für das Handeln. Die Ethik liefert die Methodik dazu: Sie untersucht, wie moralische Aussagen zu bewerten sind, welcher Logik sie gehorchen, welche Grundlagen und Prinzipien ihnen zugrunde liegen.

Beispiele:

1. Diese chemische Substanz darf nicht in den Handel zugelassen werden, bevor nicht nachgewiesen ist, dass sie keine Hautallergie hervorruft.

   Das ist ein moralisches Urteil, gegossen in ein Gesetz, in eine Vorschrift.

   Die Ethik fragt jetzt, woher kommt ein solches Gesetz? Es kommt aus dem Prinzip, dass man bei allen Handlungen untersuchen muss, welche Folgen sie haben. Und man muss dann die Folgen bewerten. Hautallergie wäre eine üble Folge. Also erlasse ich ein moralisches Gebot oder eine gesetzliche Vorschrift, die die Anwendung nur zulässt, wenn diese wahrscheinliche Folge ausgeschlossen ist.

2. Dieser Test muss unbedingt eingesetzt werden, damit wir eine wirklich gute Weinsorte erhalten.

   Wiederum ein moralisches Urteil. Die Ethik sagt diesmal, es geht nicht um ein Verbot, sondern darum, etwas Gutes zu erreichen. Also ein anderes Prinzip. Ein »Soll«, nicht ein »Du darfst nicht!«

3. Ein nach künstlicher Befruchtung für ein Ehepaar überzähliger menschlicher Embryo darf nicht zur Forschung verwendet werden. Ein sehr starkes moralisches Urteil. Ein Ehepaar hat sich zum Arzt begeben, weil es keine Kinder bekommt. Der Arzt hat eine Hormon-

behandlung eingeleitet, die zur Bildung zahlreicher reifer Eizellen führte, die er aus dem Eileiter gewonnen hat. Die Eizellen wurden mit Samenzellen des Partners vereinigt – es entstanden winzige Embryonen. Einige davon wurden dem Körper der Frau zurückgegeben, und sie wurde glücklicherweise schwanger. Was mit den übrigen befruchteten Embryonen anstellen? (In Deutschland dürfen gar nicht erst solche überzähligen Embryonen entstehen; aber wir können die Szene ja nach Belgien versetzen.)

Antwort A: Einfrieren, falls das Ehepaar später noch einmal ein Kind wünscht.

Antwort B: Die Petrischale einfach stehen lassen. Die befruchtete Eizelle stirbt ab.

Antwort C: Wenn sie ohnehin stirbt, dann gebt sie doch bitte für die Embryonenforschung frei. Wir würden versuchen, Stammzellen zur Herstellung lebensfähiger Nervenzellen daraus zu züchten.

Das obige Urteil verbietet Variante C. Die Ethik klassifiziert folgendermaßen: Es handelt sich um ein kategorisches Urteil. Es wird vorgegeben, dass der winzige Embryo bereits ein Mensch ist. Einen Menschen kann man zwar sterben lassen, darf ihn aber keinesfalls töten. Also ist Variante C ausgeschlossen, während Variante B moralisch okay ist. Der Ausschluss von Variante C ist ein kategorisches Urteil. Es gilt nicht, weil irgendeine vergleichende Nützlichkeitserwägung angestellt wurde (da hätte Variante C bessere Chancen, siehe die obige Begründung zu Variante C), sondern weil das Verbot der Menschentötung kategorisch gilt.

Man sieht: Es gibt zahlreiche Verbote und Gebote, zahlreiche Empfehlungen und andere Handlungen, von denen eher abzuraten ist. Wie im Alltagsleben.

Warum nun diese Bioethik?
Im Physiklehrbuch gibt es ja auch keine Physik-Ethik!
Und es gibt keine Mathematik-Ethik.

Antwort a): In der Biologie kann man mehr Unheil anrichten. Man kann das ökologische Gleichgewicht des Regenwaldes zerstören, man kann Tiere unter Qualen sterben lassen, man kann Menschen schwere gesundheitliche Schäden zufügen. Wer als Physiker den Impuls einer rollenden Kugel studiert, kann nicht soviel Unheil anrichten (wenn er acht gibt, beim Bowling keinen Menschen zu verletzen!). Billardspielen ist als physikalisches Phänomen moralisch neutral. Einwand: Aber die Kernspaltung ist wohl nicht so neutral, oder? Das führt zu Antwort b.

Antwort b): Dass es keine Physik-Ethik gibt, ist der Physik nicht gut bekommen. Als die Kernspaltung entdeckt wurde, dachten viele Physiker sofort an Bomben. Einstein schrieb an Präsident Roosevelt und warnte ihn davor, dass die verbliebenen deutschen Physiker, allen voran Heisenberg, die Atombombe bauen und einsetzen könnten. So baute Oppenheimer die Bombe in den USA. Sie wurde auch gegen Japan eingesetzt: Hunderttausende von Toten in Hiroshima und Nagasaki. Oppenheimer und Einstein haben später sehr bereut, dass sie keine Hebel behalten haben, den Bombenabwurf zu kontrollieren: Gegen Japan wäre es nicht nötig gewesen, das stand ohnehin vor der Kapitulation. Und Hitler hatte überhaupt keine Bombe, nicht einmal ein Projekt dafür.

Später wurden die H-Bomben-Versuche auf dem Bikini-Atoll durchgeführt und viele Menschen durch den Fallout beschädigt. Erneut waren Physiker beteiligt, und erneut rächte sich, dass sie selbst keine verbindliche Ethik hatten. Die Langzeitfolge all dessen war, dass Teilchenphysik und Kernspaltung in tiefen Misskredit gerieten.

Aus alldem kann man die Lehre ziehen, dass die Biologen und Biotechnologen sich besser selbst an den bioethischen Diskussionen um ihr Fach beteiligen, als dass sie sich auf die traditionelle Linie zurückziehen, die Bert Brecht dem Galilei zugeschrieben hat: »Ich habe ein Buch geschrieben über die Mechanik des Universums, das ist alles. Was daraus gemacht wird oder nicht gemacht wird, geht mich nichts an«. Wer so denkt und handelt, darf sich im 21. Jahrhundert nicht wundern, wenn ihm die Kontrolle entgleitet über das, was aus seinen Elfenbeinturmresultaten gemacht wird.

Das Grundproblem der Bioethik

Wer Biologie treibt, handelt. Wer Biologie betreibt, greift ins Leben ein. Vielleicht mit Ausnahme des Botanikers, der auf der Wiese auf dem Bauch liegt und genau registriert, welche Pflanzen in diesem Biotop auftreten, ein statistisches Abrechnungsblatt schreibt und im Computer dann die Verbreitung seltener Spezies ausrechnet. Mit Ausnahme des Botanikers also, der nur beobachtet. Mit Ausnahme des Zoologen, der nur beobachtet, wie die Insekten herumkrabbeln und wie sie in das Netz der Spinne gehen. Mit Ausnahme des Humanbiologen, der nichts tut als das Verhalten der Menschen zu beobachten und daraus seine Theorie ableitet.

Die Biotechnologie, ihrer Definition nach, greift in das Naturgeschehen ein. Die ersten Biotechnologen waren vermutlich diejenigen Menschen, die das Feuer »zähmten«. Wer ein Feuer macht, greift in die Natur ein. Da verbrennt allerlei. Vor allem gart er die eigene Nahrung. Völlig unverdauliche pflanzliche und tierische Produkte werden verdaulich, wenn man sie bei 150 °C aufschließt. Allein das Feuer hat den ersten Menschen ungeahnte Nahrungsquellen eröffnet, von denen die zeitgenössischen Schimpansen nur träumen konnten. Allein das Feuer hat den Menschen die Möglichkeit gegeben, aus den tropischen Savannen mit ihren unsicheren Nahrungsquellen in die gemäßigte Zone umzusiedeln, dort den Winter zu überstehen und die Möglichkeiten der Pflanzenzüchtung in den kühleren Gebieten zu nutzen. Ohne Feuer wären wir heute noch Savannenbewohner, absolut abhängig davon, ob wir Beeren finden oder ob ein essbares Wild vorbeikommt. Und nur wenige Prozente des ungegarten tierischen und pflanzlichen Proteins sind verdaulich, das heißt in seine Bruchstücke zerlegbar und durch die Darmschleimhaut assimilierbar.

Da muss nun keine lange Liste folgen, womit wir Menschen alles in die Natur eingreifen. Es ist unsere evolutionäre Existenzbedingung, dass wir uns die Natur zu Diensten nehmen, Pflanzen züchten und aussäen, andere ausjäten, Tiere züchten, andere zurückdrängen, dass wir Hefe verwenden, um Trauben- und Gerstensaft verdaulicher und anregender zu gestalten, dass wir Getreide durch das Backen in einen Aggregatzustand bringen, der den kalorischen Wert voll ausnutzt. Eingriff in die Natur ist keine Ursünde an sich, sie ist gewissermaßen Gottes Auftrag (Genesis: Macht euch die Erde untertan!).

Zum rationalen Verhalten gehört aber auch, dass wir uns der Folgen unseres Handelns bewusst werden und die Handlungsstrategien korrigieren. Oft sind die Folgen nur schwer vorhersehbar, nur erahnbar. Wer konnte ahnen, dass die Nutzung von fossiler Kohle anstelle gefällter Bäume, wenn im gigantischen Maßstab durchgeführt, zur Treibhauskrise des ganzen Erdballs führen würde? Es wurde ein typischer Schadensbegrenzungskonflikt: Fossile Brennstoffe treiben den CO_2-Ausstoß hoch, belasten das Erdklima, gefährden unsere Lebensmöglichkeiten auf dem Planeten. Und die anderer Pflanzen- und Tierarten. Regenerierbare Brennstoffe gefährden, wenn erschöpfend verwertet, die Stabilität der Biosphäre, zum Beispiel durch Vernichtung des Regenwaldes.

Fazit: Es ist die Existenzbedingung des Menschen, in die Natur einzugreifen, sich die Natur zu Diensten zu machen, das vorhandene ökologische Gleichgewicht zu verschieben. Alle Bioethik muss diese Voraussetzung beachten, wenn sie realistisch sein möchte. Die Ethik der Biotechnologie hat also die Aufgabe, das in diesem vorgegebenen Rahmen Gute und Richtige zu tun und das Falsche zu unterlassen. Einige Aufgabenfelder:

Mit Biotechnologie den Menschen nicht zu schädigen. Damit ist zunächst nur die Vermeidung von Gesundheitsschäden gemeint. Und zwar für alle Menschen. Sofort wird ein biotechnisches Problem zu einem sozialen.

Die Natur nicht zu quälen. Das kann vielerlei bedeuten, z. B. Tiere artgerecht zu halten und sie, wenn zweckmäßig, so zu töten, dass sie nicht Schmerz und Todesangst empfinden; lebende Wesen nicht verkümmern zu lassen, sondern ihnen angemessenen Lebensraum zu überlassen

Die Lebensfähigkeit und den Reichtum der Biosphäre zu bewahren. Das ökologische Gleichgewicht ist zu schützen um unserer eigenen Existenz willen, aber auch aus Achtung vor der Kreativität der natürlichen Evolution. Die Zerstörung natürlicher Habitate, wie der Weltmeere oder des Regenwaldes, schadet uns selbst und den folgenden Menschengenerationen. Es ist aber auch eine ethische Forderung um der Natur selbst willen.

Man muss unterscheiden, dass es ethische Probleme gibt, die rein pragmatischen Charakter haben, und andere, die darüber hinaus paradigmatischen Charakter haben. Man könnte auch formulieren, dass erstere rein praktisch sind und letztere darüber hinaus symbolisch, weltanschaulich beladen. Eine fast rein praktische Frage ist zum Beispiel, ob man ein kommerziell gehandeltes Nahrungsmittel durch konzentrierten Zuckerzusatz konservieren sollte. Schon nicht mehr weltanschaulich neutral ist die gleiche Frage, wenn es um ein chemisch synthetisiertes Konservierungsmittel geht, weil jenseits der Zweckmäßigkeit und Schadensvermeidung auch noch Einwände gegen die Verwendung nichtnatürlicher Nahrungszusätze bestehen. Nahezu überwiegend weltanschaulich ist das Problem, wenn die Konservierung durch gentechnische Blockierung des biochemischen Abbauprozesses von Nahrungsmitteln erfolgt, wie bei der Tomatensorte *Flavr Savr* (siehe Kapitel 5). Dann geht es nur noch am Rande darum, ob das Verfahren hinreichend effektiv ist oder ob tatsächlich das Transgen absolut harmlos ist, sondern vielmehr darum, ob gentechnische Konstrukte in die Freilandkultur zugelassen werden dürfen und ob Menschen transgene Nahrung essen sollten.

Es geht um die grundsätzliche Einstellung zum biotechnischen Fortschritt, ob man ihn im Prinzip gutheißt und nur mögliche Schäden vermeiden will oder ob man die Entwicklung grundsätzlich ablehnt und auch einen kontrollierten und harmlosen Anfang nicht zulassen möchte (sog. Dammbruchargument). Man sieht, dass eine transgene Tomate praktisch harmlos sein kann und trotzdem als Paradigma eine umstrittene Neuerung. Sie ist Paradigma (typisches Beispiel) für einen gesellschaftlichen oder weltanschaulichen Konflikt.

Solche paradigmatischen Konflikte sind am heftigsten, wenn es nicht mehr um biotechnische Produktion, um technische Nutzung von Pflanzen und Mikroorganismen, auch nicht mehr um Tiere, sondern um Menschen geht. Ist es moralisch zulässig, nicht nur die uns umgebende Natur in den technischen Dienst zu nehmen, sondern uns Menschen selbst? Wenn es vertretbar oder sogar gut ist, eine schöne Pferderasse zu züchten und zu pflegen, ist es vertretbar oder sogar gut, eine schöne Menschenrasse zu züchten und zu pflegen?

Da zeigt eine einfache Überlegung, dass man nicht einfach als Biologe antworten darf. Rein biologisch ist nicht einzusehen, was am Pferd (*Equus equus*) anders sein soll als am Schimpansen (*Pan troglodytes*) und bei diesem wieder anders als beim Menschen (*Homo sapiens*). Alle sind Spezies, die die Evolution als relativ isolierte Fortpflanzungsgemeinschaft hervorgebracht hat. Alle drei halten sich auf dieser Erde seit Millionen von Jahren. Alle werden auch wieder verschwinden, wenn ihre Vitalität erschöpft ist oder wenn die Umweltbedingungen sich so drastisch ändern, dass sie einfach nicht angepasst sind.

Als Biologe darf man also nicht auf solche Fragen antworten. Man muss als Mitglied der Menschenfamilie antworten, also metabiologisch. Da kommt dann heraus, dass alle Menschen gleiche Rechte und gleiche

Würde haben und ferner metaphysische Freiheit, d. h. Freiheit, unter Beachtung der Kausalität der Welt rational und moralisch zu handeln und seinem Verhalten selbst das Gesetz zu geben (Autonomie). Und damit ist Fremdbestimmung der Existenz, etwa durch Züchtung, einfach nicht vereinbar. Das Pferd steht nicht unter diesen Bestimmungen und darf deshalb gezüchtet werden: Es ist kein rationales, moralfähiges Wesen. Wir ziehen es deshalb auch nicht zur Verantwortung, wenn es jemand mit einem Tritt oder Bis verletzt. Wir dürfen alles mit ihm tun, was ihm ein artgerechtes Leben ermöglicht und bewahrt und dürfen seine Empfindungsfähigkeit für Schmerz und Frustration nicht verletzen.

In der anthropologischen Bioethik geht es natürlich nicht nur um Züchtung (obwohl im Nazi-Reich gerade das auf der Tagesordnung stand und zu schlimmen Folgen geführt hat). Es geht generell darum, wie wir Menschen mit Mitgliedern der Menschenfamilie umgehen, insbesondere dann, wenn sie an der Gemeinschaft der rationalen Wesen noch nicht oder nicht mehr aktuell teilnehmen können. Ein menschlicher Embryo hat das Vermögen, ein Mensch mit rationalen Fähigkeiten und verantwortungsbewusstem Handeln zu werden, aber er hat diese nicht aktuell. Er wird sie noch entwickeln, wenn alles gut geht. Ein Patient im Koma hat die Fähigkeit eingebüßt. Entweder aktuell (er hat diese Fähigkeiten nicht »in Betrieb«, könnte aber aus dem Koma erwachen und sie wieder aktivieren) oder dauerhaft: Ein Patient im irreversiblen Koma wird rationale Fähigkeiten nicht wieder erlangen. Kommt Embryo und Komapatienten aus solcher Impotenz ein geringerer Status hinsichtlich Würdeschutz und Lebensschutz zu? Hier wird wohl jeder »nein« antworten. Ich will hier auf das Lebensende, aktive Sterbehilfe und solche Probleme nicht eingehen – es führt zu weit. Aber für den ungeborenen Menschen möchte ich schon in Anspruch nehmen, dass er als Mitglied der Menschheitsfamilie Anspruch auf die oben genannten Rechte hat. Deshalb ist es in der Bundesrepublik nicht rechtens, einen Embryo oder Fötus abzutreiben – allerdings verzichtet man darauf, wenn die Mutter geltend macht, dass sie einen Embryo nicht austragen kann (was immer die Gründe sind), sie zur Austragung zu zwingen. Die Abtreibung ist dann zwar kein Recht, aber sie bleibt unter bestimmten Voraussetzungen straflos.

Näher an der Biotechnologie ist das Problem der so genannten assistierten Reproduktion, d. h. künstliche Befruchtung der Eizelle von einer Spenderin durch eine oder mehrere Samenzellen ihres Lebenspartners. Hier wird ein natürlicher Vorgang in die Petrischale verlegt (*in vitro*-

Fertilisation, IVF). Meist sind Störungen der natürlichen Reproduktion das Motiv für die medizinische Handlung, die klar biotechnischen Charakter hat.

Auf die Ethik solcher Reproduktionsmedizin wollen wir nicht eingehen. Für uns hier ist vielmehr die Frage entscheidend, ob es erlaubt ist, einen »überzähligen« Embryo biotechnisch zu verwerten, der aus solcher künstlichen Befruchtung entstanden ist, aber von dem Elternpaar nicht mehr übernommen wird (etwa wegen eines Unfalls während des Behandlungsvorganges oder weil sonst eine existentielle Not die Änderung des Entschlusses bewirkte, ein Kind durch IVF zu bekommen). Biotechnische Verwertung könnte heißen: für die Herstellung von embryonalen Stammzellen mit dem Ziel, regenerierte junge Zellen für die Therapie von Krankheiten zu gewinnen. Da gibt es zahlreiche Visionen: Nervenzellen zur Transplantation ins Mittelhirn bei der schweren Parkinson-Krankheit; Nervenzellen zur Reparatur einer Querschnittslähmung im Rückenmark oder nach Schlaganfall im Großhirn; Inselzellen für die Behandlung der Zuckerkrankheit; Herzmuskelzellen zur Reparatur eines Herzinfarktes; Knorpelzellen zur Behandlung von Gelenkschäden und viele andere. Das alles ist zwar noch Zukunftsmusik, aber keineswegs sehr weit in der Zukunft. Nun verzichtet also ein Paar auf einen Embryo und scheidet aus der Behandlung aus. Der Embryo bleibt entweder endlos im Tiefkühlfach unter flüssigem Stickstoff gelagert oder wird aufgetaut und stirbt dann ohne Verpflanzung in den Mutterleib – oder er wird der Forschung zur Verfügung gestellt. Ist das vertretbar?

Genau hier scheiden sich die Ansichten. Der reinen Gesetzeslage nach (Embryonenschutzgesetz von 1990) darf der Embryo nicht »vernutzt« werden, denn die universellen Menschenrechte verbieten eine Instrumentalisierung für Zwecke, die nicht dem eigenen Leben dienen. Andererseits kann man entweder argumentieren, dass der Embryo ja ohnehin verloren ist (allerdings ohne Verzweckung) oder, dass ein Embryo in diesem frühen Zellstadium noch kein Mensch ist. So steht dann Auffassung gegen Auffassung, und es wird notwendig, die verschiedenen bioethischen Standpunkte politisch auszutragen. Das kann bis vor das Verfassungsgericht gehen (sollte es aber besser nicht – man sollte politische Konflikte in diesem Problemfeld nur in Ausnahmefällen vor das Verfassungsgericht bringen, nämlich dann, wenn Grundrechte eindeutig verletzt sind).

Die Sache wird noch komplizierter, wenn es um geklonte »Embryonen« geht. Man könnte embryonale Stammzellen des eigenen Körpers durch Klonen herstellen wollen, um damit eine Therapie einzuleiten. Würde man beispielsweise mit solchermaßen gewonnenen Herzmuskelzellen abgestorbenes Herzgewebe ersetzen, so wäre gesichert, dass das Transplantat immunverträglich ist, da es ja vom Patienten selber stammt. Hier geht es nun eindeutig um Biotechnik. Ist eine nach dem »Dolly-Verfahren« entstandene Zygote ein Mensch im Sinne der oben gegebenen fundamentalen Definitionen? Das kann man eigentlich nur behaupten, wenn man der Zygote das Vermögen zuspricht, zu einem geborenen Menschen zu werden. Da Dolly als Schaf geboren wurde, warum sollte eine durch Zellkerntransfer in eine entkernte Eizelle entstandene Zygote nicht zum Menschen werden können? Prüfen darf das keiner, also lässt sich die Frage nur hypothetisch beantworten. So bleibt es weiterhin kontrovers, ob geklonte Stammzellen des Trägers hergestellt werden dürfen. In Deutschland ist es per Gesetz verboten (wiederum Embryonenschutzgesetz). In Großbritannien ist es erlaubt. Dort verbietet man solche Zweckverwendung für die Forschung erst nach der Einpflanzung in die Gebärmutter, genau gesagt, mit dem 14. Tag nach der Befruchtung oder der Herstellung eines Äquivalents einer Zygote.

Es ist klar, dass diese schwierigen Fragen hier nur in Andeutungen verhandelt werden können. Es gibt zu viele Für und Wider in diesen Diskussionen, und der interessierte Leser sei eingeladen, sich an entsprechende weiterführende Literatur zu halten.

Hoffentlich ist durch diese essayistische Darstellung klar geworden, dass die Biotechnologie erhebliche ethische Probleme bekommen kann und gut daran tut, diesen nicht auszuweichen. Wer das versäumt, den bestraft unter Umständen die gesellschaftliche Reaktion.

Literatur

Was Neugierige unbedingt auf Deutsch lesen sollten

J. Reich, »*Es wird ein Mensch gemacht.*« *Möglichkeiten und Grenzen der Gentechnik,* Rowohlt 2003, ISBN. 3-87134-471-0
   Mit Genehmigung des Verlages und des Autors erfolgten umfangreiche Zitate aus diesem Buch, die teilweise von mir bearbeitet wurden und aus ursprünglich kontroversen Dialogen in kurze Aussagen gebracht wurden, die nicht unbedingt der Meinung von Jens Reich entsprechen. Man lese unbedingt das Original!
(Der Verfasser)

Die »Taschen-Bibel« für Biotech-Detail-Interessierte:
R. D. Schmid, *Taschenatlas der Biotechnologie und Gentechnik,* Wiley-VCH 2002, ISBN 3-527-30865-2

Vom Präsidenten der deutschen Forschungsgemeinschaft geschrieben und in einem Zug auszulesen:
E.-L. Winnacker, *Das Genom. Möglichkeiten und Grenzen der Genforschung,* Eichborn 1996, ISBN 3-8218-1399-7

Die wohl witzigste Darstellung der Gentechnik und des Klonens:
T. E. Podschun, *Sie nannten sie Dolly. Von Klonen, Genen und unserer Verantwortung,* Wiley-VCH 1999, ISBN 3-527-29866-5

Solides Grundwissen, gut verständlich bietet:
O. Kayser, *Grundwissen Pharmazeutische Biotechnologie,* Teubner Verlag 2002, ISBN 3519035537

Für Internet-Fans

Mehr zu diesem Buch und mehr Biotech-Links finden Sie unter:
www.katzenklonen.de

Lob & Tadel an den Verfasser bitte richten an: chrenneb@ust.hk

Websites auf Deutsch

InformationsSekretariat Biotechnologie des BMBF: http://www.i-s-b.org/

Datenbank zur Agrobiotechnologie und Gen-Food: http://www.transgen.de

Links zu Gentechnik bei Tieren und Pflanzen: http://dir.agrar.de/agrar.de/

außerdem: http://www.gruene-biotechnologie.de/

Angebot des Informationszentrums Chemie, Biologie der ETH-Zürich. (Zusammenstellung von Links zu Datenbanken, Datensammlungen, Nachschlagewerken, Bioverfahrenstechniken, Biosicherheit, Gentechnologie, Mikrobiotechnologie, transgene Organismen, Instituten, Organisationen und Firmen. Kurzbeschreibungen der Links sind auf Englisch): http://www.infochem.ethz.ch

Bundesinstitut für Risikobewertung (BfR): http://www.bfr.bund.de/

Das Robert Koch Institut, die Referenzeinrichtung des Bundesministeriums für Gesundheit (BMG) für Qualitätskriterien und Verfahrensstandards in der Gentechnologie und der Umweltmedizin. Hinweise und weitergehende Informationen zur Bio- und Gentechnologie: http://www.rki.de/GENTEC/GENTEC.HTM

Informationsportal zur Sicherheitsforschung zu gentechnisch veränderten Pflanzen. Kontroverser Meinungsaustausch: http://www.biosicherheit.de

Websites in Englisch:

Die Penicillin-Entdeckung als Computerspiel, DNA selbst kopiert und andere Biotech-Geschichten, sehr unterhaltsam von der Nobelstiftung präsentiert: http://www.nobel.se/medicine/educational/

Internet-Forum zum Thema ethische und sozio-ökonomische Aspekte der Gentechnik: http://www.bwg-berlin.de

Weltweite Biotech-Firmendatenbank: http://www.BiolinkDirect.com

Magazin zur Agrobiotechnologie: http://www.agbioforum.missouri.edu

Internationales Netzwerk zur Grünen Biotechnologie:http://www.bio-scope.org

Biotech-Suchmaschine im Internet: http://www.biotechfind.com

National Center for Biotechnology Information (NCBI):
Bioinformatik, Gen-Datenbanken, Software: http://www.ncbi.nlm.nih.gov

Allgemeine Werke und Lexika mit Fragestellungen zur Biotechnologie (alphabetisch)

S. S. Barnum, *Biotechnology, an introduction*, Wadsworth Publ. Co. 1998, ISBN 0-534-2346-4

A. Borem, F. R. Santos, D. E. Bowen, *Understanding biotechnology*, Prentice Hall 2003, ISBN 0-13-101011-5

D. Bourgaize, T. R. Jewell, R. G. Buiser, *Biotechnology. Demystifying the concepts*, Addison Wesley Longman 1999, ISBN 0-8053-4602-3

T. A. Brown, *Gentechnologie für Einsteiger*, Spektrum Akademischer Verlag 2002, ISBN 3-8274-1302-8

W. Crueger, A. Crueger, *Biotechnologie – Lehrbuch der Angewandten Mikrobiologie*, R. Oldenbourg 1989, ISBN 3-486-28403-7

W. Deckwer, A. Pühler, R. D. Schmid, *Roempp Lexikon Biotechnologie und Gentechnik*, Georg Thieme Verlag 1999, ISBN 3-13-736402-7

T. Dingermann, *Gentechnik, Biotechnik*, Wissenschaftliche Verlagsgesellschaft 1999, ISBN 3-8047-1597-4

B. Dixon, *Power unseen: How microbes rule the world*, W. H. Freeman 1996, ISBN 0-7167-4550-X

B. Glick, J. Pasternak, *Molecular Biotechnology*, ASM Press 1998, ISBN 1-55581-136-1

E. S. Grace, *Biotechnology unzipped. Promises & realities*, Joseph Henry Press 1997, ISBN 0-309-05777-9

P. Gruss, R. Herrmann, A. Klein, H. Schaller, *Industrielle Mikrobiologie*. Spektrum Akademischer Verlag 1987, ISBN 3-922508-25-1

O. Kayser, R. H. Müller, *Pharmaceutical Biotechnology*, Wiley-VCH 2004, ISBN 3-527-30554-8

S. B. Primrose, *Biotechnologie, Grundlagen, Anwendungen, Perspektiven*, Spektrum der Wissenschaft, ISBN 3-89330-700-1

H. J. Rehm, G. Reed, A. Pühler, P. Stadler, *Biotechnology – A Multi-Volume Comprehensive Treatise*, Wiley-VCH 2001, ISBN 3-527-28310-2

J. Rifkin, *Das biotechnische Zeitalter*, Goldmann 2000, ISBN 3442150906

C. Robbins-Roth, *From alchemy to IPO. The business of biotechnology*, Perseus Publishing 2001, ISBN 0-7382-0482-x

Ullmann's Encyclopedia of Industrial Chemistry, Wiley-VCH 2002, ISBN 3-527-30385-5

T. P. Weber, *Schnellkurs Genforschung*, Dumont 2002, ISBN 3-8321-5957-6

Speziellere Werke und Artikel zu einzelnen Kapiteln
(hier sind vor allem deutschsprachige Quellen genannt)

Kapitel 1   Wohlschmeckende Biotechnologie

H.-G. Gassen (1995), *Gentechnik und Lebensmittel*. Biologie in unserer Zeit 25, 214

N. Hoffmann (1996), *Bäckerhefe – ein lebendes Reagens für die organisch-chemische Synthese*. Chemie in unserer Zeit 30, 201

M .Kircher, W Leuchtenberger (1998), *Aminosäuren – ein Beitrag zur Welternährung.* Biologie in unserer Zeit 28, 281

R. Renneberg, *Biohorizonte – die Chancen der Biotechnologie*, Urania-Verlag 1990, ISBN 3-332-00320-8

R. Renneberg und I. Renneberg, *Von der Backstube zur Biofabrik. Ein Streifzug durch die Biotechnologie*, Der Kinderbuchverlag1988, ISBN 3-358-00491-0

H Sahm, S.Bringer-Meyer (1987), *Ethanol-Herstellung mit Bakterien*, Chemie-Ingenieur-Technik 59, 695

H. G. Schlegel, *Allgemeine Mikrobiologie*, Thieme 1992, ISBN 3-13-444607-3

Kapitel 2 Biotechnologie im Haushalt

U. T. Bornscheuer, R. J. Kazlauskas, *Hydrolases in Organic Synthesis*, Wiley-VCH 1999, ISBN 3-527-30104-6

R. Renneberg, *Enzyme - Elixiere des Lebens*, Aulis-Verlag 1984, ISBN 3-7614-0777-7

Kapitel 3 Biotechnologie und Gesundheit

T.A Brown, *Moderne Genetik. Eine Einführung*, SAV 1993, ISBN 3-86025-180-5

H..Schellekens et al., *Ingenieure des Lebens. DNA-Moleküle und Gentechniker*, SAV 1994, ISBN 3-86025-217-8

J. D. Watson, *Die Doppel-Helix*, Rowohlt 1973, ISBN 3499168030

I. Zündorf, T Dingermann (2000), *Neue gentechnisch hergestellte Arzneimittel.* Pharmazie in unserer Zeit 29,167

Kapitel 4 Lebensrettende Biotechnologie

G. Stiegler, G. Kresse, P. Buckel, *Biotechnologische Herstellung von Arzneimitteln.* (1997) Spektrum der Wissenschaft Spezial 6: Pharmaforschung, 48

C. Djerassi, *Die Mutter der Pille*, Haffmans Verlag 1992, ISBN 3 251 00205

J. Emsley, *Sonne, Sex und Schokolade, Chemie im Alltag II*, Wiley-VCH 2003, ISBN 3-527-30790-7

D. Knopp (2000) *Antikörper – Biomoleküle zur selektiven Anreicherung organischer Analyten*, Nachrichten aus der Chemie 1056

F. Breitling, S. Dübel, *Rekombinante Antikörper*, Spektrum Akademischer Verlag 1997, ISBN 3-8274-0150-x

Spektrum der Wissenschaft-Dossier 3/1997: *Seuchen*

Spektrum der Wissenschaft-Dossier 3/2003: *Moderne Medizin*

Spektrum der Wissenschaft- Spezial 4/1999: *High-tech Körper*

Spektrum der Wissenschaft-Spezial 2/2001: *Das Immunsystem*

Spektrum der Wissenschaft-Spezial 3/2003: *Krebsmedizin II*

Kapitel 5   Biotechnologie in Feld und Garten

A. J. Buchting (1998) *Freilandversuche mit gentechnisch veränderten Pflanzen in Deutschland.* Biologie in unserer Zeit 28, 16

W. Friedt, W. Luhs (1999) *Perspektiven molekularer Pflanzenzuechtung,* Biologie in unserer Zeit 29, 142

H. Steinbiss, *Transgene Pflanzen,* Spektrum Akademischer Verlag 1995, ISBN 3-86025-290-9

J. Tomiuk, A. Sentker, K. Wohrmann (1996) *Das Schicksal von gentechnisch modifizierten Genen in Pflanzenpopulationen.* Biologie in unserer Zeit 26

L. Willmitzer (1995) *Gentechnologie bei Pflanzen.* Biologie in unserer Zeit 25, 230

K. Wöhrmann, J. Tomiuk, A. Sentker, *Früchte der Zukunft? Grüne Gentechnik,* Wiley-VCH 1999, ISBN 3-527-29624-7

Kapitel 6   Biotechnologie und Umwelt

T. Raphael, *Umweltbiotechnologie,* Springer-Verlag 1996, ISBN 3-540-61423-0

Kapitel 7   Biotechnologie als Supernase

K. Davies, *Die Sequenz. Der Wettlauf um das menschliche Genom,* Deutscher Taschenbuch-Verlag 2003, ISBN 3-423-34021-5

N. J. Dovichi, J. Zhang (2000), *Wie die Kapillarelektrophorese das menschliche Genom sequenzierte.* Angewandte Chemie 112, 4635

S. Lorkowski, G. Lorkowski, P. Cullen (2000) *Biochips – Das Leben in der Streichholzschachtel. Chemie in unserer Zeit* 34, 356

C. Newton, A. Graham, *PCR,* Spektrum-Verlag 1994, ISBN 3-8274-0190-9

A. Warsinke (1998) *Biosensoren,* Biologie in unserer Zeit 28, 169

Kapitel 8   Liebling, Du hast die Katze geklont!

U. Petzold (1998) *Sag niemals nie: Neues zum Klonen von Säugetieren.*
Biologie in unserer Zeit 28, 194

J. Schenkel, *Transgene Tiere*, Spektrum Akademischer Verlag 1995,
ISBN 3-86025-269-0

I. Wilmut, K. Campbell, C. Tudge, *Dolly*, TV 2002, ISBN 3423330872

Spektrum der Wissenschaft-Dossier 4/2002: *Gene, Klone, Fortpflanzung*

Deutschsprachiges zur Bioethik

J. S. Ach, G. Brudermüller, C. Runtenberg, *Hello Dolly? Über das Klonen*,
Edition Suhrkamp 1998, ISBN 3518120603
http://images-eu.amazon.com/images/P/3518120603.03.LZZZZZZZ.jpg

G. Hoffmann, R. Nowak, *Genetik, Gentechnik, Gen-Ethik* Aol-Verlag 2003,
ISBN 3891112386

L. Honnefelder, P. Propping, *Was wissen wir, wenn wir das menschliche Genom
kennen?* DuMont 2001, ISBN 383215874X

R. Lewontin, *Die Dreifachhelix. Gen, Organismus und Umwelt*, Springer 2002,
ISBN 3540433252

D. Schulte (2000) *Journalisten, Gentechnik und Öffentlichkeit.*
Nachrichten aus der Chemie 626

N. Wade, *Das Genomprojekt und die Neue Medizin*, Siedler Verlag 2001,
ISBN 3886807371

Sachregister